·大地测量与地球动力学丛书·

低轨卫星增强 GNSS
原理与应用

李博峰　葛海波　著

科 学 出 版 社

北 京

内 容 简 介

低轨卫星增强 GNSS 是未来导航卫星发展趋势之一，有望突破当前全球瞬时高精度定位的瓶颈，为未来综合 PNT 服务提供重要基础保障。本书系统阐述低轨卫星增强 GNSS 的体系架构、典型应用和关键技术。首先，阐述当前 GNSS 及低轨卫星发展现状；然后，针对当前 GNSS 在高轨卫星轨道确定及全球瞬时高精度定位中遇到的难题，提出低轨卫星增强 GNSS 的可能性；最后，系统阐述低轨卫星增强 GNSS 的整体框架，包括系统组成、系统运行方式、时空基准维持等关键技术和典型示范应用。本书内容涵盖作者在该领域取得的多年科研成果，具有系统性、新颖性、前沿性和实用性。

本书可作为卫星大地测量、导航定位、人工智能等领域广大科技工作研究者、工程技术人员及管理人员的参考用书，也可供相关领域的师生参考。

图书在版编目（CIP）数据

低轨卫星增强 GNSS 原理与应用 / 李博峰，葛海波著. -- 北京 ：科学出版社, 2025. 3. --(大地测量与地球动力学丛书) -- ISBN 978-7-03-081527-9

I. P228.4

中国国家版本馆 CIP 数据核字第 20250W9K87 号

责任编辑：杜 权 吴春花/责任校对：高 嵘
责任印制：赵 博/封面设计：苏 波

科学出版社 出版
北京东黄城根北街 16 号
邮政编码：100717
http://www.sciencep.com

北京建宏印刷有限公司印刷
科学出版社发行 各地新华书店经销
*

开本：787×1092 1/16
2025 年 3 月第 一 版 印张：13
2025 年 10 月第二次印刷 字数：310 000
定价：198.00 元
（如有印装质量问题，我社负责调换）

"大地测量与地球动力学丛书"序

大地测量学是测量和描绘地球形状及其重力场并监测其变化的一门学科,属于地球科学的一个重要分支。它为人类活动提供地球空间信息,为国家经济建设、国防安全、资源开发、环境保护、减灾防灾等领域提供重要的基础信息和技术支撑,为地球科学和空间科学的研究提供基准信息和技术支撑。

大地测量学的发展历史悠久,早在公元前 3000 年,古埃及人就开始了大地测量的实践,用于解决尼罗河泛滥后的土地划分问题。随着人类对地球认识的不断深入,大地测量学也不断发展,从最初的平面测量,到后来的弧度测量、天文测量、重力测量、水准测量等,逐渐揭示了地球的形状、大小、重力场等基本特征。17 世纪以后,随着牛顿万有引力定律的提出,大地测量学进入了一个新的阶段,开始开展以地球为对象的物理研究,包括探索地球的内部结构、密度分布、自转运动等。20 世纪以来,随着空间技术、计算机技术和信息技术的飞跃发展,大地测量学又迎来了一个革命性的变化,出现了卫星大地测量、甚长基线干涉测量、电磁波测距、卫星导航定位等新技术,形成了现代大地测量学,使得大地测量的精度、效率、范围得到了前所未有的提高,同时也为地球动力学、行星学、大气学、海洋学、板块运动学和冰川学等提供了基准信息。现代大地测量学与地球科学和空间科学的多个分支相互交叉,已成为推动地球科学、空间科学和军事科学发展的前沿科学之一。

我国的大地测量学及应用有着辉煌的历史和成就。1956 年我国成立了国家测绘总局,颁布了大地测量法式和相应的细则规范。20 世纪 70～90 年代开始建立国家重力网,2000 年完成了国家似大地水准面的计算,并建立了 2000 国家大地坐标系(CGCS2000)及其坐标基准框架,为国家经济建设和大型工程建设提供了空间基准。2019 年以来,我国大地测量工作者面向国家经济发展和国防建设发展需求,顺利完成了多项有影响力的重大工程和研究工作:北斗卫星导航系统于 2021 年 7 月 31 日正式向全球用户提供定位、导航、定时(PNT)服务和国际搜救服务;历尽艰辛,综合运用多种大地测量技术,于 2020 年 12 月完成了 2020 珠峰高程测量;突破系列卫星平台和载荷关键技术,于 2021 年成功发射了我国第一组低-低跟踪重力测量卫星;于 2023 年 3 月成功发射了我国第一组低-低伴飞海洋测高卫星;初步实现了我国海底大地测量基准试验网建设,研制了成套海底信标装备,突破了海洋大地测量基准建设系列关键技术。

为了更好地推动我国大地测量学科的发展,中国科学院于 1989 年 11 月成立了动力大地测量学重点实验室，是中国科学院从事现代大地测量学、地球物理学和地球动力学交叉前沿学科研究的实验室。实验室面向国家重大战略需求，瞄准国际大地测量与地球动力学学科前沿，以地球系统动力过程为主线，利用现代大地测量技术和数值模拟方法，开展地球动力学过程的数值模拟研究，揭示地球各圈层相互作用的动力学机制；同时，发展大地测量新方法和新技术，解决国家航空航天、军事测绘、资源能源勘探开发、地质灾害监测及应急响应等方面战略需求中的重大科学问题和关键技术问题。2011年，依托中国科学院测量与地球物理研究所（现中国科学院精密测量科学与技术创新研究院），科学技术部成立了大地测量与地球动力学国家重点实验室，标志着我国大地测量学科的研究水平和国际影响力达到了一个新的高度。围绕我国航空航天、军事国防等国民经济建设和社会发展的重大需求，大地测量与地球动力学学科领域的专家学者对重大科学和技术问题开展综合研究，取得了一系列成果。这些最新的研究成果为"大地测量与地球动力学丛书"的出版奠定了坚实的基础。

本套丛书由大地测量与地球动力学国家重点实验室组织撰写，丛书编委覆盖国内大地测量与地球动力学领域20余家研究单位的30余位资深专家及中青年科技骨干人才，能够切实反映我国大地测量和地球动力学的前沿研究成果。丛书分为重力场探测理论方法与应用，形变与地壳监测、动力学及应用，GNSS与InSAR多源探测理论、方法应用，基准与海洋、极地、月球大地测量学4个板块；既有理论的深入探讨，又有实践的生动展示，既有国际的视野，又有国内的特色，既有基础的研究，又有应用的案例，力求做到全面、权威、前沿和实用。本套丛书面向国家重大战略需求，可以为深空、深地、深海、深测等领域的发展应用提供重要的指导作用，为国家安全、社会可持续发展和地球科学研究做出基础性、战略性、前瞻性的重大贡献，在推动学科交叉与融合、拓展学科应用领域、加速新兴分支学科发展等方面具有重要意义。

本套丛书的出版，既是为了满足广大大地测量与地球动力学工作者和相关领域的科研人员、教师、学生的学习和研究需求，也是为了展示大地测量与地球动力学的学科成果，激发读者的思考和创新。特别感谢大地测量与地球动力学国家重点实验室对本套丛书的编写和出版的大力支持和帮助，同时，也感谢所有参与本套丛书编写的作者，为本套丛书的出版提供了坚实的学术基础。由于时间仓促，编写和校对过程中难免会有一些疏漏，敬请读者批评指正，我们将不胜感激。希望本套丛书的出版，能够为我国大地测量与地球动力学的学科发展和应用贡献一份力量！

中国科学院院士

2024 年 1 月

经过三十余年的发展，GNSS 与人类活动已经密不可分，在资源环境、防灾减灾、测绘、电力电信、城市管理、工程建设、机械控制、交通运输、农业、林业、渔牧业、考古业、物联网、位置服务中都发挥着重要作用。随着大众对位置服务的需求从事后到实时、从低精度到高精度、从区域到全球，当前 GNSS 实时高精度服务依然存在覆盖范围小或者收敛时间长等问题。近年来，用于全球互联网或通信的大规模低轨卫星星座被相继提出，美国的 Starlink 星座已发射 120 批次，在轨卫星已超 5000 颗，未来低轨卫星还将搭载发射导航信号载荷，与现有的 GNSS 共同形成低轨卫星增强的 GNSS（LeGNSS），对于未来 PNT 服务会发生革命性的变化。因此，研究 LeGNSS，对建设下一代 GNSS，实现全球实时高精度定位，具有重要的现实意义和应用价值。

本书从卫星大地测量基础理论角度研究低轨卫星增强 GNSS 原理与方法，主要分为三大块研究内容：精密定轨定位基础理论、LeGNSS 时空基准建立、LeGNSS 精密定位及其相关应用。

第 1 章全面梳理 GNSS 发展现状及当前各类 GNSS 高精度定位技术及其所面临的难题。在此基础上，介绍全球低轨卫星及低轨星座发射情况，结合最新低轨卫星轨道钟差解算结果，提出 LeGNSS 的潜在可能性。

第 2 章介绍卫星精密定轨定位基础理论，首先介绍卫星精密定轨定位的时间系统、空间系统。在此基础上，介绍卫星定轨的运动方程、变分方程及定轨的基本流程，随后详细介绍卫星定轨中主要的摄动模型；最后介绍 GNSS 观测值模型及其线性组合、GNSS 观测模型各项误差改正。

第 3 章重点介绍 LeGNSS 架构，包括空间部分、控制部分及用户部分。空间部分着重介绍以可视卫星数、几何定位因子为指标的低轨卫星星座优化方法。控制部分是本章的重点，介绍利用区域监测站获取高精度低轨卫星及 GNSS 轨道钟差方法。此外，还介绍为仿真模拟 LeGNSS 而开发的数据仿真系统。

第 4 章介绍 LeGNSS 精密轨道钟差解算方法。低轨卫星星座往往由上百颗低轨卫星组成，本章提出四种低轨卫星增强 GNSS 轨道钟差解算方案，重点研究顾及计算效率和轨道钟差精度的轨道钟差解算方法。

第 5 章介绍 LeGNSS 轨道与钟差预报方法。全球实时高精度定位是低轨卫星增强 GNSS 的重要目标之一，而实时高精度定位离不开实时高精度轨道钟差，更离不开高精度轨道钟差预报。本章重点介绍利用加速度计及基于神经网络的高精度低轨卫星轨道预报方法；在钟差预报方面，着重介绍利用最小二乘谐波的低轨卫星钟差预报方法。

第 6 章重点研究 LeGNSS 精密单点定位算法，从 GNSS 精密单点定位扩展至 LeGNSS 精密单点定位，详细推导并分析比较了 4 种 PPP 模型。在此基础上，分析 LeGNSS 精密单点定位在城市峡谷中的定位效果。

第 7 章介绍 LeGNSS 在地球自转参数反演、电离层建模及对流层建模中的应用，全面分析 LeGNSS 面临的机遇、挑战和展望。

本书是作者团队近五年来研究成果的提炼和总结，由于作者水平有限，不足之处在所难免，恳请读者批评指正。

作 者

2024 年 1 月 2 日

第
1
章

绪　　论

美国全球定位系统（global positioning system，GPS）的成功应用，推动了全球导航卫星系统（global navigation satellite system，GNSS）的蓬勃发展。目前，已经建成或正在建设的全球或区域导航卫星系统包括美国 GPS、俄罗斯全球导航卫星系统（globle navigation satellite system，GLONASS）、中国北斗卫星导航系统（BeiDou navigation satellite system，BDS）、欧洲伽利略（Galileo）卫星导航系统、日本准天顶卫星系统（quasi-zenith satellite system，QZSS）和印度区域导航卫星系统（Indian regional navigation satellite system，IRNSS）。以 GPS 为代表的 GNSS，全天候为人类提供定位、导航、授时（positioning，navigation and timing，PNT）服务，在军事和民用领域发挥着重要作用。随着无人驾驶、智慧交通、智慧城市等以互联网为核心的新兴技术不断发展，对空间位置信息的需求呈现从事后到实时、从低精度到高精度、从区域到全球的趋势发展。当前高精度定位技术主要依靠实时动态定位（real-time kinematic，RTK）或精密单点定位（precise point positioning，PPP），然而这些技术或者这些技术的衍生技术（网络 RTK、PPP-RTK）依然无法实现全球范围内的实时高精度定位。

近年来，随着火箭运载技术、大型低轨通信卫星星座的迅速发展，利用低轨卫星进行对地科学研究、全球互联网建设和移动通信网络搭建逐渐成为主要趋势。早在 20 世纪 90 年代，美国摩托罗拉公司就提出了铱星星座的建设计划，从而实现全球通信功能。但由于当时技术不成熟、资金不足等因素，铱星星座项目最终破产。目前，全球范围内已出现多个低轨卫星星座建设计划，包括美国的 Starlink 星座、英国的 OneWeb 星座和加拿大的 Lightspeed 星座。低轨卫星星座加强了通信能力，将实现互联网的全球覆盖，为人类社会生活提供更高质量的通信及网络服务。除了通信功能，未来低轨卫星还将搭载发射导航信号的发射器，与现有的 GNSS 共同形成低轨卫星增强的全球导航卫星系统（LEO enhanced global navigation satellite system，LeGNSS），这意味着未来 PNT 服务会发生革命性的变化。低轨卫星轨道高度低，对于地面测站接收的低轨卫星导航信号强度更大，信号抗干扰能力更强；此外，低轨卫星的运行速度快，使得卫星的几何构型变化十分迅速，这对地面测站加快模糊度的解算及实现快速收敛定位具有重要意义。同时，低轨卫星还将在卫星定轨、空间天气监测、地球重力场探测、冰川变化、水储存量变化和岩石圈建模等方面发挥重要作用。因此，研究基于 LeGNSS，对建设下一代 GNSS，实现全球实时高精度定位，具有重要的现实意义和应用价值。

本章将在介绍 GNSS 发展现状的基础上，简要介绍当前 GNSS 精密定轨定位技术及其存在的难点问题，随后介绍低轨卫星星座及 LeGNSS 发展现状。

>>> · 1 ·

1.1 GNSS 发展现状

导航卫星系统是以人造卫星为导航工具的无线电导航系统，可在全球范围内提供全天候位置、速度与时间信息。因此，卫星导航系统又称 PNT 系统。GNSS 泛指地球上所有的导航卫星系统，包括全球导航系统、区域系统和增强系统。全球四大导航系统为美国的 GPS、俄罗斯的 GLONASS、欧洲的 Galileo 和中国的 BDS。区域系统包括日本的 QZSS 和印度的 IRNSS。

虽然四大导航系统对自身定义与服务目标互不相同，但均可在全球范围内提供定位服务，且系统构造基本一致。GNSS 一般由空间部分、控制部分及用户部分组成。空间部分主要由导航卫星组成，它们通常为中地球轨道（medium earth orbit，MEO）卫星、地球静止轨道（geostationary earth orbit，GEO）卫星和倾斜地球同步轨道（inclined geosynchronous orbit，IGSO）卫星。导航卫星的主要功能是将导航信号传输至接收机，让地球上任何位置都能观测到足够数量的卫星。控制部分主要负责监控 GPS 的工作，是整个系统的大脑。该部分一般包括若干个监测站、注入站和一个主控站。监测站负责跟踪和监测卫星信号，接收导航电文，采集气象数据等工作。注入站则负责将导航电文和控制命令播发给卫星。主控站负责协调各方面的运行，是控制部分的核心部分。用户部分主要指利用 GNSS 的各种客户。客户通过各种类型的接收机来接收和跟踪 GNSS 导航信号，并利用导航信号解算出接收机的位置、速度和接收时间，从而实现 PNT。此外，不同用户可接收的导航信号不同，一般分为民用、商用和军用等多种用途。目前，民用接收机已经具备多频多模的形式，可提供高精度的定位服务。下面简要介绍各导航系统空间部分发展现状。

1.1.1 GPS

GPS 是由美国开发的全天候 PNT 系统。在开发 GPS 前，美国拥有世界上第一个成功运行的导航系统——海军导航卫星系统（navy navigation satellite system，NNSS）。该系统通过多普勒频移原理实现导航定位，但其消耗的定位时间长、定位精度低。而后，为加强军事力量，满足军方在导航定位方面大范围、高精度、实时性的需求，美国开始研发新一代卫星导航与定位系统。

GPS 的研发过程主要分为三个阶段。第一阶段是方案论证和初步设计阶段，其目的是证实 GPS 的可行性。该阶段的主要工作是研制 GPS 接收机和组建地面跟踪网，利用地面信号发射器代替卫星，验证接收机是否可利用 GPS 信号获得高精度的定位结果。第二阶段是全面建设和试验阶段。1979~1984 年，美国陆续发射 7 颗实验卫星，并研制各种用途的接收机，允许一部分用户实现全球定位功能。第三阶段是实用组网阶段。1989 年第一颗 GPS 工作卫星的成功发射，标志着 GPS 迈入工程建设阶段。GPS 于 1991 年的海湾战争中，首次被美国空军使用。因其优秀的工作性能和充满潜力的应用价值，GPS 受到广泛关注，并刺激了世界各国对卫星导航系统研发计划的萌芽。1993 年，美国完成 GPS 星座（21+3）的建设，并开始提供免费的民用 GPS 信号服务。1995 年 4 月，美国国防部正式宣布 GPS 具备完全服务能力（full operational capability，FOC），其最初星座设计如图 1.1 所示。

图 1.1　GPS 最初星座图

在早期的系统设计中，GPS 提供精密定位服务（precise positioning service，PPS）和标准定位服务（standard positioning service，SPS）两种功能。PPS 主要面向军事、政府机构的用户和特定民用用户，而 SPS 面向全世界用户，不收取任何费用，二者的预计定位精度分别为 10 m 和 100 m。但在 GPS 试验阶段，结果表明 GPS 的定位精度远超设计标准，仅使用 C/A 码就能达到 14 m 的定位精度，利用 P 码可实现 3 m 的定位精度。为自身安全考虑，美国于 1991 年决定实施选择可用性（selective availability，SA）和反电子欺骗（anti-spoofing，AS）政策。SA 政策通过降低卫星轨道和钟的质量，使得民用定位精度大幅降低。AS 政策则是将 P 码与机密的 W 码模二相加得到 Y 码，使非授权用户无法利用 P 码进行定位，同时也不能利用 P 码和 C/A 码进行相位联合解算。

随着科技进步和人类对卫星导航系统需求的加大，新卫星导航系统如 BDS、Galileo 等相继诞生，给 GPS 带来了新的竞争与挑战。传统的 GPS 信号存在通道单一、易受干扰、民用 P 码难捕获等缺点。此外，差分技术和载波相位测量技术的发展使定位精度不受 SA 政策的限制。因此，为巩固自身的领先地位，满足国家竞争需要，美国政府于 2000 年 5 月 1 日停用 SA 政策，并于 2005 年提出在新 GPS 卫星中增加 L2C 和版权页 L5 两个民用信号，将其分别用于非生命安全类和生命安全类的应用。同时，为增强对全球民用、商业和科研用户提供的服务，完善 GPS 工作卫星导航信号的建设，美国启动 GPS 现代化计划，加强了美国的军事实力，并在民用导航系统中处于领先地位。

对于 GPS 空间部分，为保证全球任意地点任意时刻都能观测到 4 颗 GPS 卫星，GPS 由 24 颗轨道高度约为 20 200 km 的中轨卫星组成。整个星座由 6 个均匀分布、倾角为 55° 的轨道面组成，每个轨道面中有 4 颗 GPS 卫星，轨道周期为 11 h 58 min。实际上，为了更好地覆盖全球区域，GPS 在轨运行的卫星超过 24 颗。

GPS 发展至今，已经经历了 5 代卫星，从 BLOCK IIA、BLOCK IIR、BLOCK IIR-M、BLOCK IIF 到 BLOCK III/IIIF。截至 2023 年 7 月，GPS 星座共有 31 颗在轨运行卫星，其中包含 6 颗 BLOCK IIR、7 颗 BLOCK IIR-M、12 颗 BLOCK IIF 和 6 颗 BLOCK III/IIIF 卫

星。目前，GPS 主要频率为 L1 和 L2，新增加的 L2C 和 L5，在新一代的 GPS 卫星 BLOCK IIR-M（L2C）和 BLOCK IIF（L2C 和 L5）中播发，其导航信息精度显著提高。最新一代的 BLOCK III 于 2018 年发射，并播发 L1C 频率信号，不再具有 SA 功能，其寿命相比上一代卫星更长。美国空军于 2018 年 9 月生产 22 颗 GPS IIIF 卫星。此类卫星配备激光反射器，具有搜索和救援功能。最早的 BLOCK IIA 卫星已经服役 20 多年，在 2016 年初已经从星座中移除。图 1.2 显示各类 GPS 卫星图，表 1.1 给出 GPS 卫星的特点。

（a）BLOCK IIA　　（b）BLOCK IIR　　（c）BLOCK IIR-M　　（d）BLOCK IIF　　（e）BLOCK III/IIIF

图 1.2　GPS 卫星示意图

表 1.1　GPS 卫星特点

BLOCK	发射时间	设计寿命/年	备注
IIA	1990~1997 年	7.5	具有 SA 和 AS 功能
IIR	1997~2004 年	7.5	具有自主导航和星间通信功能
IIR-M	2005~2009 年	7.5	新增 L2C 和 M 码信号
IIF	2010~2016 年	12.0	新增 L5 信号并配备先进原子钟
III	2018 年	15.0	新增 L1C 信号

1.1.2　GLONASS

在 GLONASS 诞生前，苏联拥有西科琳（Tsiklon）卫星定位系统。与美国的 Transit 卫星系统类似，该系统无法提供快速的定位结果。为提高军事实力，苏联于 20 世纪 70 年代开始研发 GLONASS。苏联解体后，GLONASS 由俄罗斯继承和研发，其开发过程可分为以下两个阶段。

（1）第一阶段（1982~1990 年），主要开展 GLONASS 试验测试和建设。1982~1985 年，由 4 颗卫星组成的试验系统通过测试，验证其达到了基本性能指标。随后开始扩展空间星座，至 1990 年，GLONASS 第一阶段的系统测试计划完成。

（2）第二阶段（1990~1995 年），主要进行 GLONASS 用户设备的测试和 GLONASS 系统的完善。1993 年，俄罗斯总统宣布 GLONASS 正式开始运行。而直到 1996 年，GLONASS 系统才完成 24 颗卫星的发射，组成完整的星座。

GLONASS 由 24 颗均匀分布在 3 个轨道面上的 MEO 组成，其轨道高度约为 19 140 km，略低于 GPS 卫星，轨道倾角为 64.8°，轨道周期为 11 h 16 min。与 GPS 不同，GLONASS 为更好地覆盖高纬度地区（本土），其轨道倾角比 GPS 高 10° 左右。GLONASS 一天绕地运行约 2.125 圈，同一轨道面相邻卫星的间隔正好为 1/8 圈，即一天后的同一时间，同一方向出现的是一颗相邻卫星，每隔 8 天循环一次。这样的星座结构有助于卫星的均匀跟踪。

GLONASS 发展至今，已经到了第三代，从第一代 GLONASS 到目前主要运行的第二代 GLONASS-M 再到第三代 GLONASS-K。目前，GLONASS 以 GLONASS-M 为主，但是已经有 1 颗 GLONASS-M+卫星和两颗 GLONASS-K1 卫星。第一代和第二代 GLONASS 卫星采用频分多址（frequency division multiple access，FDMA）信号调制方式。除具有星间链路及更加稳定的钟以外，新一代 GLONASS 将支持码分多址（code division multiple access，CDMA）技术（Urlichich et al.，2011）。各类 GLONASS 卫星如图 1.3 所示。

（a）GLONASS （b）GLONASS-M （c）GLONASS-K1 （d）GLONASS-K2

图 1.3　GLONASS 卫星示意图

GLONASS 主要依赖 FDMA 技术，而非 CDMA 技术。FDMA 技术把总频段划分为不同的小频段再将其分配给不同的用户，其优点是易于实现，缺点是频率利用率低、容量小。CDMA 技术为不同的用户分配独立的编码序列，允许所有使用者同时使用所有频带，且把其他用户的信号视为杂信号，不考虑信号碰撞的问题，其优点是频率利用率高、质量好、噪声低。除传统的 G1 和 G2 信号外，GLONASS-K 卫星在 ARNS 频段中新增第三频 G3。

表 1.2 列出了 GLONASS 卫星相关参数。目前，GLONASS 主要采用 FDMA 技术，即所有卫星在 15 个不同的频率上传输相同的码，通过各卫星不同的发射频率来计算其信号频率。但是，某些 GLONASS 卫星频道数两两相同，表示它们是一对对跖卫星。

表 1.2　GLONASS 卫星参数

卫星型号	首发时间	设计寿命/年	原子钟类型	输出功率/W	信号调制方式
GLONASS	1982 年	3	3 台铯原子钟	1000	FDMA
GLONASS-M	2003 年	7	3 台铯原子钟	1600	FDMA
GLONASS-K1	2011 年	10	2 台铯原子钟及 2 台铷原子钟	1600	FDMA CDMA
GLONASS-K2	2022 年	10	2 台铯原子钟及 2 台铷原子钟	4370	FDMA CDMA

需要注意的是，GLONASS 广播星历钟实时给出了 GLONASS 每颗卫星的射频号（Engineering RIoSD，2008）。与 GPS 等其他卫星系统不同，GLONASS 广播星历并不是给出卫星的开普勒轨道根数及其摄动改正，而是直接给出卫星在参考时刻的坐标、速度、加速度及卫星的健康状况，用户在定位时需要根据龙格-库塔（Runge-Kutta）积分计算卫星位置。根据最新研究结果，GLONASS 的空间信号精度为 2.4 m（Montenbruck et al.，2017），与 2011 年的 2.8 m 相比，略有提高（Revnivykh，2011）。

1.1.3　Galileo

Galileo 是由欧盟发起，由欧洲空间局（European Space Agency，ESA）和欧洲全球导航卫星系统局（European Global Navigation Satellite Systems Agency，GSA）共同运作的全球导航卫星系统。20 世纪 90 年代，随着 GPS 等导航卫星系统在军事、科技等领域发挥重要作用，欧盟认为欧洲需要拥有一套自己的全球导航卫星系统。Galileo 是以意大利天文学家伽利略的名字命名，并定义为一个开放、以服务全球民用的导航卫星系统。2002 年，欧盟决定正式开启 Galileo 计划，主要分为以下 4 个阶段。

（1）试验卫星发射阶段。两颗试验卫星 GIOVE-A 和 GIOVE-B 分别在 2005 年 12 月 28 日和 2008 年 4 月 26 日发射，目前已经退役。Galileo 通过两颗试验卫星建立测试平台，定义地面监测部分的算法。

（2）在轨验证（in-orbit validation，IOV）阶段。该阶段通过试验测试来验证系统的工作能力。工作内容主要为监测两颗试验卫星运行情况，测试 4 颗运行卫星及相关地面基础设施星座的工作性能。

（3）初始运行能力（in-orbit capability，IOC）阶段。该阶段发射 14 颗 FOC 卫星与第二阶段发射的 IOV 卫星共同提供初步公开服务、搜索营救及公共相关的服务，并完成相应的地面控制基础设施建设和系统支持服务。

（4）全面运行能力阶段。该阶段将由 30 颗卫星、位于欧洲的控制中心及安装在全球各地的传感器站和上行链路站组成一个网络。每一代 Galileo 卫星如图 1.4 所示。

|（a）GIOVE-A|（b）GIOVE-B|（c）IOV|（d）IOC|

图 1.4　Galileo 卫星示意图

Galileo 以民用为主要目的，提供高精度、全球范围的导航定位服务，于 2016 年 12 月 15 日开始其初始服务。整个星座计划由 30 颗轨道高度为 23 222 km 的 MEO 卫星组成。卫星均匀分布在三个倾角为 56° 的轨道面上，轨道运行周期为 14 h 5 min。每个轨道平面均匀分布在赤道周围。当某一 Galileo 卫星发生故障时，每个轨道平面上的备用卫星会被启用，用于快速修复星座和替换故障卫星。

Galileo 的服务主要由 5 部分组成：公开服务（open service，OS）、高精度服务（high accuracy service，HAS）、生命安全导航（safety of life navigation，SoL）、公共常规服务（public regulated service，PRS）、搜索救援（search and rescue，SAR）（Gibbons，2016）。公开服务通过 Galileo 空间信号实现免费的全球测距，为用户提供定位、速度和定时信息，并由用户免费访问。同时，该服务适用于市场应用，旨在用于机动车辆导航和基于位置的移动电话服务。任何配备接收器的用户都可以访问公开服务，无须授权，其服务精度、可用性等信息如表 1.3 所示。

表 1.3　Galileo 公开服务性能

项目	单频	双频
精度（95%）	水平方向：15 m	水平方向：4 m
	垂直方向：35 m	垂直方向：8 m
可用性	99.5%	—
时钟精度	30 ns	—

　　高精度服务也称商业服务，通过 Galileo 信号 E6-b 和地面技术为用户免费提供 PPP 校正。高精度服务的特征包括 HAS 校正、可访问性、多星座多频和开发格式。HAS 校正包括每颗卫星的轨道、钟差和大气校正等参数。此外，为提供高精度的 PPP 服务，Galileo 将高精度服务定义为 SL1 和 SL2 两个服务级别。SL1 具有全球的服务范围，为 Galileo 的 E1/E5a/E5b/E6/E5AltBOC 和 GPS 的 L1/L5/L2C 信号提供高精度的改正数；SL2 通过区域覆盖可用性，在欧洲覆盖区域提供 SL1 校正参数，以及大气校正和其他潜在的偏差。公共常规服务类似于 Galileo 的公开和商业 GNSS 服务，但在任何情况下都可运行。

1.1.4　BDS

　　BDS 是中国自主建设、独立运行的导航卫星系统，其空间星座计划由 5 颗 GEO 卫星、27 颗 MEO 卫星和 3 颗 IGSO 卫星组成。GEO 卫星轨道高度为 35 786 km，分别定于 58.75°E、80°E、110.5°E、140°E 和 160°E，轨道运行周期为 23 h 56 min；MEO 轨道高度为 21 528 km，分为 3 个轨道面，轨道倾角为 55°，每个轨道面中有 9 颗 MEO 卫星，轨道运行周期为 12 h 53 min；IGSO 卫星轨道高度为 35 786 km，轨道倾角为 55°，其轨道运行周期与 GEO 卫星一致，为 23 h 56 min（CSNO，2016）。BDS 三类卫星如图 1.5 所示。

（a）BDS GEO　　　　　　　（b）BDS IGSO　　　　　　　（c）BDS MEO

图 1.5　BDS 卫星示意图

　　BDS 的建设分为三步：验证系统建设、区域系统建设和全球系统建设（杨元喜，2010）。从 1994 年开始建设，到 2003 年初步建成的验证系统，能够提供基本的定位、授时和短报文通信服务；2012 年底，BDS 区域系统建成，为亚太地区提供 PNT 服务。其星座由 5 颗 GEO 卫星、5 颗 IGSO 卫星、4 颗 MEO 卫星组成并发射三频信号，其频点分别为 B1 1561.098 MHz、B2 1207.14 MHz 和 B3 1268.52 MHz。BDS 是首个全星座提供三频信号的导航卫星系统。2020 年建成北斗三号系统，实现全球服务。其中，北斗三号采用 3GEO+3IGSO+24MEO 的星座结构，增加了星间通信功能。北斗三号提供 B1I、B1C、B2a、B2b 和 B3I 共 5 个公开服务信号，各频段的中心频率分别为 1561.098 MHz、1575.420 MHz、1176.450 MHz、1207.140 MHz 和 1268.520 MHz。

与其他导航卫星系统相比，BDS 具有以下特点。

（1）采用 MEO、GEO、IGSO 三种轨道卫星组成的混合星座，抗遮挡能力更强。

（2）创新地融合了导航与通信功能，具备 PNT、星基增强、地基增强、PPP 和短报文通信等多种服务能力。

（3）提供多个频点的导航信号，可通过多频观测信号组合等方式提高服务精度。

1.1.5　QZSS

QZSS 是日本建设的区域导航卫星系统，由日本宇宙航空研究开发局（Japan Aerospace Exploration Agency，JAXA）负责运营维护。QZSS 星座由 7 颗卫星组成，包括 1 颗 GEO 卫星、3 颗 IGSO 卫星和 3 颗大椭圆轨道（highly elliptical orbit，HEO）卫星。第一颗和第二颗 QZSS 卫星（Michibiki）分别于 2010 年 9 月和 2017 年 6 月成功发射，这两颗卫星为准天顶卫星；于 2017 年 8 月发射的第三颗卫星为 GEO 卫星。QZSS 计划建成共 7 颗卫星的区域导航卫星系统，其服务区域主要覆盖东亚与大洋洲地区。

QZSS 卫星数目较少，更多是对 GPS 的补充。除了发射与 GPS 相同的 L1、L2 和 L5 信号，QZSS 还包括用于增强定位的 L6 信号。此外，QZSS 的卫星钟与 GPS 时同步，因此在使用 QZSS 的观测数据时，与 GPS 基本相同。QZSS 无须在独立模式下工作，而是将其数据与其他 GNSS 卫星数据一同处理。与其他导航卫星系统类似，QZSS 提供 PNT、亚米级增强、厘米级增强和定位技术验证等服务。

1.1.6　IRNSS

IRNSS 是印度自主研发的区域导航卫星系统，主要由印度空间研究机构（Indian Space Research Organisation，ISRO）负责运行维护，旨在为印度及其周边 1500 km 范围内的区域提供定位等服务。2016 年 4 月，随着该星座最后一颗卫星的成功发射，IRNSS 被印度总理纳伦德拉·莫迪（Narendra Modi）更名为 NAVIC。IRNSS 的星座设计主要考虑以下三个因素：精度因子（dilution of precision，DOP）最小化、卫星个数最少化和控制站连续观测性。整个星座由 7 颗卫星组成，其中 3 颗为 GEO 卫星，轨道高度大约为 36 000 km，分别位于 32.5°E、83°E 和 131.5°E；其余 4 颗为 IGSO 卫星，其中两颗在 55°E 经过赤道，另两颗在 111.75°E 经过赤道。IRNSS 发射 L5（1176.45 MHz）信号和 S 波段（2492.028 MHz）信号。IRNSS 预期为印度境内提供精度优于 10 m，印度洋地区（印度周边 1500 km 内）优于 20 m 的定位服务。

1.2　GNSS 精密定轨定位技术发展现状

1.2.1　GNSS 精密定轨技术发展现状

GNSS 精密定轨技术是指利用全球接收的 GNSS 观测数据解算全球导航卫星精密轨道。

GNSS 精密轨道产品是一切 GNSS 应用的根本基础。因此，GNSS 精密定轨作为导航卫星领域中的前沿课题和关键技术一直受到国内外众多研究机构、科研院校的重视。国际 GNSS 服务（International GNSS Service，IGS）组织（Dow et al.，2009）是其中最有力的推动者，随着其他 GNSS 的快速发展，为收集、分析各个导航卫星系统的信号等，IGS 发起了多模 GNSS 实验（multi-GNSS experiment，MGEX）项目（Montenbruck et al.，2014）。经过十几年的发展，MGEX 全球地面测站已经达到约 520 个。全球有 10 多个分析中心利用这些观测数据提供多系统轨道、钟差及相应精密产品。这些分析中心主要包括欧洲定轨中心（Center for Orbit Determination in Europe，CODE）、德国地学研究中心（German Research Centre for Geosciences，GFZ）、ESA、武汉大学（WuHan University，WHU）、JAXA、慕尼黑工业大学（Technical University of Munich，TUM）等。

　　GPS 是首个 GNSS，定轨技术研究较早，目前 IGS 发布的最终 GPS 轨道精度已经达到 2.5 cm。这个指标是由卫星激光测距数据检核和重叠轨道一致性检核得到的一维平均均方根误差（root mean square error，RMS）值，而各分析中心与 IGS 最终轨道产品的差异则更小，目前已经达到 1～2 cm 的精度，图 1.6 显示的是 GPS 自第 700 周以来各分析中心轨道精度提升情况。IGS 分析中心最终产品的延迟一般在 12～18 天，为了满足不同应用的需求，IGS 提供不同时延的轨道产品。

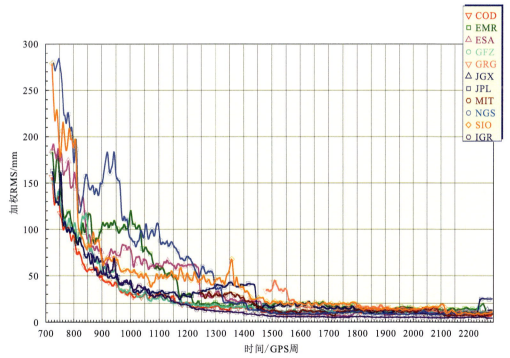

图 1.6　IGS 各分析中心 GPS 卫星轨道产品精度

COD：欧洲定轨中心；EMR：加拿大自然资源部；ESA：欧洲空间局；GFZ：德国地学研究中心；GRG：空间大地测量学研究小组；JGX：日本地球空间信息局和日本宇航研发机构；JPL：美国喷气推进实验室；MIT：美国麻省理工学院；NGS：美国国家大地测量局；SIO：美国斯克里普斯海洋研究所；IGR：IGS 快速产品

表 1.4 总结了 IGS 提供的 GPS 各类轨道和钟差产品信息。

表 1.4　GPS 各类轨道和钟差产品信息

类型		精度	延迟	更新时间	采样间隔
Broadcast	轨道	～100 cm	实时	—	—
	钟差	～2 ns RMS ～1 ns STD			
Ultra-Rapid （Predicted half）	轨道	～5 cm	实时	03 UTC、09 UTC、 15 UTC、21 UTC	15 min
	钟差	～3 ns RMS ～1.5 ns STD			
Ultra-Rapid （Observed half）	轨道	～3 cm	3～9 h	03 UTC、09 UTC、 15 UTC、21 UTC	15 min
	钟差	～150 ps RMS ～50 ps STD			
Rapid	轨道	～2.5 cm	17～41 h	每天 17 UTC	15 min
	钟差	～75 ps RMS ～25 ps STD			5 min
Final	轨道	～2.5 cm	12～18 天	每周四	15 min
	钟差	～75 ps RMS ～20 ps STD			30 s

注：UTC（coordinated universal time，协调世界时）；STD（standard deviation，标准差）

GLONASS 导航卫星系统是继 GPS 之后第二个全球导航卫星系统。在定轨研究方面，由国际大地测量学会（International Association of Geodesy，IAG）、美国导航学会（Institute of Navigation，ION）、IGS 和国际地球自转服务（International Earth Rotation Service，IERS）共同组织，于 1998 年首次在全球范围内开展了国际 GLONASS 联测（董绪荣 等，2000；Slater et al.，1999；Willis et al.，1999）。此次联测在 GLONASS 跟踪站建立、数据采集、精密轨道确定等方面取得了丰硕成果。CODE、ESA、GFZ、JPL 等 IGS 分析中心，以及俄罗斯 GLONASS 任务控制中心进行了大量的分析研究，研究重点主要集中在 GLONASS 光压模型的建立、与 GPS 间相互关系的确定等。经过研究验证，IGS 分析中心 GLONASS 轨道一致性达到分米级水平（Romero et al.，2002；Ineichen et al.，2001）。此后，IGS 在 2000 年发起了国际 GLONASS 服务试点计划（International GLONASS Service Pilot Project，IGLOS），目标是将 GLONASS 纳入 IGS 日常处理中，与 GPS 一样提供精密 GLONASS 轨道、钟差、大气、地球自转参数等（Weber et al.，2005）。随后，各 IGS 分析中心开始提供 GLONASS 数据与产品服务。随着新一代 GLONASS-K 卫星的发射，观测数据数量和质量的提高及 GLONASS 卫星相关物理模型的精化，GLONASS 产品精度显著提升。目前，IGS 提供的 GLONASS 轨道产品精度达到厘米级，如图 1.7 所示。GLONASS 采用频分多址技术，其接收机端的伪距和相位偏差不能通过星间单差消除等问题，使得 GPS 的模糊度固定方法不能完全应用到 GLONASS 模糊度固定中（Schaer et al.，2009；Zinoviev et al.，2009；Wanninger et al.，2007；Pratt et al.，1998），因此，GLONASS 模糊度不能很好地固定，导致其定轨精度差于 GPS。众多研究人员对 GLONASS 频间偏差做了详细研究（Chuang et al.，2013；Sleewagen et al.，2012；Wanninger，2011；Wanninger et al.，2007；Pratt et al.，1998），并提出了 GLONASS 模糊度固定的理论和方法（Liu et al.，2016a；Tian et al.，2015；Banville et al.，2013；Al-Shaery et al.，2012），目前，GLONASS 定轨精度在 3～4 cm。

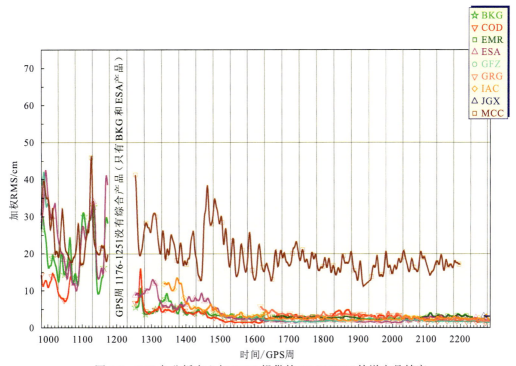

图 1.7　IGS 各分析中心与 MCC 提供的 GLONASS 轨道产品精度

BKG：德国联邦制图和大地测量局；COD：欧洲定轨中心；EMR：加拿大自然资源部；ESA：欧洲空间局；GFZ：德国地学研究中心；GRG：法国空间研究中心；IAC：武汉创新应用中心；JGX：日本地球空间信息局和日本宇航研发机构；MCC：任务控制中心

　　在 Galileo 精密定轨方面，Montenbruck 等（2009a）基于 GIOVE 观测合作平台（Cooperative Network for GIOVE Observation，CONGO）地面观测网，对 GIOVE 卫星轨道钟差做了初步研究，其轨道精度达到 1 m。Steigenberger 等（2011）也基于 CONGO 地面观测网，采用"两步法"，即第一步利用 GPS 解算测站精密坐标、测站钟差、天顶对流层延迟，第二步固定相应参数（如测站坐标、天顶对流层延迟等中与第一步相同的参数），解算 GIOVE-B 轨道，利用 5 天弧长，其轨道重叠弧段差异为 20 cm，卫星激光测距（satellite laser ranging，SLR）检核精度约 12 cm。Steigenberger 等（2015）从轨道连续性、轨道相互比较、SLR 对比等方面全面分析了各家 MGEX 分析中心解算的 Galileo 轨道和钟差精度。分析结果表明，各家分析中心的 Galileo 轨道一致性在 5～30 cm。在与 SLR 对比中，轨道径向误差在分米级，而且发现所有分析中心都存在 5 cm 的系统误差。在 Galileo 卫星早期定轨过程中，由于缺少详细的星体结构数据，大多参考 GPS 卫星，但 Galileo 卫星长方形的星体不同于 GPS 接近于正方形的星体，受太阳照射面积不同，从而导致光压不同，严重影响了卫星定轨精度。对此，有学者建立了 Galileo 卫星的先验光压模型，使 Galileo 卫星径向误差从 20 cm 减小到 5 cm（Prange et al.，2017；Montenbruck et al.，2015）。随着 Galileo 卫星系统不断建设完善，其逐步建成了包括 22 颗 FOC 卫星和 4 颗 IOV 卫星的全球星座。同时，Galileo 卫星星体结构元数据也被欧盟空间计划局（European Union Agency for the Space Programme，EUSPA）公开发布于 EUSPA 官方网站（https://www.euspa.europa.eu/）。众多学者利用详细的星体结构数据对 Galileo 卫星的力模型精化、姿态模型构建开展了一系列研究。Li 等（2019）利用先验的 Box-wing 光压模型将 Galileo 卫星重叠轨道误差减小至 5.3 cm。在 GNSS 和 SLR 数据融合的 Galileo 卫星定轨中，IOV 卫星径向精度减小至 2.96 cm，同时在日长变化参数、太阳高度角相关性等方面也得到了一定优化（Bury et al.，2020）。

我国 BDS 于 2012 年 12 月开始正式为亚太地区提供 PNT 服务。在 BDS 精密定轨研究方面，众多学者主要从 BDS 的力模型精化、姿态模型构建、GPS 辅助 BDS 定轨以及地面网优化等方面对 BDS 卫星轨道优化进行了深入细致的研究。Ge 等（2012）利用 3 天连续观测弧段和 ECOM 9 参数光压模型（Beutler et al.，1994）进行 BDS 单系统定轨，GEO 和 IGSO 的三维重叠弧段精度分别为 3.3 m 和 0.5 m，并发现 GEO 的径向精度甚至优于 IGSO 径向精度，但在切向方向，GEO 卫星存在几乎为常量的轨道误差。Zhao 等（2013）对 GEO 卫星在切向增加经验常量加速度，用以弥补光压模型的不足，采用 3 天连续弧段解 BDS 轨道，48 h 的重叠弧段结果表明，GEO 切向精度达到约 1 m，所有卫星的径向精度优于 10 cm。针对 BDS-2 GEO 卫星径向误差存在随太阳方位角变化的现象，Wang 等（2019）指出了 GEO 卫星通信天线对光压摄动建模的影响，进一步优化了 GEO 卫星的光压模型。此外，李星星等（2022）针对 ECOM1 模型在低太阳高度角时期轨道内符合精度下降和 ECOM2 模型部分参数高度相关的问题，通过分析模型参数特性，对 ECOM 系列模型进行了精化。目前，经 SLR 技术检验，北斗 GEO、IGSO 和 MEO 卫星在轨道径向的精度大约在 25 cm、5 cm 和 3 cm（Chen et al.，2023）；由于 GPS 和 BDS 定轨过程中有大量共同参数，如测站坐标、测站钟差以及对流层参数等，GPS 辅助 BDS 定轨也被大量研究人员所重视。有研究人员利用 6 个地面测站对区域 BDS 定轨做了初步研究，单天解的轨道精度达到 1～10 m（Montenbruck et al.，2012）。Lou 等（2015a）全面深入地分析了有 GPS 辅助和没有 GPS 辅助情况下的 BDS 定轨，结果表明，IGSO 和 MEO 卫星的轨道精度在 GPS 辅助情况下优于没有 GPS 辅助的轨道精度，而对于 GEO 卫星，两种情况的轨道精度都在 1～2 m。随着地面测站的增多，BDS 定轨的地面观测网型逐渐改善，如北斗卫星观测实验网（BETS）（Shi et al.，2012）和 MGEX 测站的增多（Montenbruck et al.，2014），地面观测网型对 BDS 定轨的影响也有相应研究。He 等（2013）详细分析了测站分布、增加 MEO 卫星以及模糊度固定对 BDS 轨道精度的影响。有研究表明，BDS GEO 卫星的轨道精度在测站分布好的情况下会有所提高，但其精度仍然在分米级到米级（Zhang et al.，2015）。随着 BDS-3 的建成，其特有的星间链路（inter-satellite link，ISL）技术可实现区域监测站下的卫星精密定位，有效降低了对全球均匀分布测站的依赖（Zhao et al.，2022）。利用国际纬度服务（International Latitude Service，ILS）数据进行 BDS 精密定位，结果表明，MEO 卫星的径向轨道误差在 2～4 cm，GEO 卫星的径向轨道误差在 8～10 cm（Xie et al.，2019）。

1.2.2 GNSS 精密定位技术发展现状

过去几十年，随着 GNSS 的建设和数据处理理论的发展，GNSS 定位技术历经了由静态到动态、由事后到实时、由单频到多频、由单系统到多系统、由单站到网络的转变（李

博峰 等，2023；Leick，2004；Hofmann-Wellenhof et al.，2001）。

单点定位（single point positioning，SPP）是最基础的 GNSS 定位技术，该方法利用伪距观测值和广播星历获取单接收机的位置，其优势在于计算方法简单，可以实时获取接收机的绝对坐标。然而，由于伪距观测值和广播星历轨道钟差的精度较低，以及大气延迟误差改正不准确，SPP 的定位精度较差，仅适用于米级定位需求的场景，如飞机、船舶导航及地质勘探等（Bock et al.，1984）。对于高精度的定位，SPP 一般用于提供坐标初值。为了削弱和消除观测值与轨道钟差的一些误差，基于差分思想的定位技术应运而生（Bock et al.，1985）。最初的差分定位采用的是伪距观测值，该技术被称为实时动态码相位差分（real time differential，RTD），仅可实现亚米级至米级的动态定位精度。只有在较长时间的连续观测下，RTD 才可能实现厘米级的静态定位精度。为获取厘米级的定位结果，联合伪距和载波相位观测值进行差分处理的 RTK 技术受到关注和广泛应用（Edwards et al.，1999）。单站 RTK 采用基准站和流动站的观测值进行差分，其前提是基准站和流动站的空间误差相似，可通过差分充分地削弱和消除大气误差。因此，单站 RTK 的服务范围有限，不适用于基准站和流动站距离较长的场景（Han，1997）。为了提高 RTK 的服务能力，可在某一区域内架设多个连续运行参考站（continuously operating reference stations，CORS），用于反演大气延迟误差和精细建模，并利用所建模型可内插出区域内流动站的大气延迟改正数。流动站采用改正数改正大气延迟后，可使模糊度快速固定，从而实现瞬时精密定位，以上定位方法称为网络 RTK（Blewitt，1989）。目前，主流的网络 RTK 实现方法包括 Trimble GPSNet 软件的虚拟参考站（virtual reference station，VRS）技术；德国 Geo++ 公司的区域改正参数技术（Wübbena et al.，1996）；Leica 公司采用的主辅站改正技术（master-auxiliary corrections，MAX）。虽然 RTK 技术可以提供实时厘米级动态定位，但其依赖参考站的布设，服务范围有限，无法在海洋、沙漠、深山等特殊地区提供位置服务。

随着 GNSS 定轨模型与策略的优化，GNSS 轨道和钟差产品的精度不断提高，为高精度 PPP 创造了条件（Zumberge et al.，1997；Malys et al.，1990）。在 SPP 的基础上，PPP 除加入载波相位观测值外，还考虑了更精细的误差处理方法。根据误差的产生位置，定位误差源可分为卫星端、传播路径、接收机端，如图 1.8 所示。卫星端误差主要包括星历轨道误差、卫星钟差、硬件延迟、相位缠绕等；传播路径误差主要包括电离层延迟、对流层延迟、多路径效应等；接收机端误差主要包括接收机钟差、天线相位中心偏差、固体潮、海潮等。在 PPP 的误差处理中，经典的处理方法包括：①卫星轨道和卫星钟差不再采用广播星历，而是通过 IGS 提供的精密星历获取；②由于对流层干延迟部分较为稳定，一般采用模型改正对流层干延迟，而湿延迟部分无法有效建模，通常将湿延迟分量表示为天顶对流层延迟并设置参数估计；③电离层延迟可采用无电离层组合削弱，或是将电离层误差设为参数估计，从而进行有效处理；④卫星和接收机的天线相位中心偏差通常采用 IGS 提供的 ATX 文件改正；⑤地球固体潮参照 IERS 协议提供的标准模型进行改正。

当前，各大导航卫星系统均可提供高精度的定位结果，但系统间的服务性能存在差异。Hou 等（2023）系统评估了 GPS、BDS-3 和 Galileo 的 PPP 效果，结果表明，相较于 BDS-3 和 Galileo，单 GPS 在水平方向的收敛时长最短，约为 10 min；Galileo 的收敛时长为 16.5 min，而 BDS-3 的收敛时长为 20.4 min；GPS 在水平和高程方向的定位精度分别为 0.39 cm 和 1.00 cm，与 Galileo 的定位精度相当；而 BDS-3 在水平和高程方向的定位精度分别为 0.86 cm

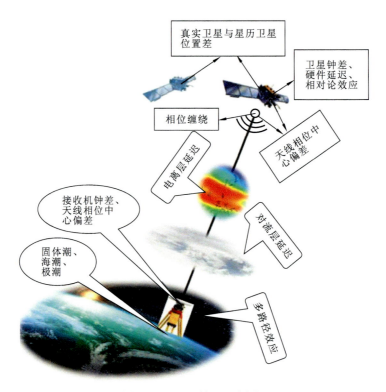

图 1.8 PPP 误差源示意图

和 1.55 cm。融合多系统观测值后，PPP 的收敛时长和定位精度均可得到一定程度的提升（Pan et al.，2017；Lou et al.，2015b）。GPS 和 Galileo（GE）双系统在水平方向的收敛时长可达到 8.1 min，而 BDS-3 和 Galileo（CE）的收敛时长为 11.8 min；在定位精度方面，GE 和 CE 在水平方向分别为 0.41 cm 与 0.51 cm，在高程方向分别为 0.99 cm 和 1.21 cm（Hou et al.，2023）。需要注意的是，系统间的接收机硬件延迟存在差异，该误差称为系统间偏差（inter-system biases，ISB）。若不考虑此项误差，多系统组合的定位精度则会下降。ISB 通常当作系统间接收机钟差的差值来估计（Gao et al.，2018；Tian et al.，2018；Torre et al.，2015）。以 GPS 为基准，Galileo 的 ISB 最稳定，其 STD 为 0.56 ns，而 BDS 和 GLONASS 的 STD 分别为 2.98 ns 和 1.11 ns（Zang et al.，2020）。此外，ISB 还与接收机类型有关，不同接收机间的 ISB 差值可超过 10 ns（王进 等，2019）。目前，ISB 的估计模型包括白噪声模型和随机游走模型（de Bakker et al.，2017；Liu et al.，2017；Paziewski et al.，2015；Li et al.，2014）。ISB 估计模型影响多系统 PPP 的收敛时长和定位精度，采用 GFZ 精密产品，常数模型、白噪声模型和随机游走模型的平均收敛时长分别为 19.8 min、19.6 min 和 17.9 min，对应的 3D 误差分别为 13.93 cm、13.99 cm 和 5.45 cm（Li et al.，2023）。随着实时服务（real-time service，RTS）的建立，RTS 提供的轨道钟差产品支持实时 PPP（real-time PPP，RT-PPP）及相关应用，如时间同步和全球灾害监测（Bedford et al.，2020；Chen et al.，2020；Caissy et al.，2012）。目前，提供实时数据流的 IGS 测站有 500 多个。此外，有 IGS、CNES、WHU、DLR 和 BKG 等 10 多家分析中心提供实时 GNSS 产品，详情如表 1.5 所示。在实时产品质量方面，GPS 和 Galileo 的实时轨道钟差质量较好，二者在径向、切向和法向上均可达到 2 cm、4 cm 和 3 cm 的定轨精度，钟差 STD 可达到 0.1 ns；GLONASS 在径向、切向和法向的精度约为 4 cm、10 cm 和 7 cm，钟差 STD 可达到 0.41 ns； BDS-3 MEO 在径向、切向和法向的误差分别约为 5.1 cm、9.6 cm 和 6.0 cm，钟差 STD 约为 0.35 ns；IGSO 在径向、切向和法向的误差分别约为 0.17 m、0.24 m 和 0.23 m，钟差 STD 约为 0.68 ns（Li et al.，2022）。与 IGS 超快速产品相比，采用 RTS 产品的 PPP 精度可提高 50%（Elsobeiey et al.，2016）。采用单 GPS 进行实时精密定位，其结果在 ENU 三个方向上误差均小于 10 cm（Zhang et al.，2018）。此外，多系统 RT-PPP 也得到充分研究和分析（Liu et al.，2018；Kazmierski et al.，2018；Wang et al.，2018）。与单 GPS 相比，GPS+GLONASS+BDS-2 在 ENU 三个方向上的收敛时长可分别提高 30%、42% 和 35%，定位精度可分别提高 26%、30% 和 22%（Abdi et al.，2017）。

表 1.5　各家分析中心所提供实时产品的详情

分析中心	挂载点	支持系统	轨道和钟差改正数广播间隔/s	是否提供伪距偏差产品	是否提供相位偏差产品
IGS	SSRA03IGS0	GREC	60，5		
CNES	SSRC00CNE0	GREC	5，5	是	是
WHU	SSRC00WHU0	GREC	5，5		
DLR	SSRC00DLR1	GREC	30，5		
BKG	SSRC00BKG0	G	60，5		
NRCan	SSRA00NRC0	G	5，5		
ESA	SSRC00ESA1	G	5，5		
GFZ	SSRC00GFZ0	GREC	5，5	是	
GMV	SSRC00GMV0	GRE	5，5（10，10）	是	
CAS	SSRC00CAS0	GREC	5，5		

注：NRCan：加拿大自然资源局；GMV：GMV 航天和防务公司；CAS：中国科学院

载波相位观测值由累计得到的整数变化部分和瞬间测量的小数部分组成。在 PPP 中确定载波相位模糊度整数部分的技术称为 PPP 模糊度固定（PPP ambiguity resolution，PPP-AR）。非差模糊度固定的核心在于改正卫星端相位的整数偏差，从而恢复非差模糊度整数特性。目前，主流的方法包括：未校正相位偏差（uncalibrated phase delay，UPD）、整数钟、解耦钟和相位钟等（Geng et al.，2019；Collins，2008；Ge et al.，2008；Laurichesse et al.，2007）。若能正确估计模糊度的整数部分，PPP 的精度可得到提高。采用区域整数钟进行模糊度固定，单 GPS 在平面和高程方向的实时定位精度分别达到 0.5 cm 和 1.2 cm（Shu et al.，2020）。利用 CNES 提供的 OSB 产品固定模糊度，GE 在 ENU 三个方向上的动态定位误差分别为 1.06 cm、1.27 cm 和 2.85 cm，相较于浮点解分别提高了 44%、22% 和 17%（Du et al.，2022）。相较于单 GPS 实时 PPP，GREC 四系统实时 PPP-AR 的收敛时长约为 20 min，缩短了 50%～60%（Lou et al.，2015a）。采用 GPS 和 BDS 双频 PPP-AR，约 40% 定位结果的收敛时长达到 10 min（Liu et al.，2016b）。虽然多频多系统 PPP-AR 可将收敛时长缩短至 6～15 min，但依旧无法与网络 RTK 媲美（Geng et al.，2017；Li et al.，2015）。为此，除实时轨道钟差和相位偏差产品外，还需要提供用户端电离层和对流层延迟改正数来缩短收敛时长，该方法称为 PPP-RTK（Teunissen et al.，2015；Wabbena et al.，2005）。与网络 RTK 不同的是，PPP-RTK 估计的是各类误差的参数，而非观测值的改正值；PPP-RTK 采用 PPP 算法，而非 RTK 算法。尽管二者的解算模式不同，但都是综合利用多频多模和区域测站数据，在本质上是等价的（李博峰 等，2023）。

对 GNSS 定位技术从发展先后顺序进行总结，如图 1.9 所示。从最初精度仅为米级的 SPP 到目前可达到瞬时厘米级的 PPP-RTK，GNSS 定位技术逐渐向定位精度高、收敛速度快和应用范围广等方向发展。在观测值类型上，GNSS 定位技术除了采用高精度的相位观测值，还由传统的组合观测值转向非组合观测值；在数据处理方法上，GNSS 定位技术从集中式处理向去中心化式发展；在改正产品类型上，GNSS 定位技术从观测值改正值向参数改正值发展。虽然 PPP-RTK 可实现瞬时高精度定位，但其服务范围有限，无法实现全球覆盖；此外，PPP 虽可实现全球高精度定位，但其收敛时长较长，难以满足瞬时高精度定位需求。因此，LeGNSS 成为 GNSS 新技术的研究热点，为实现全球瞬时高精度定位创造了条件。

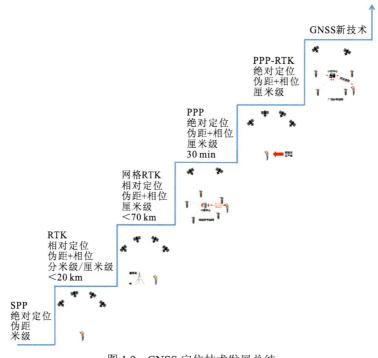

图 1.9　GNSS 定位技术发展总结

1.3　低轨卫星发展现状

低轨卫星是指轨道高度低于 2000 km 的人造地球卫星，其轨道运行周期在 84～127 min。低轨卫星轨道高度低，运行速度快，可在较短时间内覆盖全球，在通信领域具有独特优势。但在 20 世纪 90 年代之前，由于难以获取精确的低轨卫星轨道，有关低轨卫星高精度的应用较少。随着 GPS 的发展，90 年代之后，利用 GPS 进行低轨卫星定轨，其轨道精度越来越高，低轨卫星对地观测相对于传统测量的优势越来越明显。因此，世界各国发射越来越多搭载各种传感器的低轨卫星用以探求各类地球物理现象，包括地球重力场反演、地球磁场监测、地球臭氧层探测等。

以地球重力场测量及其应用方面为例，GRACE、CHAMP 和 GOCE 卫星发挥了巨大的作用。GRACE 卫星由美国和德国联合发射，于 2002 年成功发射。GRACE 卫星能够探测出包括地表及地下径流、地球内部质量变化、冰川（冰盖）与海洋间的物质交换等成分在内的重力场变化。GRACE 卫星时变重力场已成功用于陆地水储量变化（许厚泽 等，2012；Wang et al.，2012）、南极和格陵兰冰盖变化（Chen et al.，2009，2006a，2006b），以及海平面变化（Feng et al.，2012）等地表质量探测。目前，GRACE 时变重力场的时间、空间分辨率约为 1 个月与 400 km，精度约为 1 cm 等效水柱高（Tapley et al.，2004；Wahr et al.，2004）。CHAMP 卫星是由 GFZ 研发的低轨重力卫星，轨道高度约为 450 km。CHAMP 主要用于地球重力场监测、地球磁场测定和大气探测。CHAMP 卫星搭载的星载 GPS 接收机常被用于低轨卫星定轨，并将所得轨道用于地球重力场反演（Xu et al.，2005）等科学研究。GOCE 卫星是 ESA 研发的地球重力和海洋环流探测卫星，轨道高度为 295 km，轨道周期为 1.6 h。GOCE 卫星结合重力梯度和 GPS 测量数据来确定地球平均重力场，且具有 80 km 的空间分辨率。GOCE 卫星的重力梯度数据被成功用于岩石圈建模（Bouman et al.，2015）、高精度地球重力场建模（Liang et al.，2020）及莫霍不连续性监测（Gedamu et al.，2020）。GOCE 卫星于 2009 年 3 月 17 日成功发射，2013 年 11 月 11 日结束探测任务。以上三种低轨卫星如图 1.10 所示。

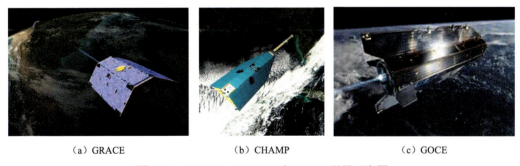

（a）GRACE　　　　　　（b）CHAMP　　　　　　（c）GOCE

图 1.10　GRACE、CHAMP 和 GOCE 卫星示意图

除以上三种低轨卫星外，还有搭载各种大气探测仪器的气象低轨卫星，如美国国家海洋和大气管理局（National Oceanic and Atmospheric Administration，NOAA）的 NOAA 系列卫星、我国第二代极轨气象卫星 FY-3 系列卫星等；海洋测高卫星，如 Topex/Poseidon 卫星、Jason-1/2/3 卫星、ENVISAT、我国的 HY-2A 卫星等；遥感卫星，如 SPOT-2 和 SPOT-3 卫星，我国的资源 2 号、3 号卫星等；雷达卫星，如 Sentinel、TerraSAR 和 Cosmo-skymed 等。低轨卫星由于运行速度快、覆盖地球周期短等优势，越来越多地被用于地球物理研究、大气研究、地面监测、资源调查等领域。图 1.11 为搜集的部分低轨卫星发射及运行情况。

近年来，许多商业公司提出建设全球低轨卫星星座（几百，甚至上千颗低轨卫星），如国外的 Iridium Next 星座、OneWeb 星座、Starlink 星座，以及国内的鸿雁星座和虹云星座等。

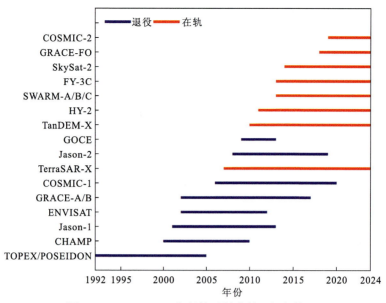

图 1.11　1992～2024 年低轨卫星发射及运行情况

Iridium NEXT 是由 Iridium Communications 公司运营的低轨卫星系统，主要用于卫星通信和数据传递。在初期设计阶段，由于预计需要 77 颗卫星才能实现全球覆盖，该低轨星座项目以原子序数 77 的金属元素——铱为名。Iridium NEXT 星座由分布在 6 个轨道面的 75 颗 LEO 卫星组成，包括 66 颗工作卫星和 9 颗备用卫星，轨道高度为 780 km，轨道倾角为 86.4°，轨道周期为 100.5 min，运行覆盖全球范围。

OneWeb 是一个由 648 颗低轨卫星组成的卫星星座，可为世界各地的政府、企业和社区提供高速、低延迟的连接。从 2018 年开始，OneWeb 在 1200 km 的轨道上部署卫星。这些卫星分布在 18 个轨道倾角为 87°的圆轨道面上，每个轨道有 36 颗卫星（包括备用卫星）。2019 年 6 月，OneWeb 发射首批 6 颗卫星；2020 年 2 月，联盟号运载火箭将 OneWeb 的 36 颗卫星运送至太空。2023 年 5 月，OneWeb 发射 16 颗卫星，其中 15 颗为星座一期的备用卫星，另外一颗为第二代星座的验证卫星。

Starlink 星座是 SpaceX 公司于 2015 年推出的项目，旨在组建相互连接的卫星来实现全球高速互联网服务。SpaceX 公司计划于 2027 年完成 Starlink 4.2 万颗卫星的组网工作，并建设 100 万个地面站和 6 个卫星网关站。2018 年 2 月 22 日，首批发射 Tinin-A 和 Tinin-B 两颗卫星。2019 年 5 月 24 日，代号 Starlink Demo（0.9）任务批量发射 60 颗卫星。为加快系统建设，2019 年 11 月 11 日，代号 Starlink 1 任务批量发射 60 颗卫星。截至 2023 年 11 月 8 日，SpaceX 的卫星发射批次达 120 次，已发射的 Starlink 卫星总数为 5421 颗。

鸿雁全球卫星星座通信系统是国内首个低轨卫星通信系统。鸿雁全球卫星星座通信系统计划发射 320 多颗低轨卫星，以组成一个移动通信星座与宽带通信星座。该系统将实现地面数据采集、应急救援、通信服务、船舶识别监控、全球广播等多项功能。目前，鸿雁全球卫星星座通信系统建设分为两个阶段：第一阶段是实现全球基本通信网络。该网络由 66 颗低轨卫星组成，提供全球移动通信和区域宽带通信等业务。第二阶段是 2025 年计划发射 300 多颗卫星用于网络补充建设，扩展宽带业务至全球范围。2018 年 12 月 29 日，鸿雁首星在我国酒泉卫星发射中心成功发射，标志着鸿雁星座建设的全面启动。

虹云星座是中国航天科工集团有限公司五大商业航天工程之一的虹云工程所建设的星座，旨在构建覆盖全球的低轨宽带通信卫星系统，以天基互联网为基础，融合低轨导航增强、多样化遥感，实现通、导、遥的信息一体化。虹云工程计划发射 156 颗卫星。2018 年 12 月 22 日，第一颗虹云工程试验卫星于酒泉卫星发射中心搭载长征十一号运载火箭升空，并成功进入预定轨道，标志着虹云工程建设的全面启动。

1.4　低轨卫星定轨技术发展现状

高精度的低轨卫星轨道是其有效完成科学任务的重要前提。因此，研究低轨卫星精密定轨具有重要的现实意义。低轨卫星精密定轨方法主要有动力学法、几何法以及约化动力学法。传统的定轨方法为动力学法（Koening et al.，2003；Schutz et al.，1994），其优点是可以用较少的观测资料获得可靠连续的轨道，但由于地球非球形引力、大气阻力、太阳光压等摄动力很难用精确模型表示，从而制约了低轨卫星轨道精度的进一步提升。Topex/Poseidon 是首次搭载双频 GPS 接收机进行精密定轨的低轨卫星（Yunck et al.，1990），取得了厘米级精度的定轨结果（Bertiger et al.，1994；Tapley，1994；Yunck et al.，1994）。此后发射的低轨卫星大都搭载了 GPS 接收机，成为低轨卫星精密定轨的主要手段，包括三颗重力卫星 CHAMP、GRACE 和 GOCE 都主要采用星载 GPS 进行定轨（Bock et al.，2014；Kang et al.，2006；Ijssel et al.，2003）。星载 GPS 的低轨卫星定轨方法也不断完善，其中主要有约化动力学法（Yunck et al.，1994）和几何法（Švehla et al.，2005；胡国荣 等，2000；Bisnath et al.，1999）等定轨方法。几何法定轨无须卫星受力情况，不受力学模型误差影响，对重力场反演具有十分重要的意义。其具体的解算方法有高效的定轨算法（Bock et al.，2002）、双向滤波定轨算法（秦显平 等，2009），以及采用非差、单差（彭冬菊 等，2007；Jäggi et al.，2007）或双差观测值（Boomkamp et al.，2005）的定轨算法。Kroes 等（2005）将两颗 GRACE 卫星按基线模式进行解算，有效提高了轨道相对精度；由于几何法完全依赖 GPS 观测数据，受卫星几何构型、观测模型及观测数据质量的制约，其定轨精度并不稳定，且定轨结果为一系列离散的卫星坐标。针对动力学法和几何法的不足，有学者提出了约化动力学法定轨，它将几何法和动力学法有机结合，充分利用低轨卫星的几何观测信息和动力学模型信息，解决了动力学法对动力学模型敏感，而几何法取决于相对几何和测量精度限制的问题。利用约化动力学法，CHAMP 卫星定轨精度达到 2.7 cm（van den Ijssel et al.，2003）；GRACE 卫星径向精度达到 1 cm，法向和切向精度优于 2.5 cm（Kang et al.，2006），GOCE 卫星的定轨精度达到 2 cm（Bock et al.，2011b），Swarm 卫星轨道精度优于 2 cm（张兵兵 等，2016；van den Ijssel et al.，2015）。随着北斗二号和北斗三号卫星的建成，国内低轨卫星开始搭载能够接收北斗导航信号的接收机。融合 GPS 和 BDS 星载观测数据，FY-3C 卫星的事后轨道精度达到 2.7 cm（王甫红 等，2020）；采用北斗三号的星载观测数据，Tianping1B 的事后定轨精度可达 4.57 cm（Zhao et al.，2020）；相较于单 GPS 数据，采用 BDS 星载观测数据的 HY-2D 定轨精度略低，相差 1 cm 左右（Peng et al.，2022）。

随着对星载 GNSS 低轨卫星定轨研究的不断深入，近年来，有学者对星载接收机天线相位中心变化（phase center variation，PCV）（van den Ijssel et al.，2015；Jäeggi et al.，2009；Montenbruck et al.，2009b）、电离层活动对星载观测数据影响（Jäeggi et al.，2015；van den Ijssel et al.，2015；Bock et al.，2014）及星载数据差分码偏差（differential code bias，DCB）估计（Wautelet et al.，2017；Zhong et al.，2016；Lin et al.，2016）进行了深入研究分析，使星载 GNSS 观测模型不断完善。在星载接收机 PCV 方面，有研究人员发现 GOCE 星载接收机 PCV 对轨道法向的影响达到厘米级（Bock et al.，2011a）。田英国等（2016）在研究 Swarm 星载接收机 PCV 后，也得出类似结论，星载接收机 PCV 改正后，Swarm 卫星轨道径向、法向和切向精度都有不同程度的提高，尤其是对法向精度改善最为明显，平均提高 23.3 mm，轨道径向和切向精度分别提高 8.5 mm 和 4 mm。在电离层活动方面，Xiong 等（2016）发现在低轨星载观测值缺失与电离层扰动相关。在低纬度地区，当 Swarm 卫星经过电离层异常的波峰时，绝大部分 GPS 信号失锁；在高纬度地区，当发生地磁暴或极光时，Swarm 卫星同样出现信号失锁的现象。Zehentner 等（2015）发现 GOCE 卫星经过低纬度处的几何定轨精度较低，提出基于电离层总电子含量变化率指数（rate of total electron content index，ROTI）的观测值降权方案，削弱了电离层闪烁的影响。在星载接收机差分码偏差方面，Zhou 等（2019）利用非差 PPP 估计 Swarm 星载接收机端 DCB，其标准差均小于 0.1 ns；Li 等（2021）将低轨星载观测值加入 GPS 的 DCB 估计中，使 DCB 估值更稳定，标准差为 0.051 ns。正是星载 GNSS 观测模型的不断完善，使几何法定轨变得更加连续稳定。GOCE 卫星在服役期间，几何法定轨一维精度可以达到 2.42 cm（Bock et al.，2014）。Jäeggi 等（2016）基于 Swarm 星载观测数据，采用几何法定轨，三颗卫星（A/B/C）轨道精度分别达到 3.25 cm、2.74 cm 和 3.11 cm。随着 GNSS 观测模型不断完善，GNSS 卫星数目的不断增多，快速、连续、稳定、高精度的几何法定轨将会成为未来主要的低轨卫星定轨方法之一。

1.5　联合定轨技术发展现状

联合定轨技术可以追溯到基于中继卫星定低轨航天器轨道技术。美国拥有成熟的跟踪与数据中继卫星系统（tracking and data relay satellite system，TDRSS）。中继卫星系统实际是把地面的测控及通信搬到空间地球静止轨道的卫星上，可以充分利用太空的高空资源，节约地面有限的测控资源（潘晓刚 等，2006）。我国从 2008 年开始陆续发射了 4 颗中继卫星（天链一号 01 星、02 星、03 星和 04 星），建立了我国独立自主的 TDRSS，在载人航天等任务中发挥了重要作用（李勰 等，2013；王彦荣 等，2011）。利用中继卫星进行航天器轨道解算，显而易见，中继卫星的位置会直接影响航天器位置解算的精度，因此有学者提出联合解算中继卫星和航天器的轨道，减小中继卫星轨道误差对航天器轨道的影响（何雨帆 等，2012；王彦荣 等，2011；吴功友 等，2007）。

目前，低轨卫星一般都搭载 GNSS 接收机，利用星载观测数据确定低轨卫星轨道一般采用"两步法"，即首先利用地面跟踪站获取的 GNSS 观测数据确定 GNSS 精密轨道和钟差，在随后的低轨卫星定轨过程中，将 GNSS 轨道和钟差产品作为已知量，解算低轨卫星轨道参数。但是，对 GNSS 定轨而言，可以将低轨卫星看成移动的监测站，星载 GNSS 观测数据也可以成为 GNSS 定轨的重要数据源，即可以利用星载 GNSS 观测数据和地面 GNSS

观测数据同时解算低轨卫星轨道和 GNSS 卫星轨道，这种方法也被称为"一步法"。Rim 等（1995）对这一问题在 Topex/Poseidon 低轨卫星上进行了研究分析，发现采用"一步法"，低轨卫星轨道的径向和切向精度有所提升。随后，Zhu 等（2004）通过联合处理 GRACE、CHAMP 卫星的观测数据、GRACE 卫星间 K 波段测距、地面测站数据等进行联合定轨研究，分析指出合理融合不同数据源的数据，对提高 GNSS 轨道、低轨卫星轨道、地面坐标及重力场系数精度都有十分重要的作用。国内一些研究人员也研究实现了低轨卫星和 GNSS 联合处理的方法（匡翠林 等，2009；Geng et al.，2008；赵齐乐，2004），结果表明联合解算对提高 GNSS 卫星轨道和低轨卫星轨道精度都有增益。

参 考 文 献

董绪荣，王海红，2000. 98 国际 GLONASS 联测. 测绘通报, 3: 14-16.

何雨帆，王家松，李远平，等，2012. 基于北斗一号的近地卫星天基测控技术及应用. 武汉大学学报(信息科学版), 37(4): 441-444.

胡国荣，欧吉坤，2000. 星载 GPS 低轨卫星几何法精密定轨研究. 空间科学学报, 20(1): 32-39.

匡翠林，刘经南，赵齐乐，2009. 低轨卫星与 GPS 导航卫星联合定轨研究. 大地测量与地球动力学, 29(2): 121-125.

李博峰，苗维凯，陈广鄂，2023. 多频多模 GNSS 高精度定位关键技术与挑战. 武汉大学学报(信息科学版), 48(11): 1769-1783.

李飖，唐歌实，张宇，等，2013. TG01/SZ08 交会对接轨道确定与预报精度分析. 飞行器测控学报, 32(2): 162-167.

李星星，李婕，袁勇强，等，2022. 北斗三号卫星经验型太阳光压模型分析与精化. 测绘学报, 51(8): 1680-1689.

潘晓刚，周海银，赵德勇，2006. 基于 TDRSS 的低轨卫星定轨方法研究. 宇航学报, 27(增刊): 50-55.

彭冬菊，吴斌，2007. 非差和单差 LEO 星载 GPS 精密定轨探讨. 科学通报, 52(6): 715-719.

秦显平，杨元喜，2009. LEO 星载 GPS 双向滤波定轨研究. 武汉大学学报(信息科学版), 34(2): 231-235.

田英国，郝金明，2016. Swarm 卫星天线相位中心校正及其对精密定轨的影响. 测绘学报, 45(12): 1406-1412.

王甫红，凌三力，龚学文，等，2020. 风云三号 C 卫星星载 GPS/BDS 分米级实时定轨模型研究. 武汉大学学报(信息科学版), 45(1): 1-6.

王进，杨元喜，张勤，等，2019. 多模 GNSS 融合 PPP 系统间偏差特性分析. 武汉大学学报(信息科学版), 44(4): 475-481.

王彦荣，魏小莹，陈建荣，2011. 基于中继卫星的飞船定轨精度分析. 载人航天, 3(1): 22-26.

吴功友，王家松，赵长印，等，2007. 天地基联合多星定轨及精度分析. 中国空间科学技术, 3(1): 58-63.

许厚泽，陆洋，钟敏，等，2012. 卫星重力测量及其在地球物理环境变化监测中的应用. 中国科学: 地球科学, 42(6): 843-853.

杨元喜，2010. 北斗卫星导航系统的进展、贡献与挑战. 测绘学报, 39(1): 1-6.

张兵兵，聂琳娟，吴汤婷，等，2016. SWARM 卫星简化动力学厘米级精密定轨. 测绘学报, 45(11): 1278-1284.

赵齐乐, 2004. GPS 导航卫星星座及低轨卫星精密定轨. 武汉: 武汉大学.

Abdi N, Ardalan A, Karimi R, et al., 2017. Performance assessment of multi-GNSS real-time PPP over Iran. Advances in Space Research, 59(12): 2870-2879.

Al-Shaery A, Zhang S, Rizos C, 2012. An enhanced calibration method of GLONASS inter-channel bias for GNSS RTK. GPS Solutions, 17(2): 165-173.

Banville S, Collins P, Lahaye F, 2013. GLONASS ambiguity resolution of mixed receiver types without external calibration. GPS Solutions, 17(3): 275-282.

Bedford J R, Moreno M, Deng Z, et al., 2020. Month-long thousand-kilometre-scale wobbling before great subduction earthquakes. Nature, 580: 628-635.

Bertiger W I, Bar-Sever Y E, Christensen E J, et al., 1994. GPS precise tracking of TOPEX/POSEIDON: Results and implications. Journal of Geophysical Research, 99(C12): 24449-24464.

Beutler G, Brockmann E, Gurtner W, et al., 1994. Extended orbit modeling techniques at the CODE processing center of the international GPS service for geodynamics (IGS): Theory and initial results. Manuscripta Geodaetica, 19(6): 367-386.

Bisnath S B, Langley R B, 1999. Precise a posteriori geometric tracking of low earth orbiters with GPS. Canadian Aeronautics and Space Journal, 45(3): 245-252.

Blewitt G, 1989. Carrier phase ambiguity resolution for the global positioning system applied to geodetic baselines up to 2000 km. Journal of Geophysical Research: Solid Earth, 94(B8): 10187-10203.

Bock H, Hugentobler U, Springer T A, et al., 2002. Efficient precise orbit determination of LEO satellites using GPS. Advances in Space Research, 30(2): 295-300.

Bock H, Jaeggi A, Beutler G, et al., 2014. GOCE: Precise orbit determination for the entire mission. Journal of Geodesy, 88(11): 1047-1060.

Bock H, Jaeggi A, Meyer U, et al., 2011a. Impact of GPS antenna phase center variations on precise orbits of the GOCE satellite. Advances in Space Research, 47(11): 1885-1893.

Bock H, Jaeggi A, Meyer U, et al., 2011b. GPS-derived orbits for the GOCE satellite. Journal of Geodesy, 85(11): 807-818.

Bock Y, Abbot R, Counselman C, et al., 1984. Geodetic accuracy of the macrometer model V-1000. Bulletin Geodesique, 58(2): 211-221.

Bock Y, Abbot R, Counselman C, et al., 1985. Three-dimensional geodetic control by interferometry with GPS: Processing of GPS phase observables//The 1st International Symposium on Precise Positioning with the Global Positioning System.

Boomkamp H, Dow J, 2005. Use of double difference observations in combined orbit solutions for LEO and GPS satellites. Advances in Space Research, 36(3): 382-391.

Bouman J, Ebbing J, Meekes S, et al., 2015. GOCE gravity gradient data for lithospheric modeling. International Journal of Applied Earth Observation and Geoinformation, 35(A): 16-30.

Bury G, Sośnica K, Zajdel R, et al., 2020. Toward the 1-cm Galileo orbits: Challenges in modeling of perturbing forces. Journal of Geodesy, 94(2):16.

Caissy M, Agrotis L, Weber G, et al., 2012. The international GNSS real-time service. GPS World, 23: 52-58.

Chen G, Guo J, Geng T, et al., 2023. Multi-GNSS orbit combination at Wuhan University: Strategy and preliminary products. Journal of Geodesy, 97(5): 41.

Chen J L, Wilson C R, Blankenship D, et al., 2009. Accelerated Antarctic ice loss from satellite gravity measurements. Nature Geoscience, 2(12): 859-862.

Chen J L, Wilson C R, Blankenship D, et al., 2006a. Antarctic mass rates from GRACE. Geophysical Research Letters, 33(11): 502.

Chen J L, Wilson C R, Tapley B D, 2006b. Satellite gravity measurements confirm accelerated melting of Greenland ice sheet. Science, 313(5795): 1958-1960.

Chen K, Liu Z, Song T, 2020. Automated GNSS and teleseismic earthquake inversion (AutoQuake Inversion) for tsunami early warning: Retrospective and real-time results. Pure and Applied Geophysics, 177(1): 1403-1423.

Chuang S, Wenting Y, Weiwei S, et al., 2013. GLONASS pseudorange inter-channel biases and their effects on combined GPS/GLONASS precise point positioning. GPS Solutions, 17(4): 439-451.

Collins P, 2008. Isolating and estimating undifferenced GPS integer ambiguities. The 2008 National Technical Meeting of the Institute of Navigation.

CSNO, 2016. BeiDou Navigation Satellite System Signal In Space Interface Control Document Open Service Signal (Version 2.1). Beijing: China Satellite Navigation Office.

de Bakker P F, Tiberius C, 2017. Real-time multi-GNSS single-frequency precise point positioning. GPS Solutions, 21(4): 1791-1803.

Dow J M, Neilan R E, Rizos C, 2009. The International GNSS Service in a changing landscape of global navigation satellite systems. Journal of Geodesy, 83(3): 191-198.

Du S, Shu B, Xie W, et al., 2022. Evaluation of real-time precise point positioning with ambiguity resolution based on multi-GNSS OSB products from CNES. Remote Sensing, 14(19): 4970.

Edwards S, Cross P, Barnes J, et al., 1999. A methodology for benchmarking real-time kinematic GPS. Survey Review, 35(273): 163-174.

Elsobeiey M, Al-Harbi S, 2016. Performance of real-time precise point positioning using IGS real-time service. GPS Solutions, 20(3): 565-571.

Engineering RIoSD, 2008. GLONASS Interface Control Document. Moscow.

Feng W, Zhong M, Xu H, 2012. Sea level variations in the South China Sea inferred from satellite gravity, altimetry, and oceanographic data. Science China Earth Sciences, 55(10): 1696-1701.

Gao W, Meng X, Gao C, et al., 2018. Combined GPS and BDS for single-frequency continuous RTK positioning through real-time estimation of differential inter-system biases. GPS Solutions, 22(1): 1-13.

Ge M, Gendt G, Rothacher M, et al., 2008. Resolution of GPS Carrier-phase ambiguities in precise point positioning (PPP) with daily observations. Journal of Geodesy, 82(7): 389-399.

Ge M, Zhang H, Jia X, et al., 2012. What is achievable with current COMPASS constellation?. ION GNSS 2012.

Gedamu A, Eshagh M, Bedada T, 2020. Moho determination from GOCE gradiometry data over Ethiopia. Journal of African Earth Sciences, 163: 103741.

Geng J, Chen X, Pan Y, et al., 2019. A modified phase clock/bias model to improve PPP ambiguity resolution at Wuhan University. Journal of Geodesy, 93(10): 2053-2067.

Geng J, Shi C, 2017. Rapid initialization of real-time PPP by resolving undifferenced GPS and GLONASS ambiguities simultaneously. Journal of Geodesy, 91: 361-374.

Geng J, Shi C, Zhao Q, et al., 2008. Integrated adjustment of LEO and GPS in precision orbit determination. VIHotine-Marussi Symposium on Theoretical and Computational Geodesy.

Gibbons G, 2016. European commission declares Galileo initial services available for use. [2016-12-15]. http://www. insidegnss. com/node/5268, 2018-01-22.

Han S, 1997. Carrier Phase-Based Long-Range GPS Kinematic Positioning. Sydney: UNSW University.

He L, Ge M, Wang J, et al., 2013. Experimental study on the precise orbit determination of the BeiDou navigation satellite system. Sensors (Basel), 13(3): 2911-2928.

Hofmann-Wellenhof B, Lichtenegger H, Collins J, 2001. Global Positioning System: Theory and Practice. 5th ed. New York: Springer.

Hou Z, Zhou F, 2023. Assessing the performance of precise point positioning (PPP) with the fully serviceable multi-GNSS constellations: GPS, BDS-3, and Galileo. Remote Sensing, 15(3): 807.

Ijssel J, Visser P, Rodriguez E P, 2003. CHAMP precise orbit determination using GPS data. Advances in Space Research, 31(8): 1889-1895.

Ineichen D, Springer T, Beutler G, 2001. Combined processing of the IGS and the IGEX network. Journal of Geodesy, 75(11): 575-586.

Jäeggi A, Bock H, Meyer U, et al., 2015. GOCE: Assessment of GPS-only gravity field determination. Journal of Geodesy, 89(1): 33-48.

Jäeggi A, Dach R, Montenbruck O, et al., 2009. Phase center modeling for LEO GPS receiver antennas and its impact on precise orbit determination. Journal of Geodesy, 83(12): 1145-1162.

Jäeggi A, Dahle C, Arnold D, et al., 2016. Swarm kinematic orbits and gravity fields from 18 months of GPS data. Advances in Space Research, 57(1): 218-233.

Jäeggi A, Hugentobler U, Bock H, et al., 2007. Precise orbit determination for GRACE using undifferenced or doubly differenced GPS data. Advances in Space Research, 39(10): 1612-1619.

Kang Z, Tapley B, Bettadpur S, et al., 2006. Precise orbit determination for the GRACE mission using only GPS data. Journal of Geodesy, 80(6): 322-331.

Kazmierski K, Sosnica K, Hadas T, 2018. Quality assessment of multi-GNSS orbits and clocks for real-time precise point positioning. GPS Solutions, 22(1): 11.

Koening R, Reigber C, Neumayer K H, et al., 2003. Satellite dynamic of the CHAMP and GRACE LEOS as revealed from space- and ground-based tracking. Advances in Space Research, 31(8): 1869-1874.

Kroes R, Montenbruck O, Bertiger W, et al., 2005. Precise GRACE baseline determination using GPS. GPS Solutions, 9(1): 21-31.

Laurichesse D, Mercier F, Berthias J, et al., 2007. Integer ambiguity resolution on undifferenced GPS phase measurements and its application to PPP and satellite precise orbit determination. Annual of Navigation, 56(2): 135-149.

Leick A, 2004. GPS Satellite Surveying. 3rd ed. New York: John Wiley and Sons.

Li B F, Ge H B, Bu Y H, et al., 2022. Comprehensive assessment of real-time precise products from IGS analysis centers. Satellite Navigation, 3(12): 12.

Li M, Rovira-Garcia A, Nie W, et al., 2023. Inter-system biases solution strategies in multi-GNSS kinematic precise point positioning. GPS Solutions, 27(3): 100.

Li P, Zhang X, 2014. Integrating GPS and GLONASS to accelerate convergence and initialization times of precise point positioning. GPS Solutions, 18(3): 461-471.

Li X, Ge M, Dai X, et al., 2015. Accuracy and reliability of multi-GNSS real-time precise positioning: GPS, GLONASS, BeiDou, and Galileo. Journal of Geodesy, 89(6): 607-635.

Li X, Yuan Y, Huang J, et al., 2019. Galileo and QZSS precise orbit and clock determination using new satellite metadata. Journal of Geodesy, 93: 1123-1136.

Li X, Zhang W, Zhang K, et al., 2021. GPS satellite differential code bias estimation with current eleven low earth orbit satellites. Journal of Geodesy, 95: 76.

Liang W, Li J, Xu X, et al., 2020. A high-resolution earth's gravity field model SGG-UGM-2 from GOCE, GRACE, satellite altimetry, and EGM2008. Engineering, 6(8): 860-878.

Lin J, Yue X, Zhao S, 2016. Estimation and analysis of GPS satellite DCB based on LEO observations. GPS Solutions, 20: 251-258.

Liu T, Wang J, Yu H, et al., 2018. A new weighting approach with application to ionospheric delay constraint for GPS/GALILEO real-time precise point positioning. Applied Sciences, 8(12): 2537.

Liu T, Yuan Y B, Zhang B C, et al., 2017. Multi-GNSS precise point positioning (MGPPP) using raw observations. Journal of Geodesy, 91(3): 253-268.

Liu Y, Ge M, Shi C, et al., 2016a. Improving integer ambiguity resolution for GLONASS precise orbit determination. Journal of Geodesy, 90(8): 715-726.

Liu Y, Ye S, Song W, et al., 2016b. Integrating GPS and BDS to shorten the initialization time for ambiguity-fixed PPP. GPS Solutions, 21(2): 333-343.

Lou Y, Liu Y, Shi C, et al., 2015a. Precise orbit determination of BeiDou constellation: Method comparison. GPS Solutions, 20(2): 259-268.

Lou Y, Zheng F, Gu S, et al., 2015b. Multi-GNSS precise point positioning with raw single-frequency and dual-frequency measurement models. GPS Solutions, 20(4): 849-862.

Malys S, Jensen P A, 1990. Geodetic point positioning with GPS carrier beat phase data from the CASA UNO experiment. Geophysical Research Letters, 17(5): 651-654.

Montenbruck O, Hauschild A, Hessels U, et al., 2009a. CONGO-First GPS/GIOVE tracking network for science, research. GPS World(9): 36-41.

Montenbruck O, Garcia-Fernandez M, Yoon Y, et al., 2009b. Antenna phase center calibration for precise positioning of LEO satellites. GPS Solutions, 13(1): 23-34.

Montenbruck O, Hauschild A, Steigenberger P, et al., 2012. Initial assessment of the COMPASS/BeiDou-2 regional navigation satellite system. GPS Solutions, 17(2): 211-222.

Montenbruck O, Steigenberger P, Hugentobler U, 2015. Enhanced solar radiation pressure modeling for Galileo satellites. Journal of Geodesy, 89(3): 283-297.

Montenbruck O, Steigenberger P, Khachikyan R, et al., 2014. IGS-MGEX: Preparing the ground for multi-constellation GNSS science. Inside GNSS, 9(1): 42-49.

Montenbruck O, Steigenberger P, Prange L, et al., 2017. The multi-GNSS experiment (MGEX) of the International GNSS Service (IGS): Achievements, prospects and challenges. Advances in Space Research, 59(7): 1671-1697.

Pan Z, Chai H, Kong Y, 2017. Integrating multi-GNSS to improve the performance of precise point positioning. Advances in Space Research, 60(12): 2596-2606.

Paziewski J, Wielgosz P, 2015. Accounting for Galileo-GPS inter-system biases in precise satellite positioning. Journal of Geodesy, 89(1): 81-93.

Peng H, Zhou C, Zhong S, et al., 2022. Analysis of precise orbit determination for the HY2D satellite using onboard GPS/BDS observations. Remote Sensing, 14(6): 1390.

Prange L, Orliac E, Dach R, et al., 2017. CODE's five-system orbit and clock solution: The challenges of multi-GNSS data analysis. Journal of Geodesy, 91(4): 345-360.

Pratt M, Burke B, Misra P, 1998. Single-epoch integer ambiguity resolution with GPS-GLONASS L1-L2 Data. ION GPS 1998.

Revnivykh S, 2011. GLONASS status and modernization. ION GNSS 2011.

Rim H J, Schutz B E, Abusali P, et al., 1995. Effect of GPS orbit accuracy on GPS-determined TOPEX/Poseidon orbit. ION GPS 1995.

Romero I, Garcia C, Kahle R, et al., 2002. Precise orbit determination of GLONASS satellites at the European space agency. Advances in Space Research, 30(2): 281-287.

Russian Institute of Space Device Engineering, 2008. GLONASS Interface Control Document. Moscow.

Schaer S, Brockmann E, Meindl M, et al., 2009. Rapid static positioning using GPS and GLONASS. Firenze: Subcommission for the European Reference Frame (EUREF).

Schutz B E, Tapley B D, Abusali P, et al., 1994. Dynamic orbit determination using GPS measurements from TOPEX_POSEIDON. Geophysical Research Letters, 21(19): 2179-2182.

Shi C, Zhao Q, Li M, et al., 2012. Precise orbit determination of Beidou Satellites with precise positioning. Science China Earth Sciences, 55(7): 1079-1086.

Shu B, Liu H, Wang L, et al., 2020. Performance improvement of real-time PPP ambiguity resolution using a regional integer clock. Advances in Space Research, 67(5): 1623-1637.

Slater J A, Willis P, Beutler G, et al., 1999. The international GLONASS experiment (IGEX98)-Organization, preliminary results and future plans. ION GPS 1999.

Sleewagen J, Simsky A, Wilde W, et al., 2012. Demystifying GLONASS inter-frequency carrier phase biases. Inside GNSS, 7(3): 57-61.

Steigenberger P, Hugentobler U, Loyer S, et al., 2015. Galileo orbit and clock quality of the IGS multi-GNSS experiment. Advances in Space Research, 55(1): 269-281.

Steigenberger P, Hugentobler U, Montenbruck O, et al., 2011. Precise orbit determination of GIOVE-B based on the CONGO network. Journal of Geodesy, 85(6): 357-365.

Švehla D, Rothacher M, 2005. Kinematic positioning of LEO and GPS satellites and IGS stations on the ground. Advances in Space Research, 36(3): 376-381.

Tapley B D, 1994. Precision orbit determination for TOPEX/Poseidon. Journal of Geophysical Research, 99(C12): 24383-24404.

Tapley B D, Bettadpur S, Watkins M, et al., 2004. The gravity recovery and climate experiment: Mission overview and early results. Geophysical Research Letters, 31(9): L09607.

Teunissen P, Khodabandeh A, 2015. Review and principles of PPP-RTK methods. Journal of Geodesy, 89(3):

217-240.

Tian Y, Ge M, Neitzel F, 2015. Particle filter-based estimation of inter-frequency phase bias for real-time GLONASS integer ambiguity resolution. Journal of Geodesy, 89(11): 1145-1158.

Tian Y, Liu Z, Ge M, et al., 2018. Determining inter-system bias of GNSS signals with narrowly spaced frequencies for GNSS positioning. Journal of Geodesy, 92(8): 873-887.

Torre A D, Caporali A, 2015. An analysis of intersystem biases for multi-GNSS positioning. GPS Solutions, 19(2): 297-307.

Urlichich Y, Subbotin V, Stupak G, et al., 2011. GLONASS: Developing strategies for the future. GPS World, 22(4): 42-49.

van den Ijssel J, Encarnação J, Doornbos E, et al., 2015. Precise science orbits for the Swarm satellite constellation. Advances in Space Research, 56(6): 1042-1055.

van den Ijssel J, Visser P, Patiño Rodriguez E, 2003. Champ precise orbit determination using GPS data. Advances in Space Research, 31(8): 1889-1895.

Wabbena G, Schmitz M, Bagge A, 2005. PPP-RTK: Precise point positioning using state-space representation in RTK networks//The 18th International Technical Meeting of the Satellite Division of the Institute of Navigation, Long Beach.

Wahr J, Swenson S, Zlotnicki V, et al., 2004. Time-variable gravity from GRACE: First results. Geophysical Research Letters, 31(11): L11501.

Wang C, Guo J, Zhao Q, et al., 2019. Empirically derived model of solar radiation pressure for BeiDou GEO satellites. Journal of Geodesy, 93: 791-807.

Wang H, Jia L, Steggen H, et al., 2012. Increased water storage in North America and Scandinavia from GRACE gravity data. Nature Geoscience, 6(1): 38-42.

Wang L, Li Z, Ge M, et al., 2018. Validation and assessment of multi-GNSS real-time precise point positioning in simulated kinematic mode using IGS real-time service. Remote Sensors, 10(2): 337.

Wanninger L, 2011. Carrier-phase inter-frequency biases of GLONASS receivers. Journal of Geodesy, 86(2): 139-148.

Wanninger L, Wallstab-Freitag S, 2007. Combined processing of GPS, GLONASS, and SBAS code phase and carrier phase measurements. ION GNSS 2007.

Wautelet G, Loyer S, Mercier F, et al., 2017. Computation of GPS P1-P2 differential code biases with JASON-2. GPS Solutions, 21: 1619-1631.

Weber R, Slater J A, Fragner E, et al., 2005. Precise GLONASS orbit determination within the IGS/IGLOS: Pilot project. Advances in Space Research, 36(3): 369-375.

Willis P, Beutler G, Gurtner W, et al., 1999. IGEX: International GLONASS experiment—Scientific objectives and preparation. Advances in Space Research, 23(4): 659-663.

Wübbena G, Bagge A, Seeber G, et al., 1996. Reducing distance dependent errors for real-time precise DGPS applications by establishing reference station networks. ION GPS 1996.

Xie X, Geng T, Zhao Q J, et al., 2019. Precise orbit determination for BDS-3 satellites using satellite-ground and inter-satellite link observations. GPS Solutions, 23(2): 40.

Xiong C, Stolle C, Lühr H, 2016. The Swarm satellite loss of GPS signal and its relation to ionospheric plasma irregularities. Space Weather, 14: 563-577.

Xu T, Yang Y, 2005. CHAMP gravity field recovery using kinematic orbits. Chinese Journal of Geophysics, 48: 319-325.

Yunck T P, Bertiger W, Wu S, et al., 1994. First assessment of GPS-based reduced dynamic orbit determination on TOPEX/Poseidon. Geophysical Research Letters, 21(7): 541-544.

Yunck T P, Wu S C, Wu J T, et al., 1990. Precise tracking of remote sensing satellites with the global positioning system. Geoscience and Remote Sensing, 28(1): 108-116.

Zang N, Li B F, Nie L W, et al., 2020. Inter-system and inter-frequency code biases: Simultaneous estimation, daily stability and applications in multi-GNSS single-frequency precise point positioning. GPS Solutions, 24(1): 18.

Zehentner N, Mayer-Gürr T, 2015. Mitigation of ionospheric scintillation effects in kinematic LEO precise orbit determination. EGU 2015.

Zhang L, Yang H, Gao Y, et al., 2018. Evaluation and analysis of real-time precise orbits and clocks products from different IGS analysis centers. Advances in Space Research, 61(12): 2942-2954.

Zhang R, Zhang Q, Huang G, et al., 2015. Impact of tracking station distribution structure on BeiDou satellite orbit determination. Advances in Space Research, 56(10): 2177-2187.

Zhao Q L, Guo J, Li M, et al., 2013. Initial results of precise orbit and clock determination for COMPASS navigation satellite system. Journal of Geodesy, 87 (5): 475-486.

Zhao Q L, Guo J, Wang C, et al., 2022. Precise orbit determination for BDS satellites. Satellite Navigation, 3(1): 2.

Zhao X L, Zhou S S, Ci Y, et al., 2020. High-precision orbit determination for a LEO nanosatellite using BDS-3. GPS Solutions, 24(4): 102.

Zhong J, Lei J, Yue X, et al., 2016. Determination of differential code bias of GNSS receiver onboard low earth orbit satellite. IEEE Transactions on Geoscience and Remote Sensing, 54(8): 4896-4905.

Zhou P, Nie Z, Xiang Y, et al., 2019. Differential code bias estimation based on uncombined PPP with LEO onboard GPS observations. Advances in Space Research, 65(1): 541-551.

Zhu S, Reigber C, Koenig R, 2004. Integrated adjustment of CHAMP, GRACE, and GPS data. Journal of Geodesy, 78(1-2): 103-108.

Zinoviev A, Veitsel A, Dolgin D, 2009. Renovated GLONASS: Improved performances of GNSS receivers. ION GNSS 2009.

Zumberge J F, Heflin M B, Jefferson D C, et al., 1997. Precise point positioning for the efficient and robust analysis of GPS data from large networks. Journal of Geophysical Research: Solid Earth, 102(B3): 5005-5017.

第2章

精密定轨定位基础理论

本章首先将对精密定轨定位过程中涉及的时间系统和坐标系统展开介绍；随后介绍精密定轨中通常采用的力模型及定轨定位数据处理中的观测模型和必须考虑的各项误差；接着对卫星轨道积分做详细介绍；最后介绍常用的三种参数估计方法。

2.1 时间系统与坐标系统

时间系统和坐标系统在卫星定轨定位中扮演着十分重要的角色，其中涉及的观测量、力模型、时间信息、位置信息等都在一定的时空系统中描述。一方面，不同的导航系统具有各自的时间基准和坐标基准，在融合处理不同来源数据时，必须进行时间和空间的统一。另一方面，在处理卫星观测数据及误差模型改正时，根据不同的需要使用不同的坐标系统，最终需要归一化至统一的坐标系统。因此，建立精确的时间和空间框架转换关系是精密卫星定轨定位的基础。

2.1.1 时间系统及其转换

1. 常用时间系统

时间系统由时间原点和时间单位定义。下面将介绍卫星导航应用中常用的时间系统及它们之间的相互关系。

1）恒星时和太阳时

恒星时（sidereal time，ST）是一个地方的子午圈与天球的春分点之间的时角。因此，恒星时具有地方性，它将春分点和地固系的参考点联系起来，可以实现空间坐标系与地固坐标系之间的变换。一般常用格林尼治恒星时。春分点有平春分点和真春分点，因此相应有格林尼治真恒星时 GAST 和平恒星时 GMST。在日常生活中，人们习惯用太阳升降来安排工作、学习和休息。这种以太阳中心为参考点建立的时间系统称为太阳时系统。以太阳中心为参考点，太阳连续两次通过某地子午圈的时间间隔称为一个真太阳日。真太阳时是以地球自转为基础，以太阳中心为参考点而建立的时间系统，再加上地球公转速度并不均匀，导致真太阳时的长度不同。为了弥补这一缺陷，有了平太阳时。平太阳和真太阳一样具有周年视运动，但平太阳和真太阳相比有两点不同：①周年视运动的轨道为赤道，周年视运动周期等于真太阳的周年视运动周期；②在赤道上，周年视运动的速度是均匀的，其速度等于真太阳周年视运动的平均速度。

2）世界时

格林尼治起始子午线处的平太阳时称为世界时（universal time，UT）。世界时以地球自转运动来计量时间，但由于地球表面潮汐摩擦、气团移动及内部物质移动等原因，地球自转速率不均匀。为了消除这些因素对世界时的影响，将世界时分为 UT0、UT1 和 UT2 三个系统。其中，UT0 是根据天文观测所得到的世界时，加入地极移动的改正后，得到 UT1，UT1 加入地球自转速率季节性变化改正后得到 UT2。虽然在 UT2 中已经加入了各项改正，但是由于地球自转不均匀性表现十分复杂，不规则的变化又无法准确估计，所以 UT2 也不能成为均匀的时间标准，世界时的应用具有一定的局限性。在天文测量计算中，一般采用 UT1 世界时，UT1 真正反映了地球自转角速度的变化，是与 GNSS 定位相关的世界时。

3）国际原子时

1967 年第 13 届国际计量大会定义 1 s 为铯-133 原子基态两个超精细能级间跃迁辐射 9 192 631 770 个周期所持续的时间。为了让原子时与世界时很好地衔接起来，原先希望国际原子时（international atomic time，TAI）的起点为 1958 年 1 月 1 日 0 时 0 分 0 秒 UT2 时刻，但在实施过程中，由于各种因素影响，原子时起点与预定时间略有差异，与 UT2 时间相差 0.0039 s。原子时是连续且均匀的。

4）协调世界时

世界时在日常工作中具有广泛的应用，但它具有不均匀性。原子时能给出均匀的时间单位，但精度略有差异。为了照顾各方面的需要，又使时间系统保持一定的精度，于是引入了协调世界时（UTC）。UTC 的秒长为原子时的秒长，时刻采用世界时的时刻，由于世界时的不均匀性，为了避免原子时与世界时差值越来越大，规定在 UTC 与 UT1 的差值的绝对值超过 0.9 s 时，引入 1 s 的整数跳动，称为跳秒或闰秒。因此，UTC 为均匀但不连续的时间系统。跳秒由国际时间局（Bureau International de l'Heure，BIH）通知，一般在每年 12 月 31 日或 6 月 30 日最后一秒引入跳秒。1972 年 1 月 1 日 0 时至 2017 年 1 月 1 日 0 时，共进行了 28 次的跳秒调整，具体见表 2.1。

表 2.1　跳秒时间调整表

跳秒时间	TAI-UTC/s	跳秒时间	TAI-UTC/s	跳秒时间	TAI-UTC/s
1971-12-31	10	1975-12-31	15	1981-06-30	20
1972-06-30	11	1976-12-31	16	1982-06-30	21
1972-12-31	12	1977-12-31	17	1983-06-30	22
1973-12-31	13	1978-12-31	18	1985-06-30	23
1974-12-31	14	1979-12-31	19	1987-12-31	24

跳秒时间	TAI-UTC/s	跳秒时间	TAI-UTC/s	跳秒时间	TAI-UTC/s
1989-12-31	25	1995-12-31	30	2012-06-30	35
1990-12-31	26	1997-06-30	31	2015-06-30	36
1992-06-30	27	1998-12-31	32	2016-12-31	37
1993-06-30	28	2005-12-31	33	—	—
1994-06-30	29	2008-12-31	34	—	—

5）力学时

力学时（dynamical time，TD）是天体力学理论中常用的时间系统。力学时建立在国际原子时的基础之上。力学时可分为地心力学时（temps dynamique terrestrique，TDT）和质心力学时（barycentric dynamical time，TDB）。地心力学时是用来解算地心惯性系中动力学问题的时间系统，它与原子时之间相差 32.184 s，即 $TDT = TA + 32.184 \, s$。卫星运动方程就是在此系统中建立和解算的。质心力学时是用来解算太阳系质心惯性系中动力学问题的。

2. 时间的表示方法

在日常生活中，一般采用年月日时分秒来表示某一时刻。为计算方便，常采用儒略日或 GPS 周秒进行时间的计算。

1）儒略日和简化儒略日

儒略日（Julian day，JD）的起点为公元前 4713 年 1 月 1 日 12 时，然后逐日累加。简化儒略日（modified Julian day，MJD）等于儒略日减去 2 400 000.5 天，它是采用 1858 年 11 月 17 日平子夜（JD = 2 400 000.5）作为计时起点的一种连续计时的方法。

2）GPS 周

GPS 周（GPS week）是 GPS 系统内部所采用的计时方法，由 GPS 周和 GPS 周内秒组成。随着 GNSS 的发展，其他 GNSS 系统也应用了这一计时方法。GPS 周为从 1980 年 1 月 6 日 0 时到当前时刻的整星期数；GPS 周内秒为从刚过去的星期日 0 时开始到当前时刻的秒数。

3. 全球导航卫星时间系统

GPS 时间（GPS time，GPST）：GPS 时间系统采用原子时 1 s 作为基本单位，起算的原点为 1980 年 1 月 6 日 0 时 0 分 0 秒 UTC，与国际原子时相差常数为 19 s。为保证 GPS 时间的连续性，不进行跳秒调整。

GLONASS 时间（GLONASS time，GLONASST）：GLONASS 时间系统属于 UTC 时间系统，它与 UTC 一样，进行跳秒调整。由于 GLONASS 地面控制中心的特殊原因，GLONASST 与 UTC 存在 3 h 的整数偏移。但是在实测的 GLONASS 星历文件中，采用的时间系统为 UTC，并非 GLONASST。

BDS 时间：BDS 时间系统采用原子时 1 s 作为基本单位，起算的原点为 2006 年 1 月 1 日 0 时 0 分 0 秒 UTC，与国际原子时相差常数为 33 s，因此与 GPS 时间相差 14 s。为保证 BDS 时间的连续性，BDS 时间也不进行跳秒调整。

Galileo 系统时间（Galileo system time，GST）：GST 同样采用原子时，起算的原点为 1999 年 8 月 22 日 0 时 0 分 0 秒。为保持其时间与 GPST 一致，GST 的起点与 UTC 的差异定为 13 s，保持起算时间与原子时相差 19 s。

图 2.1 所示为各导航卫星系统的时间关系。

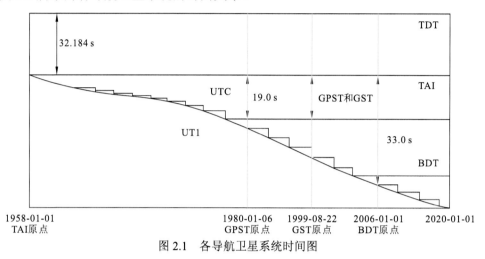

图 2.1　各导航卫星系统时间图

4. 常用时间系统转换关系

质心力学时和地球力学时之间相差周期性相对论效应改正，其转换公式为

$$\text{TDB} \approx \text{TDT} + 0.001\,658\,\text{s}\sin(g + 0.0167\sin g) \tag{2.1}$$

式中：

$$g = 2\pi(357.578^\circ + 35\,999.050^\circ T)/360^\circ \tag{2.2}$$

$$T = (\text{JD}_{\text{TDT}} - 2\,451\,545.0)/36\,525.0 \tag{2.3}$$

GMST 与 UT1 的转换关系如下。

每天 0 h 的恒星时按照下式计算：

$$\begin{aligned} \text{GMST}_0 = {}& 24\,110.548\,41\,\text{s} + 8\,640\,184.812\,866\,\text{s} \times T_0 \\ & + 0.093\,104\,\text{s} \times T_0^2 - 0.000\,006\,2\,\text{s} \times T_0^3 \end{aligned} \tag{2.4}$$

式中：T_0 为自 2000 年 1 月 1 日 UT1 12 h 起算的儒略世纪数，具体表达式为

$$T_0 = (\text{JD}(0^h\text{UT1}) - 2\,451\,545.0)/36\,525.0 \tag{2.5}$$

式中：0^hUT1 为 UT1 的 0 h，即每天 0 h 对应的 UT1。

因此，一天内任意时刻的格林尼治平恒星时为

$$\text{GMST} = \text{GMST}_0 + r \times \text{UT1} \tag{2.6}$$

式中：

$$r = 1.002\,737\,909\,350\,795 + 5.9006 \times 10^{-11} \times T_0 - 5.9 \times 10^{-15} \times T_0^2 \tag{2.7}$$

GMST 与 GAST 的转换关系可表示为

$$GAST - GMST = \Delta\psi\cos(\varepsilon_0 + \Delta\varepsilon) \tag{2.8}$$

式中：$\Delta\psi$ 为黄经章动；ε_0 为平赤道相对于黄道的夹角；$\Delta\varepsilon$ 为交角章动。

除了上述时间系统相互关系，各时间系统的关系可以用图 2.2 表示。

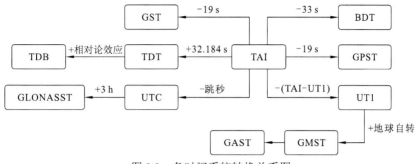

图 2.2　各时间系统转换关系图

2.1.2　坐标系统及其转换

坐标系是由原点位置、坐标轴指向及尺度定义的。在描述物体位置时，坐标系统必不可少，本小节主要介绍卫星定轨定位中常用的坐标系统，主要有天球坐标系、地球坐标系、地理坐标系、站心地平坐标系、星固坐标系等及其相互转换关系。

1.天球坐标系

笼统地说，天球坐标系是以地球质心为原点，Z 轴指向北天极，X 轴指向春分点，Y 轴与 X 轴和 Z 轴构成右手坐标系。但是，地球的自转轴在空间并不是固定不变的，春分点的位置也是随着时间的变化而变化的。为深入理解各种天球坐标系，下面先简单介绍岁差和章动，进而具体介绍相应的天球坐标系。

1）岁差和章动

天球赤道和天球黄道的长期运动而导致的春分点进动称为岁差。岁差可分为赤道岁差和黄道岁差。太阳、月球以及行星对地球上赤道隆起部分的作用力矩而引起天球赤道的进动（即地球自转轴绕黄道的垂直轴旋转的一种长期运动），最终使得春分点每年在黄道上西移的现象，称为赤道岁差。行星引力而导致地月系质心绕日公转面（黄道面）发生变化，从而导致春分点在天球赤道上每年向东运动的现象，称为黄道岁差。由于赤道岁差和黄道岁差引起的春分点缓慢移动称为总岁差。迄今为止，已经有多个岁差模型，如 L77 模型、IAU 2000 岁差模型、IAU 2006 岁差模型。IAU 2006 岁差模型在 IERS CONVENTION 2010（Petit et al.，2010）中有相应说明，这里不再做详细介绍。

由于日月引力等各种因素的影响，北天极还有短周期约为 18.6 年的变化，这种变化称为章动。这是由月球绕地球的公转轨道面与地球赤道面之间的交角会以 18.6 年的周期在 $18°17' \sim 28°35'$ 来回变化而引起的。目前已经建立了许多章动模型，如 IAU1980 章动模型、IAU 2000 章动模型等。

2）三种天球坐标系及其转换

由于岁差章动的影响，地球自转轴在空间的位置不断发生变化。天球北天极和春分点有"真"和"平"之分。把仅顾及岁差而不考虑章动的北天极和春分点称为平北天极和平春分点，把同时考虑岁差和章动的北天极和春分点称为真北天极和真春分点。天文观测总是在以地心为原点，Z 轴指向真北天极，X 轴指向真春分点，Y 轴垂直于 Z 轴和 X 轴组成的右手坐标系（瞬时真天球坐标系）中进行的，因此不同的观测历元就相对于不同的瞬时真天球坐标系。若对于空间某一固定天体在不同时间进行观测后，其获得的天体坐标将会不同，显然，这样的坐标系不适合用于星表的编制。

不同于瞬时真天球坐标系，将坐标原点位于地心，X 轴指向平春分点，Z 轴指向平北天极，Y 轴垂直于 Z 轴和 X 轴组成的右手坐标系称为瞬时平天球坐标系。对于该坐标系，虽然没有章动的影响，但是依然存在岁差的影响，三个坐标系的指向仍然是不固定的，因此还是不能用该坐标系来描述天体的位置。

天体的位置应该在一个相对固定不变的坐标系中进行表示才具有意义。为了全球统一使用，国际上定义了协议天球坐标系。目前常用的协议天球坐标系是由国际天文学联合会（International Astronomical Union，IAU）规定的天球坐标系 GCRS，其坐标原点位于地心，X 轴指向 J2000.0（JD = 2 451 545.0）时的平春分点，Z 轴指向 J2000.0 时的平北天极，Y 轴垂直于 X 轴和 Z 轴构成右手坐标系。

对于上述三种坐标系，有如下关系：

$$X_r = R_N X_{r'} = R_N R_P X_{r_0} \tag{2.9}$$

式中：X_r、$X_{r'}$ 和 X_{r_0} 分别为在瞬时真天球坐标系、瞬时平天球坐标系和协议天球坐标系中的坐标；R_N 和 R_P 分别为章动和岁差矩阵，其中 $R_N = R_X[-(\varepsilon + \Delta\varepsilon)]R_Z(-\Delta\psi)R_X(\varepsilon)$，$\varepsilon$ 为平黄赤交角，$\Delta\psi$ 为黄经章动，$\varepsilon + \Delta\varepsilon$ 为真黄赤交角，$R_P = R_Z(-z_A)R_Y(\theta_A)R_Z(-\zeta_A)$，$z_A$、$\theta_A$ 和 ζ_A 为岁差三个分量，分别为沿瞬时平赤道计算的赤经岁差部分、赤纬岁差和沿标准历元的平赤道计算的赤经岁差部分。这些参数的具体算法在 IERS CONVENTION 2010（Petit et al.，2010）中有详细说明，此处不再赘述。

2. 地球坐标系

为了表述地面观测站的位置，一般采用固联在地球上、随地球自转的坐标系。一般地球坐标系以地球质心为原点，以地球自转轴为 Z 轴，以地球赤道面为基准面，地球赤道面与格林尼治子午面的交线方向为 X 轴。Y 轴垂直于 X 轴和 Z 轴构成右手坐标系。地球自转轴与地球的两个交点称为地极，地球坐标系 Z 轴正向指向北地极。然而，由于地球并非刚体，其内部还存在复杂的物质运动，因此地球瞬时自转轴在地球内部的位置不是固定不变的，即北地极在地球表面不断移动，这种移动称为极移。需要指出的是，讨论岁差章动时，将地球自转轴固联在地球内部，因此地极与地球的相对关系是固定不变的。建立天球坐标系时，不需要考虑极移的影响。而对于地球坐标系而言，Z 轴正向就是北地极，由于极移现象，就产生了瞬时地球坐标系，此坐标系的三轴指向由于极移现象而不断变化，因此地面固定点的坐标也会不断发生变化，显然，这样的坐标系是不适合表示点的位置的。

为了使地面固定点的坐标保持不变，需要建立一个与地球本体完全固联在一起的坐标系。为全球统一，通过协商，由国际权威机构统一做出规定，这就是国际地球参考系（International Terrestrial Reference System，ITRS）。按照国际大地测量和地球物理学联合会（International Union of Geodesy and Geophysics，IUGG）的决议，由国际地球自转服务（International Earth Rotation Service，IERS）来负责定义 ITRS，具体的规定如下。

（1）坐标原点位于包括海洋和大气层在内的整个地球的质量中心。

（2）尺度为广义相对论意义下的局部地球框架内的尺度。

（3）坐标轴的指向由 BIH 1984.0 确定。

（4）坐标轴指向随时间变化满足"地壳无整体旋转"这一条件。

1）两种地球坐标系之间的转换

通过极移矩阵，可以由协议地球坐标系（conventional terrestrial system，CTS）转换至瞬时地球坐标系，其表达式为

$$\boldsymbol{X}_t = \boldsymbol{R}_U \boldsymbol{X}_{t_0} = \boldsymbol{R}_X(y_p''(t))\boldsymbol{R}_Y(x_p''(t))\boldsymbol{X}_{t_0} \tag{2.10}$$

式中：$\boldsymbol{X}_t$ 为瞬时地球坐标系；$\boldsymbol{R}_U$ 为极移矩阵；$\boldsymbol{X}_{t_0}$ 为协议地球坐标系；$x_p''(t)$ 和 $y_p''(t)$ 为瞬时地极在地极坐标系中的位置。地极坐标系的坐标原点是国际协议原点（conventional international origin，CIO），x_p 轴的正向指向格林尼治平子午线，y_p 轴的正向指向西经 90° 的子午线方向。

2）地球坐标系与天球坐标系的转换

瞬时地球坐标系 Z 轴的正向指向瞬时北地极，其 Z 轴重合于同一时刻的瞬时天球坐标系的 Z 轴。这两种坐标系的基准面都为该瞬间的真赤道面，此时，瞬时地球坐标系的 X 轴与瞬时真天球坐标系的 X 轴正好相差一个角度，这个角度就是该瞬间格林尼治视恒星时（Greenwich apparent sidereal time，GAST），也就是此刻真春分点的时角。由此，可以得到瞬时地球坐标系到瞬时天球坐标系的关系式

$$\boldsymbol{X}_r = \boldsymbol{R}_S \boldsymbol{X}_t = \boldsymbol{R}_Z(\text{GAST})\boldsymbol{X}_t \tag{2.11}$$

式中：$\boldsymbol{R}_S$ 为地球自转矩阵。

至此，可以将协议天球坐标系与协议地球坐标系相联系。根据式（2.9）～式（2.11）可以得出：

$$\boldsymbol{X}_{r_0} = (\boldsymbol{R}_N \boldsymbol{R}_P)^{\text{T}} \boldsymbol{R}_S \boldsymbol{R}_U \boldsymbol{X}_{t_0} \tag{2.12}$$

3）全球导航卫星系统坐标系

（1）WGS-84（GPS 坐标系统）。

坐标原点：地球质心；

Z 轴指向：IERS 定义的参考极；

X 轴指向：IERS 定义参考子午面与通过原点且同 Z 轴正交的赤道面的交线；

Y 轴指向：与 Z 轴和 X 轴构成右手坐标系。

（2）PZ-90（GLONASS 坐标系统）。

坐标原点：地球质心；

Z 轴指向：IERS 定义的参考极；

X 轴指向：BIH 定义的参考子午面与赤道面的交线；

Y 轴指向：与 Z 轴和 X 轴构成右手坐标系。

（3）BDCS（BDS 坐标系统）。

坐标原点：地球质心；

Z 轴指向：IERS 定义的参考极方向；

X 轴指向：IERS 定义参考子午面与通过原点且同 Z 轴正交的赤道面的交线；

Y 轴指向：与 Z 轴和 X 轴构成右手坐标系。

Galileo 系统采用伽利略地球参考框架（Galileo terrestrial reference frame，GTRF），有 100 多个 IGS 站和 13 个 Galileo 实验传感器站（Galileo experimental sensor station，GESS），并与最新的 ITRF 保持一致，其差异在 3 cm 以内（Fritsche，2016；Gendt et al.，2011；Söhne et al.，2009）。

由上述介绍可以发现，各导航卫星系统的坐标系统的定义与 ITRS 是一致的，但是最终的坐标系统是由坐标框架来实现的。在实现坐标框架的过程中，每个系统使用的参考站数目及分布、解算方法等都有所不同，导致坐标系统之间存在一定的差距。

对于 WGS-84，最初的 WGS-84 与 NAD83 接近；后来，利用更多数据进行联合解算，获得的 WGS-84 与 ITRF 1992 的符合程度达到 10 cm 的水平（李征航 等，2005）；目前，WGS-84 与 ITRF 2008 的符合程度达到 1 cm。与此相似，GLONASS 最初发布的坐标系统 PZ-90，由于测轨跟踪站站址坐标误差和测量误差，其与 WGS-84 的符合程度仅有米级；2007 年发布的 PZ-90.2 相比于 PZ-90，与 WGS-84 的符合程度大大提高。2014 年初，GLONASS 控制中心将 GLONASS 坐标系统更新至 PZ-90.11，与 ITRF 2008 的符合程度达到厘米级（Altamimi et al.，2017）。我国 BDS 采用 BDCS 坐标系统，与 WGS-84 的差异在厘米级（高星伟 等，2012；陈俊勇，2008）。由此可见，随着各大系统坐标框架的不断精化，各个系统之间的坐标差异越来越小，越来越接近 ITRS。

表 2.2 所示为各大 GNSS 所采用的参考椭球元素。参考椭球元素与地理坐标(B, L, H) 和卫星轨道元素有重要的联系。

表 2.2　各 GNSS 参考椭球元素

项目	系统			
	GPS	GLONASS	Galileo	BDS
坐标系	WGS-84	PZ-90.11	GTRF	BDCS
长半径/m	6 378 137.0	6 378 136.0	6 378 136.0	6 378 137.0
扁率	1/298.257 223 563	1/298.257 84	—	1/298.257 222
自转角速/($\times 10^{-5}$ rad/s)	7.292 115 146 7	7.292 115	7.292 115 146 7	7.292 115 0
引力常数/($\times 10^{14}$ m³/s²)	3.986 005	3.986 004 418	3.986 004 418	3.986 004 418

3. 地理坐标系

在定义了椭球后，就有了地理坐标系，一般采用(B, L, H)表示。在各导航卫星坐标系统中，椭球中心和坐标轴指向是与各自的三维直角坐标系一致的。因此，参照相应椭球任一点的大地经纬度（B, L）、大地高（H）和相应的三维直角坐标(X, Y, Z)有等价的表达形式，转换关系为

$$
\begin{aligned}
X &= (N+H)\cos B\cos L \\
Y &= (N+H)\cos B\sin L \\
Z &= [N(1-e^2)+H]\sin B
\end{aligned}
\tag{2.13}
$$

式中：$N = a / \sqrt{1-e^2(\sin B)^2}$，其逆变换为

$$
\begin{aligned}
L &= \arctan(Y/X) \\
B &= \arctan\frac{Z(N+H)}{\sqrt{X^2+Y^2}[N(1-e^2)+H]} \\
H &= (Z/\sin B) - N(1-e^2)
\end{aligned}
\tag{2.14}
$$

式中：N 是 B 的函数，因此需要迭代求解大地纬度 B，直至收敛，然后由式（2.14）第三式求解大地高。

4. 站心地平坐标系

站心地平坐标系一般又称为东北天坐标系。它是以测站为坐标原点，X 轴指向过该测站的子午线，向北为正，Z 轴与该测站上椭球法线一致，向外为正，Y 轴为正东向，位于该测站的切平面。站心地平坐标系一般在计算卫星高度角、方位角及评定定位误差时使用，X、Y、Z轴的指向通常表示为 E、N、U。设测站（站心地平坐标系原点）在地心坐标系中的坐标为 $\mathbf{r}_0 = [X_0 \quad Y_0 \quad Z_0]^T$，其相应的椭球大地经纬度为 $(B_0 \quad L_0)$，设任意一点 P_i 在地心坐标系中的坐标为 $\mathbf{r}_i = [X_i \quad Y_i \quad Z_i]^T$，则其在站心地平坐标系中的坐标 $\mathbf{r}_i'$ 可表示为

$$
\mathbf{r}_i' = \begin{bmatrix} -\sin B_0\cos L_0 & -\sin B_0\sin L_0 & \cos B_0 \\ -\sin L_0 & \cos L_0 & 0 \\ \cos B_0\cos L_0 & \cos B_0\sin L_0 & \sin B_0 \end{bmatrix}(\mathbf{r}_i - \mathbf{r}_0)
\tag{2.15}
$$

5. 星固坐标系

星固坐标系，顾名思义，就是与卫星固联在一起的坐标系。它主要用于表示卫星上各类载荷（天线相位中心、激光反射镜等）或卫星上各面板在卫星星体中的位置。其坐标原点一般位于卫星质心，Z 轴与天线视轴方向一致，Y 轴平行于太阳能帆板的旋转轴，X 轴与 Z 轴和 X 轴构成右手坐标系。

6. 卫星轨道坐标系

在评价卫星轨道误差时，一般会用到卫星轨道坐标系。它由径向（R）、切向（T）和法向（N）组成。卫星轨道坐标系原点位于卫星质心，法向指向为卫星坐标与速度的叉积方向，切向方向和径向、法向构成右手坐标系。若卫星在协议天球坐标系中的三维坐标为 $\mathbf{r}$，

速度为 v，则其坐标轴的三个方向向量可表示为

$$e_R = \frac{r}{|r|}$$
$$e_T = e_N \times e_R \qquad (2.16)$$
$$e_N = \frac{r \times v}{|r \times v|}$$

图 2.3 所示为星固坐标系与卫星轨道坐标系的关系。需要强调的是，卫星的姿态在精密定轨定位中至关重要，而卫星的姿态可以用卫星星体坐标系进行描述。下面将介绍卫星两种不同姿态下（动偏与零偏）的坐标定义。

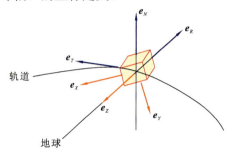

图 2.3 星固坐标系与卫星轨道坐标系的关系

7. 卫星动偏和零偏坐标

1）卫星动偏

卫星动偏（yaw-steering）坐标系以卫星质心为原点，Z 轴指向地心，Y 轴平行于太阳能帆板转轴并与太阳入射方向垂直，X 轴的方向由 Y 轴和 Z 轴构成的右手坐标系确定。设卫星在协议天球坐标系中的三维坐标为 r，则其三个坐标轴的方向向量可以表示为

$$e_X = e_Y \times e_Z$$
$$e_Y = \frac{e_\odot \times r}{|e_\odot \times r|} \qquad (2.17)$$
$$e_Z = -\frac{r}{|r|}$$

式中：$e_\odot$ 为由卫星指向太阳的单位向量。从图 2.4 中可以看到，该坐标系只与太阳-卫星-地球的几何关系有关，与卫星的速度和轨道面没有关系。如果太阳位于卫星和地球的连线上，那么这个坐标系就无法定义。

2）卫星零偏

卫星零偏（orbit-normal）坐标系以卫星质心为原点，Z 轴指向地心，Y 轴垂直于卫星轨道面，X 轴指向卫星速度方向。卫星零偏坐标可以用卫星轨道坐标系进行表示，如图 2.5 所示，具体形式为

$$e_X = +e_T$$
$$e_Y = -e_N \qquad (2.18)$$
$$e_Z = -e_R$$

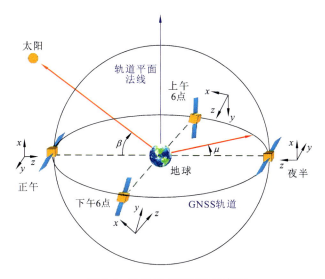

图 2.4　动偏模式下卫星姿态图

xyz 表示星固坐标系，与动偏姿态下的坐标系一致；β 表示太阳高度角；μ 表示轨道角

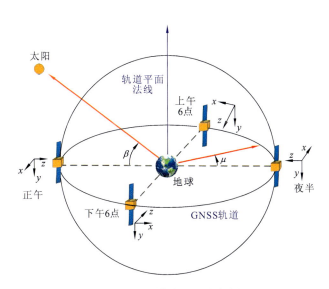

图 2.5　零偏模式下卫星姿态图

xyz 表示星固坐标系，与卫星轨道坐标系一致；β 表示太阳高度角；μ 表示轨道角

　　若已知一点在星固坐标系中的坐标为 $\boldsymbol{r}_i = [\begin{array}{ccc} x_i & y_i & z_i \end{array}]^{\mathrm{T}}$，该卫星在协议天球坐标系中的坐标向量为 $\boldsymbol{X}_s$，则该点在协议天球坐标系中的坐标 $\boldsymbol{X}_i$ 为

$$\boldsymbol{X}_i = \boldsymbol{X}_s + [\begin{array}{ccc} \boldsymbol{e}_X & \boldsymbol{e}_Y & \boldsymbol{e}_Z \end{array}]\begin{bmatrix} x_i \\ y_i \\ z_i \end{bmatrix} \tag{2.19}$$

2.2 观测模型与误差模型

2.2.1 观测方程及其线性组合

GNSS 观测量主要有测码伪距和载波相位两种。对于第 i 个历元，接收机 r 观测到导航卫星 s，其伪距观测量 P 和相位观测量 L 为

$$P_{r,j_s,i}^s = \rho_{r,i}^s + \Delta t_{r,i} - \Delta t_i^s + T_{r,i}^s + 1/(f_{j_s}^2)I_{r,i}^s + b_{r,j_s} - b_{j_s}^s + \varepsilon_{P_{r,j_s,i}^s} \quad (2.20a)$$

$$L_{r,j_s,i}^s = \rho_{r,i}^s + \Delta t_{r,i} - \Delta t_i^s + T_{r,i}^s - 1/(f_{j_s}^2)I_{r,i}^s + \lambda_{j_s} N_{r,j_s}^s + \delta_{r,j_s} - \delta_{j_s}^s + \varepsilon_{L_{r,j_s,i}^s} \quad (2.20b)$$

式中：下标 j_s 表示频点，上标 s 表示卫星；i 为历元；ρ 为卫星到测站的几何距离；$\Delta t_{r,i}$ 和 Δt_i^s 分别为接收机和卫星钟差；$T_{r,i}^s$ 为倾斜路径对流层延迟；f_{j_s} 为频率；$I_{r,i}^s$ 为倾斜路径电离层延迟；λ_{j_s} 为频率 j_s 的载波波长；N_{r,j_s}^s 为整周模糊度；δ_{r,j_s} 和 $\delta_{j_s}^s$ 分别为接收机端和卫星端相位硬件延迟（Blewitt，1989）；b_{r,j_s} 和 $b_{j_s}^s$ 分别为接收机端和卫星端的码伪距硬件延迟；$\varepsilon_{P_{r,j_s,i}^s}$ 和 $\varepsilon_{L_{r,j_s,i}^s}$ 分别为伪距和相位的测量误差。此外，观测值还受到其他误差的影响，如天线相位中心偏差和变化（Schmid et al.，2015，2005）、相位缠绕（Wu et al.，1993）、潮汐改正等，这些误差项都可以通过模型进行改正。

为削弱或消除某些误差影响，常常采用观测值的线性组合。在 GNSS 数据处理中，常采用的观测值线性组合有无电离层（IF）组合、电离层残差（GF）组合、宽巷（WL）组合、窄巷（NL）组合，以及相位宽巷和伪距窄巷（MW）组合。下面将对这些组合做简单介绍。为方便起见，符号 P_1、P_2、L_1 和 L_2 分别表示频点 1、2 上的伪距和相位观测值。

1. IF 组合

电离层延迟与 GNSS 信号频率的平方成反比，因此可以采用 IF 组合来消除一阶电离层的影响：

$$P_{\mathrm{IF}} = \frac{f_1^2 P_1 - f_2^2 P_2}{f_1^2 - f_2^2}, \quad L_{\mathrm{IF}} = \frac{f_1^2 L_1 - f_2^2 L_2}{f_1^2 - f_2^2} \quad (2.21)$$

式中：f_1 和 f_2 为双频的频率值。

根据式（2.20），式（2.21）可以写为

$$P_{\mathrm{IF}} = \rho + \Delta t_r - \Delta t^s + T + b_{r,\mathrm{IF}} - b_{\mathrm{IF}}^s + \varepsilon_{P_{\mathrm{IF}}} \quad (2.22a)$$

$$L_{\mathrm{IF}} = \rho + \Delta t_r - \Delta t^s + T + \lambda_{\mathrm{IF}} N_{\mathrm{IF}} + \delta_{r,\mathrm{IF}} - \delta_{\mathrm{IF}}^s + \varepsilon_{L_{\mathrm{IF}}} \quad (2.22b)$$

式中：P_{IF} 和 L_{IF} 分别为构建的双频伪距和相位无电离层组合观测值；λ_{IF} 为无电离层组合波长；N_{IF} 为无电离层模糊度；$b_{r,\mathrm{IF}}$ 和 b_{IF}^s 分别为接收机端和卫星端的无电离层码伪距硬件延迟；$\delta_{r,\mathrm{IF}}$ 和 δ_{IF}^s 分别为接收机端和卫星端的相位硬件延迟。

虽然无电离层组合消除了电离层一阶项影响，但也放大了噪声。若假设两个频率的伪距或相位的观测值噪声为 σ，根据误差传播定律，无电离层组合后的噪声为

$$\sigma_{\mathrm{IF}} = \frac{\sqrt{f_1^4 + f_2^4}}{f_1^2 - f_2^2}\sigma \quad (2.23)$$

2. GF 组合

对于双频伪距和相位观测值，不同频点上与频率无关的误差都可以消除（如卫星钟差、接收机钟差、对流层延迟、卫地距等），通过这一性质，可以建立电离层残差组合：

$$P_{GF} = P_2 - P_1, \quad L_{GF} = L_1 - L_2 \tag{2.24}$$

根据式（2.20），式（2.24）可以写为

$$P_{GF} = \left(\frac{1}{f_2^2} - \frac{1}{f_1^2} \right) I + b_{r,2} - b_{r,1} - (b_1^s - b_2^s) + \varepsilon_{P_{GF}} \tag{2.25a}$$

$$L_{GF} = \left(\frac{1}{f_2^2} - \frac{1}{f_1^2} \right) I + \lambda_1 N_1 - \lambda_2 N_2 + \delta_{r,1} - \delta_{r,2} - (\delta_1^s - \delta_2^s) + \varepsilon_{L_{GF}} \tag{2.25b}$$

式中：GF 组合中硬件延迟偏差在历元间变化很小，可以通过历元间差分进行周跳探测。

3. WL 组合

宽巷组合公式为

$$P_{WL} = \frac{f_1 P_1 - f_2 P_2}{f_1 - f_2}, \quad L_{WL} = \frac{f_1 L_1 - f_2 L_2}{f_1 - f_2} \tag{2.26}$$

根据式（2.20），式（2.26）可以写为

$$P_{WL} = \rho + \Delta t_r - \Delta t^s - \frac{1}{f_1 f_2} I + T + \frac{f_1(b_{r,1} - b_1^s) - f_2(b_{r,2} - b_2^s)}{f_1 - f_2} + \varepsilon_{P_{WL}} \tag{2.27a}$$

$$L_{WL} = \rho + \Delta t_r - \Delta t^s + \frac{1}{f_1 f_2} I + T + \frac{f_1(\delta_{r,1} - \delta_1^s) - f_2(\delta_{r,2} - \delta_2^s)}{f_1 - f_2} + \frac{c}{f_1 - f_2}(N_1 - N_2) + \varepsilon_{L_{WL}} \tag{2.27b}$$

式中：$(N_1 - N_2)$ 为宽巷模糊度，其波长为 $c/(f_1 - f_2)$，c 为光速。

4. NL 组合

窄巷组合公式为

$$P_{NL} = \frac{f_1 P_1 + f_2 P_2}{f_1 + f_2}, \quad L_{NL} = \frac{f_1 L_1 + f_2 L_2}{f_1 + f_2} \tag{2.28}$$

根据式（2.20），式（2.28）可以写为

$$P_{NL} = \rho + \Delta t_r - \Delta t^s + \frac{1}{f_1 f_2} I + T + \frac{f_1(b_{r,1} - b_1^s) + f_2(b_{r,2} - b_2^s)}{f_1 + f_2} + \varepsilon_{P_{NL}} \tag{2.29a}$$

$$L_{NL} = \rho + \Delta t_r - \Delta t^s - \frac{1}{f_1 f_2} I + T + \frac{f_1(\delta_{r,1} - \delta_1^s) + f_2(\delta_{r,2} - \delta_2^s)}{f_1 + f_2} + \frac{c}{f_1 + f_2}(N_1 + N_2) + \varepsilon_{L_{NL}} \tag{2.29b}$$

式中：$(N_1 + N_2)$ 为窄巷模糊度，其波长为 $c/(f_1 + f_2)$。

5. MW 组合

MW 组合为相位宽巷和伪距窄巷的组合，MW 组合的公式为

$$L_{WL} - P_{NL} = \frac{f_1(\delta_{r,1} - \delta_1^s) - f_2(\delta_{r,2} - \delta_2^s)}{f_1 - f_2} - \frac{f_1(b_{r,1} - b_1^s) + f_2(b_{r,2} - b_2^s)}{f_1 + f_2} + \frac{c}{f_1 - f_2}(N_1 - N_2) + \varepsilon_{MW}$$

$$\tag{2.30}$$

可以看到，MW 组合消除了大部分误差，组合后的 MW 波长远远大于原来各个频率的波长，可以更快地固定此模糊度。因此，常采用 MW 组合进行周跳探测、修复及模糊度固定。

为不失一般性，设观测值的线性组合为 $m \cdot L_1 + n \cdot L_2 + p \cdot P_1 + q \cdot P_2$。表 2.3 详细列举了上述常用的线性组合的波长及噪声（以 GPS 为例，假设相位观测值精度 3 mm，伪距观测值精度 30 cm）。

表 2.3　几种常用线性组合

线性组合	m	n	p	q	波长/cm	精度/cm
L_1	1	0	0	0	19.0	约 0.3
L_2	0	1	0	0	24.4	约 0.3
P_1	0	0	1	0	—	约 30
P_2	0	0	0	1	—	约 30
IF(L_1L_2)	$f_1^2/(f_1^2-f_2^2)$	$-f_2^2/(f_1^2-f_2^2)$	0	0	—	约 0.9
IF(P_1P_2)	0	0	$f_1^2/(f_1^2-f_2^2)$	$-f_2^2/(f_1^2-f_2^2)$	—	约 90
GF(L_1L_2)	1	−1	0	0	—	约 0.4
GF(P_1P_2)	0	0	−1	1	—	约 42.4
WL(L_1L_2)	$f_1/(f_1-f_2)$	$-f_2/(f_1-f_2)$	0	0	86.2	约 1.7
WL(P_1P_2)	0	0	$f_1/(f_1-f_2)$	$-f_2/(f_1-f_2)$	—	约 172.3
NL(L_1L_2)	$f_1/(f_1+f_2)$	$f_2/(f_1+f_2)$	0	0	10.7	约 0.2
NL(P_1P_2)	0	0	$f_1/(f_1+f_2)$	$f_2/(f_1+f_2)$	—	约 21.3
MW	$f_1/(f_1-f_2)$	$-f_2/(f_1-f_2)$	$f_1/(f_1+f_2)$	$f_2/(f_1+f_2)$	86.2	约 21.4

2.2.2　误差及改正模型

伪距和相位观测值中存在各种误差，这些误差在精密单点定位中可以利用各种模型计算或设为参数进行处理。这些误差主要包括以下三个方面。

（1）与卫星有关的误差：卫星轨道误差和钟差、天线相位中心偏差及变化、天线相位缠绕、相对论效应等。

（2）与传播路径有关的误差：电离层延迟、对流层延迟、多路径效应等。

（3）与接收机有关的误差：接收机钟差、地球固体潮、海潮、极潮、接收机天线相位中心偏差及变化等。

1. 与卫星有关的误差

1）卫星轨道误差和钟差

卫星轨道误差是指卫星星历轨道和真实轨道之间的不符值。目前，IGS 提供的事后精密星历产品中，GPS 卫星轨道误差在 2.5 cm 以内，在精密单点定位时，一般采用 IGS 提供的精密星历进行卫星位置的计算。通常事后精密星历产品采样间隔为 15 min，如果要获得卫星发射信号时刻的精密卫星轨道，一般采用切比雪夫多项式或拉格朗日插值算法进行内插。

对于卫星钟差，导航卫星上虽然搭载了高精度原子钟，但仍然存在一定误差。为了满足高精度定位的应用，IGS 及其分析中心提供 5 min 和 30 s 采样间隔的事后精密钟差，以及 5 min 采样间隔的快速精密卫星钟差产品。

2）天线相位中心偏差及变化

天线相位中心偏差是指卫星质量中心与相位中心之间的偏差。IGS 提供的精密星历是卫星质心的坐标，而 GNSS 观测量是接收机天线相位中心和卫星天线相位中心的距离。因此，在精密单点定位中，必须要考虑卫星天线相位中心的偏差。这一偏差一般分为两部分：①天线参考点与平均相位中心之间的偏差，称为天线相位中心偏差（phase center offsets，PCO）；②天线瞬时相位中心与平均相位中心的偏差，称为天线相位中心变化（phase center variation，PCV）。

IGS 提供的 antex 文件给出了各卫星不同频率的 PCO 和 PCV 改正信息。从 GPS 2238 周（2022 年 11 月 28 日）开始，IGS 采用最新的 ITRF2020 框架，卫星 PCO 也更新为 igs20.atx。一般在精密星历中会给出计算卫星坐标时的天线文件。

3）天线相位缠绕

接收机实际接收的载波相位观测量取决于卫星和接收机的相对位置关系。卫星在发射信号时由于天线的右旋极化，会对相位观测值产生相位缠绕误差（Wu et al.，1993）。其改正公式为

$$\Delta \Phi = 2N\pi + \delta\phi \tag{2.31}$$

式中：$\Delta \Phi$ 为相位缠绕改正值；$\delta\phi$ 为相位缠绕值的小数部分。

$$\delta\phi = \mathrm{sign}\zeta \arccos(\boldsymbol{D} \cdot \boldsymbol{D}' / \|\boldsymbol{D}\| \cdot \|\boldsymbol{D}'\|) \tag{2.32a}$$

$$N = \mathrm{nint}[(\Delta \Phi_{\mathrm{previous}} - \delta\phi)/2\pi] \tag{2.32b}$$

式中：N 初值为 0；$\Delta \Phi_{\mathrm{previous}}$ 为上历元的相位缠绕改正值；sign 为取符号函数；nint 为取整函数；其他变量定义为

$$\boldsymbol{D} = \boldsymbol{a} - \boldsymbol{k}(\boldsymbol{k} \cdot \boldsymbol{a}) + \boldsymbol{k} \times \boldsymbol{b} \tag{2.33a}$$

$$\boldsymbol{D}' = \boldsymbol{a}' - \boldsymbol{k}(\boldsymbol{k} \cdot \boldsymbol{a}') + \boldsymbol{k} \times \boldsymbol{b}' \tag{2.33b}$$

$$\zeta = \boldsymbol{k} \cdot (\boldsymbol{D} \times \boldsymbol{D}') \tag{2.33c}$$

式中：$\boldsymbol{k}$ 为卫星至接收机的向量；$(\boldsymbol{a}', \boldsymbol{b}')$ 和 $(\boldsymbol{a}, \boldsymbol{b})$ 分别为站心地平坐标系和卫星星固坐标系的 X、Y 方向的单位向量在 CRS 或 TRS 中的方向向量，如图 2.6 所示。

图 2.7 所示为 ALGO 站一天内各 GPS 卫星的相位缠绕变化情况，可以看到，相位缠绕一般在 1 周以内。

4）相对论效应

卫星和接收机所处位置的地球引力不同，卫星和接收机在惯性空间中的运动速度也不同，导致卫星钟频率产生视漂移。卫星定位的基础就是观测卫星和接收机的时间差，根据相对论效应，时间受到重力和运动速度的影响，卫星时间偏差为（魏子卿 等，1998）

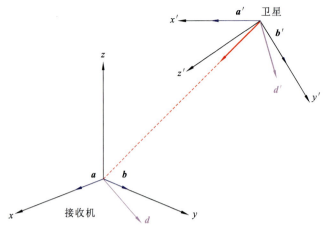

图 2.6　相位缠绕改正示意图①

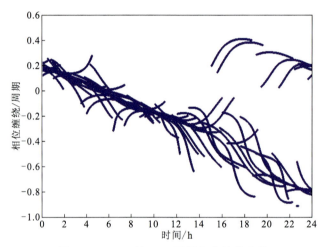

图 2.7　ALGO 站 GPS 卫星相位缠绕变化

$$\Delta t = \frac{1}{c^2}\left(\frac{GM}{r_R} - \frac{3}{2}\frac{GM}{a} + \frac{v_R^2}{2}\right)t - \frac{2\sqrt{GMa}}{c^2}e\sin E \quad\quad （2.34）$$

式中：c 为光速；GM 为引力常数；r_R 为地球半径；a 为卫星轨道半长轴；v_R 为地面测站在惯性系中的运动速度；E 为偏近点角；e 为卫星椭圆轨道偏心率。等号右边第一项为圆形轨道时的相对论引起的频率偏差，为一常量 0.445 ns。该偏差项在卫星发射前，已经将卫星钟频率改小 0.445 ns。因此，相对论效应剩下由轨道偏心率引起的周期项部分，其相应的距离偏差为

$$\Delta D_{rel} = -\frac{2\sqrt{GMa}}{c}e\sin E \quad\quad （2.35）$$

式（2.35）也可以由另一种等价形式表示：

$$\Delta D_{rel} = -\frac{2}{c}\boldsymbol{X}_S \cdot \dot{\boldsymbol{X}}_S \quad\quad （2.36）$$

式中：$\boldsymbol{X}_S$ 和 $\dot{\boldsymbol{X}}_S$ 分别为卫星的位置向量和速度向量。

---

① http://www.navipedia.net/index.php/Carrier_Phase_Wind-up_Effect[2024-02-29].

除周期性改正外，相对论效应还包括由地球引力场引起的引力延迟，计算公式为

$$\Delta D_g = \frac{2GM}{c^2} \ln \frac{r+R+\rho}{r+R-\rho} \qquad (2.37)$$

式中：r 为卫星至地心的距离；R 为测站至地心的距离；ρ 为卫星到测站的距离。$\Delta D_{rel} + \Delta D_g$ 为相对论改正。图 2.8 所示为 ALGO 站一天内 GPS 卫星相对论改正情况。从图中可以看到，相对论改正一般在 20 m 以内。

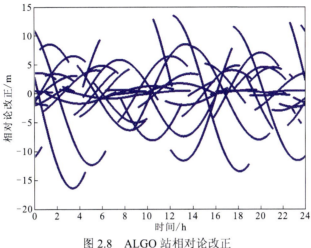

图 2.8　ALGO 站相对论改正

2. 与传播路径有关的误差

GNSS 信号从卫星发射传播至地面接收机时，主要受到电离层延迟、对流层延迟及多路径效应的影响，下面对这些影响进行详细介绍。

1）电离层延迟

电离层是处于地面约 60 km 以上的地球大气在来自太阳辐射和宇宙射线的作用下形成电离状态的区域。电磁波信号在穿过电离层时受电离层中自由电子的影响，其传播速度及方向发生变化，即产生了电离层延迟。电离层延迟的大小与电子密度和信号频率有关，其可表示为

$$\Delta I_{ion} = \frac{40.3}{f^2} STEC \qquad (2.38)$$

式中：f 为信号频率；STEC（slant total electron content，斜路径总电子含量）表示信号传播路径上的电子含量。需要注意的是，电离层对伪距和相位的影响正好相反。

由于电离层延迟与信号频率的平方成反比，对于双频数据，可以采用无电离层组合消除电离层一阶项影响，高阶项一般误差在毫米级，在多数情况下可以忽略（Morton et al.，2009）。而对于单频数据，则需要利用电离层模型进行扣除，常用的电离层模型有 Klobuchar 模型（Klobuchar，1987）、NeQuick 模型（Di Giovanni et al.，1990）和 GIM 模型（Hernández-Pajares et al.，2009）等。此外，在基于原始观测值的 PPP 模型中，也可以将电离层斜路径延迟作为参数进行估计（张小红 等，2013；张宝成 等，2010）。

2）对流层延迟

GNSS 信号经过对流层时，受对流层折射影响，信号传播路径和传播方向发生改变，由于此影响导致信号到达接收机时间发生延迟的现象，称为对流层延迟。对流层与电离层不同，没有弥散效应，因此通过相同路径的 GNSS 信号受到的对流层延迟大小相等，符号相同。对流层延迟的 90%是由大气中干燥气体引起的，称为干分量；其余 10%是由水汽引起的，称为湿分量。对流层延迟常用天顶方向的干、湿分量和相应的映射函数表示：

$$T_r = T_{dry}M_{dry} + T_{wet}M_{wet} \qquad (2.39)$$

式中：T_{dry} 和 T_{wet} 分别为天顶对流层干/湿分量延迟；M_{dry} 和 M_{wet} 分别为干/湿分量投影函数。

干分量延迟一般可以使用模型改正，湿分量延迟由于很难预测，难以通过模型精确计算，因此湿分量延迟一般作为未知参数进行估计。目前，常用的对流层延迟改正模型主要有 Saastamoinen 模型（Saastamoinen，1972）、UNB3 模型（Leandro et al.，2006）、GPT 模型（Böhm et al.，2007）、GPT2 模型（Lagler et al.，2013）、GPT2w 模型（Böhm et al.，2014）等，常用的映射函数有 NMF（Niell，1996）、GMF（Böhm et al.，2006a）、VMF1（Böhm et al.，2006b）等。图 2.9 所示为 ALGO 站一天 GPS 信号传播路径上采用 Saastamoinen 模型和 GMF 映射函数的对流层延迟。可以看到，对流层延迟一般在 2～20 m，对于精密单点定位来说，是一个不可忽视的延迟量。

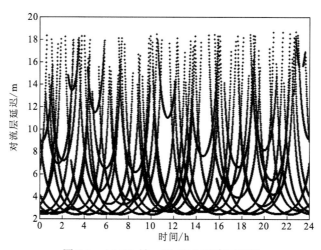

图 2.9　ALGO 站一天 GPS 对流层延迟

3）多路径效应

多路径效应指的是测站附近的反射物所反射的卫星信号被接收机天线所接收，和直接来自卫星的信号产生干涉，造成观测值偏离真值及信号强度减弱的现象。多路径效应严重时会造成卫星信号失锁。

目前，对于多路径效应还没有完全有效的解决办法，但是可以通过采取预防性措施来削弱多路径的影响，如选择合适的站址、适当延长观测时间、给接收机配备抑径板等。在数据处理时，可以通过设置截止高度角来减弱由于低高度角卫星信号产生的多路径效应。

3. 与接收机有关的误差

1）接收机钟差

一般接收机都采用石英钟，其质量比卫星上的原子钟要差得多，无法用一定的数学模型进行模型化。在单点定位中，一般将接收机钟作为白噪声进行估计。

2）地球固体潮

摄动天体（月亮、太阳）对弹性地球的引力作用，使得地球表面产生周期性的涨落，称为地球固体潮现象。它使地球在地心与摄动天体的连线方向拉长，与连线垂直方向上趋于变平。固体潮可以用 $n \times m$ 阶勒夫（Love）数和志田（Shida）数的球谐函数表达（Petit et al.，2010）。固体潮影响在水平方向上可达 5 cm，高程方向上可达 30 cm。因此，固体潮在精密单点定位中必须加以考虑。图 2.10 所示为 ALGO 站一天固体潮变化。从图中可以看到，固体潮对于测站 U 方向的偏差可以达到 15 cm，N 方向和 E 方向也可以达到厘米级。IERS 提供了计算固体潮的程序 DEHANTTIDEINEL.F[①]。

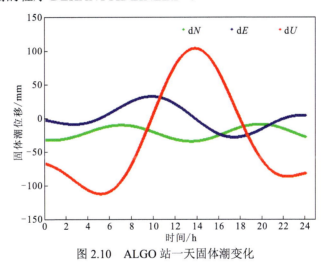

图 2.10　ALGO 站一天固体潮变化

3）海潮

在月亮与太阳作用下，海洋也发生周期性潮汐涨落现象。海潮会引起海洋质量分布的变化及与之相连的地壳的短暂变化。海潮与固体潮影响相似，但比固体潮低一个量级。对于近海地区，这种形变在垂直方向会达到几厘米。若测站距海岸超过 1000 km，海潮影响可以忽略不计。海潮分析一般使用 11 个分潮波的振幅和相位进行调和分析，这 11 个分潮波分别是 M2、S2、N2、K2（半日波），K1、O1、P1、Q1（全日波），Mf、Mm、Sm 分别为半月波、月波和半年波。瑞典的 Onsala 空间天文台提供了全球地区这些系数的在线计算，用户只要输入测站的经纬度高程或空间坐标，就可以得到该测站的海潮系数[②]。海潮模型可以表示为

---

① ftp://tai.bipm.org/iers/conv2010/chapter7[2024-02-29].
② http://holt.oso.chalmers.se/loading/[2024-02-29].

$$\Delta c = \sum_j A_{cj} \cos(\chi_j(t) - \phi_{cj}) \tag{2.40}$$

式中：j 为潮波数；χ 为天文参数；A、ϕ 分别为振幅与相位。

IERS 也提供了根据海潮系数计算海潮改正的程序 ARG2.F 和 HARDISP.F[①]。图 2.11 所示为 ALGO 站一天海潮变化。从图中可以看到，由于 ALGO 站离海洋较远，其海潮影响在毫米级。

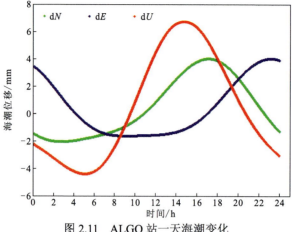

图 2.11 ALGO 站一天海潮变化

4）极潮

由地球自转轴偏移造成的影响称为极潮。极潮可以表示为（Petit et al.，2010）

$$\Delta N = -9\cos 2\theta(m_1 \cos \lambda + m_2 \sin \lambda) \tag{2.41a}$$

$$\Delta E = 9\cos \theta(m_1 \sin \lambda - m_2 \cos \lambda) \tag{2.41b}$$

$$\Delta U = -33\sin 2\theta(m_1 \cos \lambda + m_2 \sin \lambda) \tag{2.41c}$$

式中：m_1 和 m_2 的计算见式（2.48）；θ 和 λ 为测站纬度和经度；[ΔN　ΔE　ΔU] 为测站在站心地平坐标系下的改正（mm）。

图 2.12 所示为 ALGO 站一天极潮变化。从图中可以看到，相比于固体潮和海潮，极潮对测站的影响更小，且在一天中三个方向基本保持不变，U 方向最大，在 2 mm 左右。

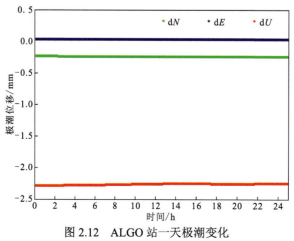

图 2.12 ALGO 站一天极潮变化

---

① ftp://tai.bipm.org/iers/conv2010/chapter7[2024-02-29].

2.3 动力学模型

力模型是卫星定轨的重要基础，力模型的精确与否决定了卫星轨道解算的最终质量。卫星定轨中主要的力模型包括保守力摄动模型、非保守力摄动模型和经验力摄动模型，其中经验力摄动模型主要是为了弥补作用在卫星上但未能精确模型化的力学因素。本节简要介绍定轨中涉及的动力学模型，主要依据为 IERS CONVENTION 2010（Petit et al.，2010）。

2.3.1 保守力摄动模型

保守力摄动模型主要包括地球引力引起的摄动加速度 $\boldsymbol{a}_0$、潮汐引力加速度 $\boldsymbol{a}_T$、N 体摄动加速度 $\boldsymbol{a}_N$ 以及广义相对论引起的加速度 $\boldsymbol{a}_{\mathrm{rel}}$。

1. 地球引力引起的摄动加速度

地球引力对卫星的摄动力可以表示为地球重力位的梯度。在地固坐标系下，重力位可以表示为

$$V(r,\phi,\lambda) = \frac{\mathrm{GM}}{r}\sum_{n=0}^{N}\left(\frac{a_{\mathrm{e}}}{r}\right)^{n}\sum_{m=0}^{n}[\bar{C}_{nm}\cos(m\lambda)+\bar{S}_{nm}\sin(m\lambda)]\bar{\mathrm{P}}_{nm}(\sin\phi) \qquad（2.42）$$

式中：r、ϕ、λ 分别为卫星质量中心的径向距离、纬度和经度；GM 为地球引力常数；a_{e} 为地球平均赤道半径；$\bar{C}_{nm}$ 和 $\bar{S}_{nm}$ 为归一化球谐函数系数；$\bar{\mathrm{P}}_{nm}(\sin\phi)$ 为归一化勒让德（Legendre）函数第 n 阶第 m 项。卫星所受的地球引力和其与地球的距离的平方成反比，GNSS 卫星轨道高度一般在 2 万 km，低轨卫星轨道高度在 500～1000 km，在低轨卫星定轨时，一般取 120 阶球谐函数系数，而 GNSS 一般只取到 12 阶。目前，常用的重力场模型有 EGM2008（Pavlis et al.，2008）、EIGEN6C（Förste et al.，2011）等。

2. 潮汐引力加速度

潮汐引力加速度主要包括固体潮影响、海潮影响、极潮影响。下面就这些潮汐影响进行简单介绍。

1）固体潮影响

固体地球由于其他天体，尤其是在日、月的引潮力的作用下，会产生周期形变。固体潮使大地水准面的形状发生变化，面上的重力值也发生变化，并引起地球密度的变化，由此产生了附加的引力位。这个变化的引力位可以表示为地球引力场球谐函数系数的变化。其通常考虑 2 阶项和 3 阶项。固体潮对地球引力场球谐函数系数的影响计算可分为两步。

（1）计算与频率无关的固体潮对引力场球谐函数系数的影响，可表示为

$$\Delta\bar{C}_{nm}-\mathrm{i}\Delta\bar{S}_{nm}=\frac{k_{nm}}{2n+1}\sum_{j=2}^{3}\frac{\mathrm{GM}_{j}}{\mathrm{GM}_{\oplus}}\left(\frac{R_{\mathrm{e}}}{r_{j}}\right)^{n+1}\bar{\mathrm{P}}_{nm}(\sin\phi_{j})\mathrm{e}^{-\mathrm{i}m\lambda_{j}} \qquad（2.43）$$

$$\Delta \bar{C}_{4m} - i\Delta \bar{S}_{4m} = \frac{k_{2m}^{(+)}}{5} \sum_{j=2}^{3} \frac{GM_j}{GM_{\oplus}} \left(\frac{R_e}{r_j}\right)^{n+1} \bar{P}_{2m}(\sin\phi_j) e^{-im\lambda_j} \quad (m = 0, 1, 2) \tag{2.44}$$

式中：k_{nm} 和 $k_{2m}^{(+)}$ 为名义勒夫数（n 阶 m 次），$n=2,3$，可查表获得；R_e 为地球赤道半径；GM_j 为月球（$j=2$）、太阳（$j=3$）引力常数；$GM_{\oplus}$ 为地球引力常数；r_j 为地心至月球或太阳距离；ϕ_j 为地固系中月球或太阳纬度；λ_j 为地固系中月球或太阳经度（从格林尼治起算）。

（2）计算与频率相关 71 个潮波的固体潮对引力场球谐函数系数的改正，主要是对 2 阶项的影响，可表示为

$$\begin{aligned} \Delta \bar{C}_{20} &= R_e \sum_{f(2,0)} (A_0 \delta k_f H_f) e^{i\theta_f} \\ &= \sum_{f(2,0)} [(A_0 H_f \delta k_f^R) \cos\theta_f - (A_0 H_f \delta k_f^I) \sin\theta_f] \end{aligned} \tag{2.45}$$

$$\Delta \bar{C}_{2m} - i\Delta \bar{S}_{2m} = \eta_m \sum_{f(2,m)} (A_m \delta k_f H_f) e^{i\theta_f} \quad (m = 1, 2) \tag{2.46}$$

式中：$\delta k_f = \delta k_f^R + \delta k_f^I$；$(A_0 H_f \delta k_f^R)$ 和 $(A_0 H_f \delta k_f^I)$ 可以查表得到；$\theta_f = \sum_{i=1}^{6} n_i \beta_i$，$\beta_i$ 为 6 个杜德森（Doodson）基础数，n_i 为 6 个基础数的系数，也可以查表得到。

2）海潮影响

海潮是指海水在天体（主要是日、月）引潮力作用下所产生的周期性运动。它也会造成地球引力位的变化，其对卫星的动力学效应也可以通过对引力场系数的修正来体现，可以表示为

$$[\Delta \bar{C}_{nm} - i\Delta \bar{S}_{nm}](t) = \sum_f \sum_+ (C_{f,nm}^{\pm} \mp iS_{f,nm}^{\pm}) e^{\pm i\theta_f(t)} \tag{2.47}$$

式中：$C_{f,nm}^{\pm}$ 和 $S_{f,nm}^{\pm}$ 为 f 潮分量的谐波振幅，海潮影响为各个潮分量的叠加对引力场系数的影响。FES2004 海潮模型（Lyard et al.，2006）包含长周期潮波（S_a, S_{sa}, M_m, M_f, M_{tm}, M_{sqm}）、全日波（Q1, O1, P1, K1）、半日波（2N2, N2, M2, T2, S2, K2）和 1/4 日波（M4）。

3）极潮影响

极潮可以分为固体地球极潮和海洋极潮。固体地球极潮是由极移产生的离心力引起的，而海洋极潮则是由极移产生的离心力引起的。极潮主要是对 $\Delta \bar{C}_{21}$ 和 $\Delta \bar{S}_{21}$ 的影响。其中，固体地球极潮影响为

$$\begin{aligned} \Delta \bar{C}_{21} &= -1.333 \times 10^{-9} (m_1 + 0.0115 m_2) \\ \Delta \bar{S}_{21} &= -1.333 \times 10^{-9} (m_1 - 0.0115 m_2) \end{aligned} \tag{2.48}$$

海洋极潮影响为

$$\begin{aligned} \Delta \bar{C}_{21} &= -2.1778 \times 10^{-10} (m_1 - 0.017\,24 m_2) \\ \Delta \bar{S}_{21} &= -1.7232 \times 10^{-10} (m_2 - 0.033\,65 m_1) \end{aligned} \tag{2.49}$$

式中：$m_1 = x_p - \bar{x}_p$，$m_2 = -(y_p - \bar{y}_p)$，(x_p, y_p) 为地球极移变量，可以从 IERS 网站获取；$(\bar{x}_p, \bar{y}_p)$

为平均极移，可以利用式（2.50）进行计算：

$$\overline{x}_p(t) = \sum_{i=0}^{3}(t-t_0)^i \times \overline{x}_p^i, \quad \overline{y}_p(t) = \sum_{i=0}^{3}(t-t_0)^i \times \overline{y}_p^i \qquad (2.50)$$

式中：t_0 为 2000.0；系数 $\overline{x}_p^i$ 和 $\overline{y}_p^i$ 如表 2.4 所示。

表 2.4   平均极移模型系数

项目	2010 年之前		2010 年之后	
i	$\overline{x}_p^i$ /（mas/a）	$\overline{y}_p^i$ /（mas/a）	$\overline{x}_p^i$ /（mas/a）	$\overline{y}_p^i$ /（mas/a）
0	55.974	346.346	23.513	358.891
1	1.8243	1.7896	7.6141	-0.6287
2	0.184 13	-0.107 29	0.0	0.0
3	0.007 024	-0.000 908	0.0	0.0

3. N 体摄动加速度

卫星绕地运动，主要受到地球引力的影响，还会受到其他天体，如日、月引力的影响，天体对卫星的 N 体摄动加速度为

$$\boldsymbol{a}_N = \sum_k \mathrm{GM}_k \left[\frac{\overline{\boldsymbol{r}}_k}{\boldsymbol{r}_k^3} - \frac{\overline{\boldsymbol{\Delta}}_k}{\boldsymbol{\Delta}_k^3} \right] \qquad (2.51)$$

式中：GM_k 为第 k 个摄动体的引力常数；$\overline{\boldsymbol{r}}_k$ 为第 k 个摄动体在 J2000.0 地心惯性坐标系（conventional inertial system，CIS）中的位置矢量；$\overline{\boldsymbol{\Delta}}_k$ 为卫星至第 k 个摄动体的位置矢量。

4. 广义相对论引起的加速度

卫星的相对论加速度可以描述为以下形式（Huang et al.，1990；Ries et al.，1988）：

$$\begin{aligned}
\boldsymbol{a}_{\mathrm{rel}} = \frac{\mathrm{GM}_e}{c^2 r^3} &\left\{ \left[2(\beta+\gamma)\frac{\mathrm{GM}_e}{r} - \gamma\dot{\boldsymbol{r}}\cdot\dot{\boldsymbol{r}} \right]\boldsymbol{r} + 2(1+\gamma)(\boldsymbol{r}\cdot\dot{\boldsymbol{r}})\dot{\boldsymbol{r}} \right\} \\
&+ (1+\gamma)\frac{\mathrm{GM}_e}{c^2 r^3}\left[\frac{3}{r^2}(\boldsymbol{r}\times\dot{\boldsymbol{r}})(\boldsymbol{r}\times\boldsymbol{J}) + (\dot{\boldsymbol{r}}\times\boldsymbol{J}) \right] \\
&+ \left\{ (1+2\gamma)\left[\dot{\boldsymbol{R}}\times\left(\frac{-\mathrm{GM}_s\boldsymbol{R}}{c^2 R^3} \right) \right]\times\dot{\boldsymbol{r}} \right\}
\end{aligned} \qquad (2.52)$$

式中：c 为光速；β、γ 为后牛顿相对论常数，在广义相对论中取 1；$\boldsymbol{r}$、$\dot{\boldsymbol{r}}$ 为卫星在地心惯性参考系中的位置和速度；$\boldsymbol{R}$、$\dot{\boldsymbol{R}}$ 分别为地球相对于太阳的位置和速度；$\boldsymbol{J}$ 为地球单位质量的角动量，$|\boldsymbol{J}| \approx 9.8\times10^8\,\mathrm{m}^2/\mathrm{s}$；$\mathrm{GM}_e$、$\mathrm{GM}_s$ 分别为地球和太阳的引力常数。

2.3.2   非保守力摄动模型

非保守力摄动模型主要包括大气阻力摄动模型、太阳光压摄动模型及其他摄动模型（如热辐射压摄动、地球反射压摄动等）。这些力模型与卫星的轨道高度、卫星姿态及几何形状

密切相关，因此导致各类卫星的模型不完全一致。下面主要对大气阻力摄动模型和太阳光压摄动模型做简单分析。

1. 大气阻力摄动模型

对于低轨卫星，大气阻力是主要的非保守力之一，可表示为（Schutz et al.，1980）

$$\boldsymbol{a}_D = -\frac{1}{2}\rho\left(\frac{C_D A}{m'}\right)V_r\boldsymbol{V}_r \qquad (2.53)$$

式中：ρ 为大气密度；C_D 为大气阻力参数；V_r 为卫星相对于大气的运动速度；A 为卫星垂直于速度的横截面积；m' 为卫星质量。大气密度是影响大气阻力的重要因素。在不同位置的大气密度还受到太阳活动、地磁活动、季节性变化等影响。大气阻力使得低轨卫星运行轨道的长半径逐渐变小，这也决定着卫星的使用寿命。大气密度的计算可以使用阻力温度模型（drag temperature model，DTM）（Bruinsma，2015；Barlier et al.，1978）。

2. 太阳光压摄动模型

当卫星距离地面较近时，大气阻力的影响不可忽视。但随着卫星轨道高度的增高，大气密度减小，卫星大气阻力的影响也随之减小，太阳光压的影响远远大于大气阻力的影响，尤其是对于那些面质比较大的卫星（如导航卫星），太阳光压的影响量级在 10^{-7} m/s^2。太阳光压摄动模型可以表示为（Tapley et al.，2004）

$$\boldsymbol{a}_{\mathrm{SP}} = -P\frac{\nu A_{\mathrm{SP}}}{m'}C_R\boldsymbol{u} \qquad (2.54)$$

式中：P 为 1 个天文单位距离处理想吸热表面上的太阳光压，$P \approx 4.56\times10^{-6}$ N/m^2；A_{SP} 为卫星垂直于太阳方向的横截面积；m' 为卫星质量；C_R 为卫星的反照系数，$C_R \approx 1$；$\boldsymbol{u}$ 为卫星指向太阳的单位向量；ν 为蚀因子，$\nu = 0$ 时，表示卫星位于地球阴影处，$\nu = 1$ 时，表示整个卫星位于阳光下，$0 < \nu < 1$ 时，表示卫星处在半阴影状态。蚀因子的计算不再赘述，可参考王解先（1997）。

太阳光压摄动模型主要可以分为分析模型、经验模型和半经验模型。

分析模型是根据卫星星体结构、表面光学属性和卫星姿态建立的模型，计算的太阳光压具有明显的物理意义。它不依靠卫星的在轨数据也可以计算光压。另外，由于其完全依赖于确切的卫星属性数据，任何卫星结构或者光学属性发生变化或有误差，就会引起较大的模型误差。分析模型主要有 ROCK4 模型，T10、T20、T30 系列模型（Fliegel et al.，1996，1992），Box-Wing 模型（Marshall et al.，1994），UCL 模型（Ziebart et al.，2005）等。

经验模型主要是基于卫星长期的在轨数据拟合得到的，它不需要精确的卫星星体结构、表面属性等信息就能有效反映太阳光压的作用，也可获得高精度的定轨结果。经验模型不具有明确的物理意义，且需要根据长时间的观测资料进行分析得到。目前，常用的经验模型主要有欧洲定轨中心（Center for Orbit Determination in Europe，CODE）的扩展 CODE 轨道模型（extended CODE orbit model，ECOM）系列模型（Arnold et al.，2015；Springer et al.，1999；Beutler et al.，1994），JPL 的 GPS 太阳光压摄动模型（GPS solar radiation pressure model，GSPM）系列模型（Bar-Sever et al.，2004）。

半经验模型是 Rodriguez-Solano 等（2012）提出的一种介于分析模型和经验模型的半经验光压模型，其称为可校正的 Box-Wing 模型。

目前，IGS 各个分析中心一般采用 CODE 的 ECOM 系列模型。

2.3.3 经验力摄动模型

对于力模型复杂的低轨卫星，为弥补一些作用在卫星上但未能精确模型化的力学因素，通常引入一些经验参数到轨道方程的求解中。这些经验参数包括虚拟脉冲加速度、各个方向的线性经验摄动参数和周期性摄动参数。

1. 虚拟脉冲加速度

虚拟脉冲加速度（pseudo-stochastic-pulses）是在给定历元对卫星速度做一个变化，但并不改变卫星位置，此方法最先应用于 CODE 计算 GPS 卫星轨道（Beutler et al.，1994）。

2. 线性经验摄动

线性经验摄动主要是针对低轨卫星动力环境，在径向、切向和法向增加经验参数，并随时间做线性变化，其公式可以表示为

$$\boldsymbol{a}_{\text{emp}} = \left[\frac{t - t_i}{t_{i+1} - t_i} \begin{pmatrix} C_r \\ C_a \\ C_c \end{pmatrix}_{t_i} + \frac{t_{i+1} - t}{t_{i+1} - t_i} \begin{pmatrix} C_r \\ C_a \\ C_c \end{pmatrix}_{t_{i+1}} \right] \begin{bmatrix} \boldsymbol{u}_r \\ \boldsymbol{u}_a \\ \boldsymbol{u}_c \end{bmatrix} \tag{2.55}$$

式中：C_r、C_a 和 C_c 为线性经验摄动参数；$\boldsymbol{u}_r$、$\boldsymbol{u}_a$ 和 $\boldsymbol{u}_c$ 为径向、切向和法向单位矢量。

3. 周期性摄动

周期性摄动可以表示为

$$\boldsymbol{a}'_{\text{emp}} = \begin{bmatrix} C'_r \cos u + S_r \sin u \\ C'_a \cos u + S_a \sin u \\ C'_c \cos u + S_c \sin u \end{bmatrix} \tag{2.56}$$

式中：C'_r、S_r 为周期性摄动径向参数；C'_a、S_a 为周期性摄动切向参数；C'_c、S_c 为周期性摄动法向参数。

卫星在绕地运行过程中，主要受到上述各种作用力，不同的作用力对轨道的影响量级不尽相同。表 2.5 给出了导航卫星摄动力量级及其对轨道的影响（Altamimi et al.，2017；刘杨，2016；葛茂荣，1995）。

表 2.5 导航卫星摄动力量级及其对轨道的影响

作用力	摄动加速度/（m/s²）	24 h 轨道误差/m
中心引力	5.9×10^{-1}	—
非球形引力	5.0×10^{-5}	10 000
月球引力	5.0×10^{-6}	3000

作用力	摄动加速度/（m/s²)	24 h 轨道误差/m
太阳引力	2.0×10^{-6}	800
太阳光压	1.0×10^{-7}	300
地球反照辐射压	1.0×10^{-9}	3
固体潮	1.0×10^{-9}	3
相对论效应	2.8×10^{-10}	0.3

2.4 卫星轨道积分与优化

在清楚已知卫星运动过程中所受保守力和非保守力的前提下，可构造符合卫星动力学模型的运动方程，并利用轨道初始状态和积分方法获取卫星的初始轨道，最终利用实际的地面观测数据对初始轨道进行优化，得到更加准确的精密卫星轨道。本节详细介绍卫星运动方程、初轨计算及轨道优化方法。

2.4.1 卫星运动方程

通常，卫星运动在惯性系下描述，根据其受到的各类保守力和非保守力，卫星运动方程可表示为

$$\ddot{\boldsymbol{r}} = \boldsymbol{a}_{\mathrm{g}} + \boldsymbol{a}_{\mathrm{ng}} + \boldsymbol{a}_{\mathrm{emp}} \tag{2.57}$$

式中：$\boldsymbol{a}_{\mathrm{g}}$ 为卫星所受的保守力加速度之和，主要包括地球引力、N 体引力、潮汐引力和广义相对论引起的加速度；$\boldsymbol{a}_{\mathrm{ng}}$ 为卫星所受的非保守力加速度之和，主要包括大气阻力、太阳光压、热辐射加速度、地球反射压引起的加速度；$\boldsymbol{a}_{\mathrm{emp}}$ 为经验力加速度，主要包括所有力模型的误差和未模型化的摄动力误差。

式（2.57）为二阶微分方程。为了方便求解，需将其改写成一阶微分方程。令 $\boldsymbol{X} = \begin{bmatrix} \boldsymbol{r} \\ \boldsymbol{v} \\ \boldsymbol{p} \end{bmatrix}$，

其中 $\boldsymbol{r}$、$\boldsymbol{v}$ 分别为卫星的位置和速度，$\boldsymbol{p}$ 为动力学模型中的待估参数，主要包括太阳光压摄动模型系数和经验力模型系数，则卫星运动方程和初始状态可分别表示为

$$\dot{\boldsymbol{X}}_t = F(\boldsymbol{X}, t) = \begin{bmatrix} \dot{\boldsymbol{r}} \\ \dot{\boldsymbol{v}} \\ \dot{\boldsymbol{p}} \end{bmatrix} = \begin{bmatrix} \boldsymbol{v} \\ \boldsymbol{a}_{\mathrm{g}} + \boldsymbol{a}_{\mathrm{ng}} + \boldsymbol{a}_{\mathrm{emp}} \\ \boldsymbol{0} \end{bmatrix} \tag{2.58}$$

$$\boldsymbol{X}_{t_0} = \boldsymbol{X}_0 = \begin{bmatrix} \boldsymbol{r}_0 \\ \boldsymbol{v}_0 \\ \boldsymbol{p}_0 \end{bmatrix} \tag{2.59}$$

2.4.2 初轨计算

卫星运动初值条件一般通过广播星历计算得到。根据初值条件对式（2.58）进行积分便可得到卫星轨道，但由于初值中含有误差，得到的轨道也只是初步的轨道。

将式（2.58）和式（2.59）写成如下形式：

$$\begin{cases} \dot{X} = \dfrac{\mathrm{d}X}{\mathrm{d}t} = F(X,t) \\[2mm] X_0 = \begin{bmatrix} r_0 \\ v_0 \\ p_0 \end{bmatrix} \end{cases} \tag{2.60}$$

当被积函数 $F(X,t)$ 较复杂时，卫星轨道的解析解较难得到，但可以根据卫星运动的初值条件，通过数值积分方法得到卫星的初轨。同时，式（2.60）中右侧函数本身就含有 X，因此不能通过简单的数值积分方法直接积分。这里将其做泰勒展开，由 X_i 计算 X_{i+1} 的值：

$$X_{i+1} = X_i + h\left(\frac{\mathrm{d}X_i}{\mathrm{d}t}\right)_{t_i} + \frac{h^2}{2!}\left(\frac{\mathrm{d}^2 X_i}{\mathrm{d}t^2}\right)_{t_i} + \cdots \tag{2.61}$$

式中：

$$\begin{cases} \left(\dfrac{\mathrm{d}X_i}{\mathrm{d}t}\right)_{t_i} = F(X_i,t_i) \\[3mm] \left(\dfrac{\mathrm{d}^2 X_i}{\mathrm{d}t^2}\right)_{t_i} = \left(\dfrac{\partial F}{\partial t} + \dfrac{\partial F}{\partial X}\dfrac{\partial X}{\partial t}\right)_{t_i} \\[3mm] \cdots \end{cases} \tag{2.62}$$

卫星运动方程本身就比较复杂，而式（2.61）中的高阶导数计算也十分麻烦，因此常采用几个函数项来代替右函数。

通常，数值积分方法可分为单步法和多步法，多步法又分为隐式多步法和显式多步法。常用的单步法为龙格-库塔（Runge-Kutta，RK）方法，其基本思想为间接引用泰勒展开式，用若干个 F 函数的线性组合代替其导数，相应的组合系数由泰勒展开式决定。

1. 显式 Runge-Kutta 方法

显式 RK 方法的一般格式为

$$y_{k+1} = y_k + h\sum_{i=1}^{r}\alpha_i K_i \tag{2.63}$$

$$\begin{cases} K_1 = f(x_k, y_k) \\[2mm] K_i = f\left(x_k + \lambda_i h, y_k + h\sum_{j=1}^{i-1}\mu_{ij}K_i\right) \end{cases} \tag{2.64}$$

式中：α_i、λ_i、μ_{ij} 为参数；h 为步长。

上述参数选取原则为：将 K_i 关于 h 展开成 K_1 的函数，使局部截断误差尽可能小。根据该条件去解 RK 方法中的参数，可能解不止一组。

以 4 阶 RK 方法为例，其经典的形式为

$$y_{k+1} = y_k + \frac{h}{6}(K_1 + 2K_2 + 2K_3 + K_4) \tag{2.65}$$

$$\begin{cases} K_1 = f(x_k, y_k) \\ K_2 = f\left(x_k + \frac{1}{2}h, y_k + \frac{1}{2}hK_1\right) \\ K_3 = f\left(x_k + \frac{1}{2}h, y_k + \frac{1}{2}hK_2\right) \\ K_4 = f(x_k + h, y_k + hK_3) \end{cases} \tag{2.66}$$

2. Runge-Kutta-Fehlberg 方法

为了克服 RK 方法难以估计截断误差的缺点，采用嵌套的 RK 方法，即 Runge-Kutta-Fehlberg（RKF）方法，同时给出 n 阶和 $n+1$ 阶两组 RK 计算公式，用两组公式计算出来的 X_{i+1} 之差来估计截断误差，根据截断误差的大小来控制积分步长。

这里以 4 阶、5 阶 RK 方法为例，需要用到的 K 值如下：

$$\begin{cases} K_1 = f(x_k, y_k) \\ K_2 = f\left(x_k + \frac{1}{4}h, y_k + \frac{1}{4}hK_1\right) \\ K_3 = f\left(x_k + \frac{3}{8}h, y_k + \frac{3}{32}hK_1 + \frac{9}{32}hK_2\right) \\ K_4 = f\left(x_k + \frac{12}{13}h, y_k + \frac{1932}{2197}hK_1 - \frac{7200}{2197}hK_2 + \frac{7296}{2197}hK_3\right) \\ K_5 = f\left(x_k + h, y_k + \frac{439}{216}hK_1 - 8hK_2 + \frac{3680}{513}hK_3 - \frac{845}{4104}hK_4\right) \\ K_6 = f\left(x_k + \frac{1}{2}h, y_k - \frac{8}{27}hK_1 + 2K_2 - \frac{3544}{2565}hK_3 + \frac{1859}{4104}hK_4 - \frac{11}{40}hK_5\right) \end{cases} \tag{2.67}$$

4 阶 RK 方法公式可以表示为

$$y_{k+1} = y_k + \frac{25}{216}hK_1 + \frac{1408}{2565}hK_3 + \frac{2197}{4101}hK_4 - \frac{1}{5}hK_5 \tag{2.68}$$

5 阶 RK 方法公式可以表示为

$$z_{k+1} = z_k + \frac{16}{135}hK_1 + \frac{6656}{12\,825}hK_3 + \frac{28\,561}{56\,430}hK_4 - \frac{9}{50}hK_5 + \frac{2}{55}hK_6 \tag{2.69}$$

结合式（2.69），优化后的步长可以表示为尺度参数 s 与原步长的乘积，其中尺度参数 s 表示为

$$s = \left(\frac{\mathrm{tol}h}{2|z_{k+1} - y_{k+1}|}\right)^{1/4} \tag{2.70}$$

式中：tol 为容许误差。

3. Adams 多步法

显式 Adams 方法又称为亚当斯-巴什福思（Adams-Bashforth）方法，其主要原理为

$$y(x_{n+1}) = y(x_n) + \int_n^{n+1} f(x, y)\mathrm{d}x \qquad (2.71)$$

记 $f(x_n, y_n) = f_n$，$f(x_{n-1}, y_{n-1}) = f_{n-1}$，将被积函数 $f(x, y)$ 用二节点 (x_n, y_n) 和 (x_{n-1}, y_{n-1}) 的插值公式表示为

$$f(x, y) = f_n \frac{x - x_{n-1}}{x_n - x_{n-1}} + f_{n-1} \frac{x - x_n}{x_{n-1} - x_n} = \frac{1}{h}[(x - x_{n-1})f_n - (x - x_n)f_{n-1}] \qquad (2.72)$$

将式（2.72）代入式（2.71）并积分得

$$y(x_{n+1}) = y(x_n) + \frac{h}{2}(3f_n - f_{n-1}) \qquad (2.73)$$

若取 2,3,… 个节点，同样按照上面的方法推导，对于 4 个节点的公式可以表示为

$$y(x_{n+1}) = y(x_n) + \frac{h}{24}(55f_n - 59f_{n-1} + 37f_{n-2} - 9f_{n-3}) \qquad (2.74)$$

隐式 Adams 方法将被积函数的插值公式由外插改为内插，采用的节点为 (x_{n+1}, y_{n+1})，$(x_n, y_n), \cdots, (x_{n-r+1}, y_{n-r+1})$。当采用 4 个节点时，隐式公式为

$$y(x_{n+1}) = y(x_n) + \frac{h}{24}(9f_{n+1} + 19f_n - 5f_{n-1} + f_{n-2}) \qquad (2.75)$$

2.4.3 轨道优化

卫星初始轨道确定之后，可以通过海量的地面观测资料对不够精确的初轨进行改进优化，其中某一时刻观测向量 $\boldsymbol{Y}_t$ 可表示为

$$\boldsymbol{Y}_t = G(\boldsymbol{X}_t, t) + \varepsilon \qquad (2.76)$$

式中：$G(\boldsymbol{X}_t, t)$ 为含有参数 $\boldsymbol{X}_t$ 的非线性函数；ε 为服从 $N(0, \sigma^2)$ 的观测噪声。

将卫星运动方程和观测向量在 $\boldsymbol{X}_t^*$ 处（参考轨道）进行泰勒展开并取一阶项，得

$$\dot{\boldsymbol{X}}_t = \dot{\boldsymbol{X}}_t^* + \frac{\partial F}{\partial \boldsymbol{X}}(\boldsymbol{X}_t - \boldsymbol{X}_t^*) + O_F(\boldsymbol{X}_t - \boldsymbol{X}_t^*) \qquad (2.77)$$

$$\boldsymbol{Y}_t = \boldsymbol{Y}_t^* + \frac{\partial G}{\partial \boldsymbol{X}}(\boldsymbol{X}_t - \boldsymbol{X}_t^*) + O_G(\boldsymbol{X}_t - \boldsymbol{X}_t^*) + \varepsilon \qquad (2.78)$$

式中：O_F 和 O_G 为泰勒展开的余项；$\dfrac{\partial F}{\partial \boldsymbol{X}}$ 可表示为

$$\frac{\partial F}{\partial \boldsymbol{X}} = \begin{pmatrix} \dfrac{\partial \dot{r}}{\partial r} & \dfrac{\partial \dot{r}}{\partial v} & \dfrac{\partial \dot{r}}{\partial p} \\ \dfrac{\partial \dot{v}}{\partial r} & \dfrac{\partial \dot{v}}{\partial v} & \dfrac{\partial \dot{v}}{\partial p} \\ \dfrac{\partial \dot{p}}{\partial r} & \dfrac{\partial \dot{p}}{\partial v} & \dfrac{\partial \dot{p}}{\partial p} \end{pmatrix} = \begin{pmatrix} 0 & I & 0 \\ \dfrac{\partial \ddot{r}}{\partial r} & 0 & \dfrac{\partial \dot{v}}{\partial p} \\ 0 & 0 & 0 \end{pmatrix} \qquad (2.79)$$

设 $\boldsymbol{x}_t = \boldsymbol{X}_t - \boldsymbol{X}_t^*$，$\boldsymbol{y}_t = \boldsymbol{Y}_t - \boldsymbol{Y}_t^*$，则有

$$\dot{\boldsymbol{x}}_t = \dot{\boldsymbol{X}}_t - \dot{\boldsymbol{X}}_t^* = \frac{\partial F}{\partial \boldsymbol{X}} \boldsymbol{x}_t = \boldsymbol{A}(t)\boldsymbol{x}_t \qquad (2.80)$$

$$\boldsymbol{y}_t = \boldsymbol{Y}_t - \boldsymbol{Y}_t^* = \frac{\partial G}{\partial \boldsymbol{X}} \boldsymbol{x}_t + \varepsilon = \boldsymbol{H}(t)\boldsymbol{x}_t + \varepsilon \qquad (2.81)$$

若一阶齐次线性微分方程有解，且其解为

$$\boldsymbol{x}_t = \boldsymbol{\Phi}(t, t_0) \boldsymbol{x}_0 \tag{2.82}$$

将式（2.82）代入式（2.80）可得

$$\begin{cases} \dot{\boldsymbol{\Phi}}(t, t_0) = \boldsymbol{A}(t) \boldsymbol{\Phi}(t, t_0) \\ \boldsymbol{\Phi}(t, t_0) = \boldsymbol{I} \end{cases} \tag{2.83}$$

状态转移矩阵具体表示形式为

$$\boldsymbol{\Phi}(t, t_0) = \begin{pmatrix} \dfrac{\partial r}{\partial r_0} & \dfrac{\partial r}{\partial \dot{r}_0} & \dfrac{\partial r}{\partial p_0} \\[2mm] \dfrac{\partial \dot{r}}{\partial r_0} & \dfrac{\partial \dot{r}}{\partial \dot{r}_0} & \dfrac{\partial \dot{r}}{\partial p_0} \\[2mm] \dfrac{\partial p}{\partial r_0} & \dfrac{\partial p}{\partial \dot{r}_0} & \dfrac{\partial p}{\partial p_0} \end{pmatrix} = \begin{pmatrix} \dfrac{\partial r}{\partial r_0} & \dfrac{\partial r}{\partial \dot{r}_0} & \dfrac{\partial r}{\partial p_0} \\[2mm] \dfrac{\partial \dot{r}}{\partial r_0} & \dfrac{\partial \dot{r}}{\partial \dot{r}_0} & \dfrac{\partial \dot{r}}{\partial p_0} \\[2mm] 0 & 0 & \boldsymbol{I} \end{pmatrix} \tag{2.84}$$

将式（2.82）代入式（2.81），则 $\boldsymbol{y}_t$ 可表示为

$$\boldsymbol{y}_t = \boldsymbol{H}(t) \boldsymbol{x}_t + \boldsymbol{\varepsilon} = \tilde{\boldsymbol{H}}(t) \boldsymbol{x}_0 + \boldsymbol{\varepsilon} \tag{2.85}$$

式（2.85）说明，定轨问题实质上是状态估计问题，可以通过合适的参数估计方法，如批处理最小二乘法、卡尔曼滤波、均方根信息滤波等得到更加精密的卫星轨道。相关的参数估计方法将在 2.5 节中详细展开说明，此处根据本书所采用的最小二乘方法对精密定轨流程进行系统阐述。

设观测值 $\boldsymbol{y}_t$ 的权阵为 $\boldsymbol{R}_t$，若由先验信息 $\bar{\boldsymbol{x}}_0$，其方差-协方差为 $\boldsymbol{Q}_0$，根据准则：

$$\frac{1}{2}(\boldsymbol{y}_t - \tilde{\boldsymbol{H}}(t)\hat{\boldsymbol{x}}_0)^{\mathrm{T}} \boldsymbol{R}_t^{-1} (\boldsymbol{y}_t - \tilde{\boldsymbol{H}}(t)\hat{\boldsymbol{x}}_0) + \frac{1}{2}(\bar{\boldsymbol{x}}_0 - \hat{\boldsymbol{x}}_0)^{\mathrm{T}} \boldsymbol{Q}_0^{-1} (\bar{\boldsymbol{x}}_0 - \hat{\boldsymbol{x}}_0) = \min \tag{2.86}$$

得

$$(\tilde{\boldsymbol{H}}^{\mathrm{T}}(t) \boldsymbol{R}_t^{-1} \tilde{\boldsymbol{H}}(t) + \boldsymbol{Q}_0^{-1}) \hat{\boldsymbol{x}}_0 = (\tilde{\boldsymbol{H}}^{\mathrm{T}}(t) \boldsymbol{R}_t^{-1} \boldsymbol{y}_t + \boldsymbol{Q}_0^{-1} \bar{\boldsymbol{x}}_0) \tag{2.87}$$

本书中都采用无电离层组合，根据式（2.22），可以得到线性化后的观测模型：

$$p_{r,\mathrm{IF},i}^s = \boldsymbol{u}_r^s \boldsymbol{\psi}(t_s, t_0)^s \boldsymbol{o}_0^s - \boldsymbol{u}_r^s \boldsymbol{\psi}(t_r, t_0)^r \boldsymbol{o}_0^r + \Delta t_{r,i} - \Delta t_i^s + b_{r,\mathrm{IF}} - b_{\mathrm{IF}}^s + m_r z_{r,i} + \varepsilon_{p_{r,\mathrm{IF},i}^s} \tag{2.88a}$$

$$l_{r,\mathrm{IF},i}^s = \boldsymbol{u}_r^s \boldsymbol{\psi}(t_s, t_0)^s \boldsymbol{o}_0^s - \boldsymbol{u}_r^s \boldsymbol{\psi}(t_r, t_0)^r \boldsymbol{o}_0^r + \Delta t_{r,i} - \Delta t_i^s + m_r z_{r,i} + \lambda_{\mathrm{IF}} N_{r,\mathrm{IF}}^s + \delta_{r,\mathrm{IF}} - \delta_{\mathrm{IF}}^s + \varepsilon_{l_{r,\mathrm{IF},i}^s} \tag{2.88b}$$

式中：$\boldsymbol{o}_0^s = [x_0^s, y_0^s, z_0^s, \dot{x}_0^s, \dot{y}_0^s, \dot{z}_0^s, p_1^s, p_2^s, \cdots, p_n^s]^{\mathrm{T}}$ 和 $\boldsymbol{o}_0^r = \begin{cases} [x_0^r, y_0^r, z_0^r, \dot{x}_0^r, \dot{y}_0^r, \dot{z}_0^r, p_1^r, p_2^r, \cdots, p_n^r]^{\mathrm{T}}, & r = \mathrm{LEO} \\ [x_0^r, y_0^r, z_0^r]^{\mathrm{T}}, \boldsymbol{\psi}(t_r, t_0)^r = \boldsymbol{I}, & r \neq \mathrm{LEO} \end{cases}$

分别为卫星初始状态参数与测站初始状态参数；$[x_0^s, y_0^s, z_0^s]^{\mathrm{T}}$ 和 $[x_0^r, y_0^r, z_0^r]^{\mathrm{T}}$ 分别为卫星和接收机坐标参数相对于初始坐标的增量；$[\dot{x}_0^s, \dot{y}_0^s, \dot{z}_0^s]^{\mathrm{T}}$ 和 $[\dot{x}_0^r, \dot{y}_0^r, \dot{z}_0^r]^{\mathrm{T}}$ 分别为卫星和接收机速度参数相对于初始状态的增量；$[p_1^s, p_2^s, \cdots, p_n^s]^{\mathrm{T}}$ 和 $[p_1^r, p_2^r, \cdots, p_n^r]^{\mathrm{T}}$ 分别为卫星和接收机的动力学参数；$p_{r,\mathrm{IF},i}^s$ 和 $l_{r,\mathrm{IF},i}^s$ 分别为在历元 i 卫星 s 至接收机 r 伪距和相位观测值减计算值（observed minus computed，OMC）；$\boldsymbol{u}_r^s$ 为接收机至卫星的单位向量；$z_{r,i}$ 和 m_r 为天顶对流层延迟和映射函数；$\boldsymbol{\psi}(t_i, t_0)$ 为从历元 t_0 至历元 t_i 的状态转移矩阵。其余符号含义与式（2.22）一致。

针对不同解算要求（GNSS 定轨、LEO 卫星定轨、精密单点定位等），有不同的参数设置，但无论是哪种解算，其定位模型都可以简化为

$$\boldsymbol{y} = \boldsymbol{A}\boldsymbol{x} + \boldsymbol{\varepsilon}, \quad \boldsymbol{Q} \tag{2.89}$$

式中：y 为观测值减计算值；A 为根据待估参数（如卫星坐标、测站坐标、卫星钟差、测站钟差、对流层天顶湿延迟等）形成的设计矩阵；x 为各类待估参数；ε 为观测噪声，满足 $E(\varepsilon) = 0$，$Q = E(\varepsilon \varepsilon^{\mathrm{T}})$。

由于不同观测方程的精度不一致，需要对观测方程进行定权，建立随机模型。观测方程的噪声主要由各个模型的误差组成，在实际应用中，一般认为观测噪声与高度角相关：

$$\sigma = \begin{cases} \sigma_0, & \text{ele} > 30° \\ \dfrac{\sigma_0}{2\sin(\text{ele})}, & \text{其他} \end{cases} \tag{2.90}$$

式中：σ_0 对于伪距观测值一般取 1.0 m，对于相位观测值一般取 0.15 周。

于是，式（2.89）中的权阵为

$$\boldsymbol{W} = \boldsymbol{Q}^{-1} = \text{diag}^{-1}([\sigma_1^2 \ \cdots \ \sigma_n^2]) \tag{2.91}$$

式中：$\boldsymbol{W}$ 为观测值权阵；$\boldsymbol{Q}$ 为观测值协方差阵。

根据最小二乘原理，可以建立法方程：

$$(\boldsymbol{A}^{\mathrm{T}} \boldsymbol{Q}^{-1} \boldsymbol{A}) \hat{\boldsymbol{x}} = \boldsymbol{A}^{\mathrm{T}} \boldsymbol{Q}^{-1} \boldsymbol{y} \tag{2.92}$$

由此可得待估参数的最小二乘最优无偏解：

$$\hat{\boldsymbol{x}} = (\boldsymbol{A}^{\mathrm{T}} \boldsymbol{Q}^{-1} \boldsymbol{A})^{-1} \boldsymbol{A}^{\mathrm{T}} \boldsymbol{Q}^{-1} \boldsymbol{y}$$
$$\boldsymbol{Q}_{\hat{x}} = (\boldsymbol{A}^{\mathrm{T}} \boldsymbol{Q}^{-1} \boldsymbol{A})^{-1} \tag{2.93}$$

式中：$\boldsymbol{Q}_{\hat{x}}$ 为参数的协方差阵。

定轨流程如图 2.13 所示。

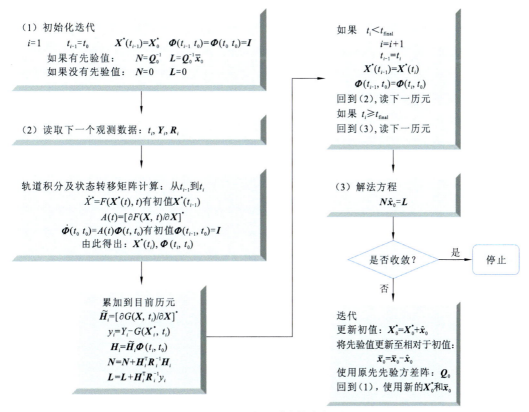

图 2.13　最小二乘定轨流程图

2.5 参数估计方法

卫星精密定轨定位实质上是状态参数的估计问题，考虑解算过程中要求估计器能够同时处理静态偏差及动态偏差，通常采用批处理最小二乘、卡尔曼滤波、均方根信息滤波（square root information filter，SRIF）等方法进行求解（姚宜斌，2004；赵齐乐，2004；Tapley et al.，2004；葛茂荣，1995）。本节将对上述几种常见的动态数据处理方法进行说明。

2.5.1 批处理最小二乘

在观测值仅包含偶然误差的前提下，最小二乘估计的结果是最优无偏解。通常，在测量问题中都涉及对某一物理量进行不同历元的离散重复观测，对此类观测数据主要有两种处理方法：每个历元解算一组独立的解或者联合所有历元数据进行整体解算。批处理最小二乘法充分利用了各个历元的观测数据，通过法方程叠加手段降低运算量并取得全局最优的参数估计结果。

假设有 n 个历元的观测数据，各历元观测模型为

$$\boldsymbol{y}_i = \boldsymbol{A}_i \boldsymbol{x} + \boldsymbol{e}_i, \boldsymbol{Q}_{e,i} \tag{2.94}$$

式中：$\boldsymbol{y}_i$ 为历元 i 的观测向量；$\boldsymbol{A}_i$ 为对应设计矩阵；$\boldsymbol{x}$ 为待估参数；$\boldsymbol{e}_i$ 为量测噪声；$\boldsymbol{Q}_{e,i}$ 为量测噪声方差阵，$i=1,\cdots,n$。

在历元 i，联立全部 i 个历元的观测数据，得到整体的观测模型：

$$\underbrace{\begin{bmatrix} \boldsymbol{y}_1 \\ \vdots \\ \boldsymbol{y}_i \end{bmatrix}}_{\boldsymbol{y}_{1:i}} = \underbrace{\begin{bmatrix} \boldsymbol{A}_1 \\ \vdots \\ \boldsymbol{A}_i \end{bmatrix}}_{\boldsymbol{A}_{1:i}} \boldsymbol{x} + \underbrace{\begin{bmatrix} \boldsymbol{e}_1 \\ \vdots \\ \boldsymbol{e}_i \end{bmatrix}}_{\boldsymbol{e}_{1:i}}, \quad \underbrace{\operatorname{blkdiag}(\boldsymbol{Q}_{e,1},\cdots,\boldsymbol{Q}_{e,i})}_{\boldsymbol{Q}_{1:i}} \tag{2.95}$$

式中：blkdiag 为由其参数中的一系列矩阵构成分块对角矩阵。根据最小二乘原则，式（2.95）的参数估值和方差分别为

$$\begin{cases} \hat{\boldsymbol{x}}_i = \boldsymbol{Q}_{\hat{x},i} \boldsymbol{W}_{1:i} = \boldsymbol{Q}_{\hat{x},i} \boldsymbol{A}_{1:i}^{\mathrm{T}} \boldsymbol{Q}_{1:i}^{-1} \boldsymbol{y}_{1:i} \\ \boldsymbol{Q}_{\hat{x},i} = \boldsymbol{N}_{1:i}^{-1} = (\boldsymbol{A}_{1:i}^{\mathrm{T}} \boldsymbol{Q}_{1:i}^{-1} \boldsymbol{A}_{1:i})^{-1} \end{cases} \tag{2.96}$$

注意，考虑 $\boldsymbol{Q}_{1:i}$ 的分块对角特性，式（2.96）还可以表示为

$$\begin{cases} \hat{\boldsymbol{x}}_i = \boldsymbol{Q}_{\hat{x},i} \boldsymbol{W}_{1:i} = \boldsymbol{Q}_{\hat{x},i} \sum_{k=1}^{i} \boldsymbol{W}_k \\ \boldsymbol{Q}_{\hat{x},i} = \boldsymbol{N}_{1:i}^{-1} = \left(\sum_{k=1}^{i} \boldsymbol{N}_k \right)^{-1} \end{cases} \tag{2.97}$$

式中：$\boldsymbol{W}_k = \boldsymbol{A}_k^{\mathrm{T}} \boldsymbol{Q}_{e,k}^{-1} \boldsymbol{y}_k$；$\boldsymbol{N}_k = \boldsymbol{A}_k^{\mathrm{T}} \boldsymbol{Q}_{e,k}^{-1} \boldsymbol{A}_k$；$\sum_{k=1}^{i} \boldsymbol{N}_k$ 为法方程叠加过程。

2.5.2 卡尔曼滤波

卡尔曼滤波是一类在许多领域都有广泛研究和应用的实用数据处理方法，其数学模型

由状态方程和观测方程两部分组成。状态方程描述了参数随时间的变化和随机特性，通常由参数所对应物理量的物理特性决定；观测方程描述了对参数的测量，由测量过程的方法、设计决定。在任意历元i，离散时间、线性的卡尔曼滤波方程为

$$\boldsymbol{x}_i = \boldsymbol{F}_{i/i-1}\boldsymbol{x}_{i-1} + \boldsymbol{e}_{s,i} \qquad \boldsymbol{Q}_{e_{s,i}} \tag{2.98}$$

$$\boldsymbol{y}_i = \boldsymbol{A}_i\boldsymbol{x}_i + \boldsymbol{e}_{m,i} \qquad \boldsymbol{Q}_{e_{m,i}} \tag{2.99}$$

式（2.98）称为状态方程，式（2.99）称为观测方程。式中：$\boldsymbol{x}_i$ 和 $\boldsymbol{x}_{i-1}$ 分别为历元 i 和 $i-1$ 的系统参数；$\boldsymbol{F}_{i/i-1}$ 为状态转移矩阵，用于描述 $\boldsymbol{x}_i$ 和 $\boldsymbol{x}_{i-1}$ 之间的数学关系；$\boldsymbol{e}_{s,i}$ 为过程噪声，用于描述状态方程本身的不确定性；$\boldsymbol{e}_{m,i}$ 为观测噪声，$\boldsymbol{e}_{s,i}$ 和 $\boldsymbol{e}_{m,i}$ 历元间不相关并且二者之间也不相关；$\boldsymbol{y}_i$ 和 $\boldsymbol{A}_i$ 分别为观测向量和设计矩阵。

假设在历元 i，有上一历元的参数估值 $\hat{\boldsymbol{x}}_{i-1}$ 和对应的方差 $\boldsymbol{Q}_{\hat{x}_{i-1}}$。根据式（2.98），可由上一历元的信息推算本历元的参数预测值 $\bar{\boldsymbol{x}}_i$ 并按照误差传播定律得到对应方差 $\boldsymbol{Q}_{\bar{x}_i}$：

$$\begin{cases} \bar{\boldsymbol{x}}_i = \boldsymbol{F}_{i/i-1}\hat{\boldsymbol{x}}_{i-1} \\ \boldsymbol{Q}_{\bar{x}_i} = \boldsymbol{F}_{i/i-1}\boldsymbol{Q}_{\hat{x}_{i-1}}\boldsymbol{F}_{i/i-1}^{\mathrm{T}} + \boldsymbol{Q}_{e_{s,i}} \end{cases} \tag{2.100}$$

式（2.100）也称为卡尔曼滤波的时间更新方程。进一步地，可以由预测值 $\bar{\boldsymbol{x}}_i$ 与观测信息求取 $\boldsymbol{x}_i$ 的最优估值 $\hat{\boldsymbol{x}}_i$ 及其方差。将 $\bar{\boldsymbol{x}}_i$ 写成虚拟观测方程形式并与式（2.99）联立，有

$$\begin{bmatrix} \bar{\boldsymbol{x}}_i \\ \boldsymbol{y}_i \end{bmatrix} = \begin{bmatrix} \boldsymbol{E} \\ \boldsymbol{A}_i \end{bmatrix} \boldsymbol{x}_i + \begin{bmatrix} \boldsymbol{e}_{\bar{x}_i} \\ \boldsymbol{e}_{m,i} \end{bmatrix} \tag{2.101}$$

式中：$\boldsymbol{e}_{\bar{x}_i}$ 为预测值的误差并有 $D(\boldsymbol{e}_{\bar{x}_i}) = \boldsymbol{Q}_{\bar{x}_i}$。根据最小二乘原则，式（2.101）有解

$$\begin{cases} \hat{\boldsymbol{x}}_i = \boldsymbol{Q}_{\hat{x}_i}(\boldsymbol{Q}_{\bar{x}_i}^{-1}\bar{\boldsymbol{x}}_i + \boldsymbol{W}_i) \\ \boldsymbol{Q}_{\hat{x}_i} = (\boldsymbol{Q}_{\bar{x}_i}^{-1} + \boldsymbol{N}_i)^{-1} \end{cases} \tag{2.102}$$

式中：$\boldsymbol{W}_i = \boldsymbol{A}_i^{\mathrm{T}}\boldsymbol{Q}_{e_{m,i}}^{-1}\boldsymbol{y}_i$，$\boldsymbol{N}_i = \boldsymbol{A}_i^{\mathrm{T}}\boldsymbol{Q}_{e_{m,i}}^{-1}\boldsymbol{A}_i$。使用矩阵反演公式可得

$$\begin{cases} \hat{\boldsymbol{x}}_i = \bar{\boldsymbol{x}}_i + \boldsymbol{K}_i(\boldsymbol{y}_i - \boldsymbol{A}_i\bar{\boldsymbol{x}}_i) \\ \boldsymbol{Q}_{\hat{x}_i} = (\boldsymbol{E} - \boldsymbol{K}_i\boldsymbol{A}_i)\boldsymbol{Q}_{\bar{x}_i} \end{cases} \tag{2.103}$$

式（2.103）称为卡尔曼滤波的量测更新方程。式中：$\boldsymbol{K}_i = \boldsymbol{Q}_{\bar{x}_i}\boldsymbol{A}_i^{\mathrm{T}}(\boldsymbol{A}_i\boldsymbol{Q}_{\bar{x}_i}\boldsymbol{A}_i^{\mathrm{T}} + \boldsymbol{Q}_{e_{m,i}})^{-1}$，称为卡尔曼增益矩阵。需要注意的是，式（2.100）和式（2.103）仅描述了 $\hat{\boldsymbol{x}}_i$、$\boldsymbol{Q}_{\hat{x}_i}$ 与 $\hat{\boldsymbol{x}}_{i-1}$、$\boldsymbol{Q}_{\hat{x}_{i-1}}$ 之间的关系。对于数据处理开始的首个历元，需要提供参数的初值和初始方差。

2.5.3 均方根信息滤波

均方根信息滤波具有较高的数值稳健性和计算高效性，能够有效处理卫星跟踪数据中的静态偏差、动态误差及相关动态误差。下面对均方根信息滤波的基本原理进行说明。

为不失一般性，假设 t_0 时刻先验信息 $\tilde{\boldsymbol{y}}_0$ 的先验权方差阵为 $\tilde{\boldsymbol{Q}}_0$，由于 $\tilde{\boldsymbol{Q}}_0$ 阵的正定性可以用楚列斯基（Cholesky）分解将其分解成两个上三角阵的乘积：

$$\tilde{\boldsymbol{Q}}_0 = \tilde{\boldsymbol{R}}_0^{-1}\tilde{\boldsymbol{R}}_0^{-\mathrm{T}} \tag{2.104}$$

式中：$\tilde{\boldsymbol{R}}_0$ 为上三角阵，则先验信息构成的虚拟观测量可表示为

$$\tilde{\boldsymbol{y}}_0 = \tilde{\boldsymbol{R}}_0 \boldsymbol{x} + \tilde{\boldsymbol{v}}_0 \tag{2.105}$$

式中：$\tilde{\boldsymbol{v}}_0$ 为零均值随机向量。现如有实际观测方程：

$$\boldsymbol{y}_0 = \boldsymbol{A}_0 \boldsymbol{x} + \boldsymbol{v}_0 \tag{2.106}$$

式中：$\boldsymbol{v}_0$ 为零均值随机向量，与虚拟观测组成正态方程：

$$\begin{bmatrix} \tilde{\boldsymbol{R}}_0 \\ \boldsymbol{A}_0 \end{bmatrix} \boldsymbol{x} = \begin{bmatrix} \tilde{\boldsymbol{y}}_0 \\ \boldsymbol{y}_0 \end{bmatrix} - \begin{bmatrix} \tilde{\boldsymbol{v}}_0 \\ \boldsymbol{v}_0 \end{bmatrix} \tag{2.107}$$

在式（2.107）两边同乘正交矩阵 $\boldsymbol{T}_0$，进行 QR 分解可得

$$\boldsymbol{T}_0 \begin{bmatrix} \tilde{\boldsymbol{R}}_0 \\ \boldsymbol{A}_0 \end{bmatrix} \boldsymbol{x} = \boldsymbol{T}_0 \begin{bmatrix} \tilde{\boldsymbol{y}}_0 \\ \boldsymbol{y}_0 \end{bmatrix} - \boldsymbol{T}_0 \begin{bmatrix} \tilde{\boldsymbol{v}}_0 \\ \boldsymbol{v}_0 \end{bmatrix} \tag{2.108}$$

$\boldsymbol{T}_0$ 矩阵可以通过豪斯霍尔德（Householder）变换得到，则式（2.108）可表示为

$$\begin{bmatrix} \hat{\boldsymbol{R}}_0 \\ 0 \end{bmatrix} \boldsymbol{x} = \begin{bmatrix} \hat{\boldsymbol{y}}_0 \\ e_0 \end{bmatrix} - \begin{bmatrix} \hat{\boldsymbol{v}}_0 \\ v_{e_0} \end{bmatrix} \tag{2.109}$$

考虑正交矩阵的特性，误差方程函数 $J(x)$ 可以表示为

$$J(x) = \left\| \begin{bmatrix} \tilde{\boldsymbol{R}}_0 \\ \boldsymbol{A}_0 \end{bmatrix} \boldsymbol{x} - \begin{bmatrix} \tilde{\boldsymbol{y}}_0 \\ \boldsymbol{y}_0 \end{bmatrix} \right\|^2 = \left\| \hat{\boldsymbol{R}}_0 \boldsymbol{x} - \hat{\boldsymbol{y}}_0 \right\|^2 + \| e_0 \|^2 \tag{2.110}$$

由式（2.109）可知 $e_0 = v_{e_0}$，故 $\| e_0 \|^2$ 为残差平方和，要使 $J(x)$ 最小，则要求：

$$\hat{\boldsymbol{R}}_0 \boldsymbol{x} = \hat{\boldsymbol{y}}_0 \tag{2.111}$$

式中：$\hat{\boldsymbol{R}}_0$ 为上三角阵，则其解可表示为

$$\boldsymbol{x} = \hat{\boldsymbol{R}}_0^{-1} \hat{\boldsymbol{y}}_0 \tag{2.112}$$

若不考虑过程噪声，则 t_0 时刻的信息矩阵 $[\hat{\boldsymbol{R}}_0 \quad \hat{\boldsymbol{y}}_0]$ 可作为下一步 t_1 时刻观测量的先验信息，从而构成新的信息矩阵，逐步实现滤波过程。

参 考 文 献

陈俊勇, 2008. 中国现代大地基准: 中国大地坐标系 2000(CGCS2000)及其框架. 测绘学报, 37(3): 269-271.

高星伟, 过静珺, 程鹏飞, 等, 2012. 基于时空系统统一的北斗与 GPS 融合定位. 测绘学报, 41(5): 743-748.

葛茂荣, 1995. GPS 卫星精密定轨理论及软件研究. 武汉: 武汉测绘科技大学.

李征航, 黄劲松, 2005. GPS 测量与数据处理. 武汉: 武汉大学出版社.

刘杨, 2016. 多系统 GNSS 实时精密定位服务关键问题研究. 武汉: 武汉大学.

王解先, 1997. GPS 精密定轨定位. 上海: 同济大学出版社.

魏子卿, 葛茂荣, 1998. GPS 相对定位的数学模型. 北京: 测绘出版社.

姚宜斌, 2004. GPS 精密定位定轨后处理算法与实现. 武汉: 武汉大学.

张宝成, 欧吉坤, 袁运斌, 等, 2010. 基于 GPS 双频原始观测值的精密单点定位算法及应用. 测绘学报, 39(5): 478-483.

张小红, 左翔, 李盼, 2013. 非组合与组合 PPP 模型比较及定位性能分析. 武汉大学学报(信息科学版), 38(5): 561-565.

赵齐乐, 2004. GPS 导航卫星星座及低轨卫星精密定轨. 武汉: 武汉大学.

Altamimi Z, Antreich F, Beard R, et al., 2017. Handbook of Global Navigation Satellite Systems. Berlin: Springer.

Arnold D, Meindl M, Beutler G, et al., 2015. CODE's new solar radiation pressure model for GNSS orbit determination. Journal of Geodesy, 89(8): 775-791.

Barlier F, Berger C, Falin J, et al., 1978. A thermospheric model based on satellite drag data. Annales de Geophysique, 34(1): 9-24.

Bar-Sever Y, Kuang D, 2004. New empirically-derived solar radiation pressure model for GPS satellites. IPN Progress Report, 15: 42-159.

Beutler G, Brockmann E, Gurtner W, et al., 1994. Extended orbit modeling techniques at the CODE processing center of the international GPS service for geodynamics (IGS): Theory and initial results. Manuscripta Geodaetica, 19: 367-386.

Blewitt G, 1989. Carrier phase ambiguity resolution for the global positioning system applied to geodetic baselines up to 2000 km. Journal of Geophysical Research: Solid Earth, 94(B8): 10187-10203.

Böhm J, Heinkelmann R, Schuh H, 2007. Short note: A global model of pressure and temperature for geodetic applications. Journal of Geodesy, 81(10): 679-683.

Böhm J, Moeller G, Schindelegger M, et al., 2014. Development of an improved empirical model for slant delays in the troposphere (GPT2w). GPS Solutions, 19(3): 433-441.

Böhm J, Niell A, Tregoning P, et al., 2006a. Global mapping function (GMF): A new empirical mapping function based on numerical weather model data. Geophysical Research Letters, 33(7): L07304.

Böhm J, Werl B, Schuh H, 2006b. Troposphere mapping functions for GPS and very long baseline interferometry from European Centre for Medium-Range Weather Forecasts operational analysis data. Journal of Geophysical Research: Solid Earth, 111(B2): 1-9.

Bruinsma S, 2015. The DTM-2013 thermosphere model. Journal of Space Weather and Space Climate, 5: A1.

Di Giovanni G, Radicella S, 1990. An analytical model of the electron density profile in the ionosphere. Advances in Space Research, 10(11): 27-30.

Fliegel H F, Gallini T E, 1996. Solar force modeling of block IIR global positioning system satellites. Journal of Spacecraft and Rockets, 33(6): 863-866.

Fliegel H F, Gallini T E, Swift E R, 1992. Global positioning system radiation force model for geodetic applications. Journal of Geophysical Research, 97(B1): 559-568.

Förste C, Bruinsma S, Shako R, et al., 2011. EIGEN-6-A new combined global gravity field model including GOCE data from the collaboration of GFZ-Potsdam and GRGS-Toulouse. Geophysical Research Abstracts, 13: EGU2011-3242-2.

Fritsche M, 2016. Determination and maintenance of the galileo terrestrial reference frame. EGU General Assembly Conference Abstracts, Vienna, Austria.

Gendt G, Altamimi Z, Dach R, et al., 2011. GGSP: Realisation and maintenance of the Galileo terrestrial reference frame. Advances in Space Research, 47(2): 174-185.

Hernández-Pajares M, Juan J, Sanz J, et al., 2009. The IGS VTEC maps: A reliable source of ionospheric information since 1998. Journal of Geodesy, 83(3-4): 263-275.

Huang C, Ries J, Tapley B, et al., 1990. Relativistic effects for near-earth satellite orbit determination. Celestial Mechanics and Dynamical Astronomy, 48(2): 167-185.

Klobuchar J A, 1987. Ionospheric time-delay algorithm for single-frequency GPS users. IEEE Transactions on Aerospace and Electronic Systems(3): 325-331.

Lagler K, Schindelegger M, Bohm J, et al., 2013. GPT2: Empirical slant delay model for radio space geodetic techniques. Geophysical Research Letters, 40(6): 1069-1073.

Leandro R, Santos M, Langley R B, 2006. UNB neutral atmosphere models: Development and performance. ION NTM 2006, Monterey, CA.

Lyard F, Lefevre F, Letellier T, et al., 2006. Modelling the global ocean tides: Modern insights from FES2004. Ocean Dynamics, 56(5-6): 394-415.

Marshall J A, Luthcke S B, 1994. Modeling radiation forces acting on TOPEX/Poseidon for precision orbit determination. Journal of Spacecraft and Rockets, 31(1): 99-105.

Morton Y, Zhou Q, van Graas F, 2009. Assessment of second-order ionosphere error in GPS range observables using Arecibo incoherent scatter radar measurements. Radio Science, 44(1): RS1002.

Niell A, 1996. Global mapping functions for the atmosphere delay at radio wavelengths. Journal of Geophysical Research: Solid Earth, 101(B2): 3227-3246.

Pavlis N K, Holmes S A, Kenyon S C, et al., 2008. An earth gravitational model to degree 2160: EGM2008. EGU General Assembly Conference Abstracts, 10: EGU2008-A-01891.

Petit G, Luzum B, 2010. IERS conventions. Frankfurt am Main: Bureau International des Poids et Mesures.

Ries J, Huang C, Watkins M, et al., 1988. Effect of general relativity on a near-earth satellite in the geocentric and barycentric reference frames. Physical Review Letters, 61(8): 903.

Rodriguez-Solano C J, Hugentobler U, Steigenberger P, 2012. Adjustable box-wing model for solar radiation pressure impacting GPS satellites. Advances in Space Research, 49(7): 1113-1128.

Saastamoinen J, 1972. Atmospheric correction for the troposphere and stratosphere in radio ranging satellites. The Use of Artificial Satellites for Geodesy, Geophysics Monograph Series, 15: 247-251.

Schmid R, Dach R, Collilieux X, et al., 2015. Absolute IGS antenna phase center model igs08.atx: Status and potential improvements. Journal of Geodesy, 90(4): 343-364.

Schmid R, Rothacher M, Thaller D, et al., 2005. Absolute phase center corrections of satellite and receiver antennas. GPS Solutions, 9(4): 283-293.

Schutz B, Tapley B, 1980. Orbit accuracy assessment for Seasat. Journal of the Astronautical Sciences, 28: 371-390.

Söhne W, Dach R, Springer T, et al., 2009. Galileo terrestrial reference frame realization and beyond: The GGSP project. EGU General Assembly Conference Abstracts, 11: 8365.

Springer T, Beutler G, Rothacher M, 1999. A new solar radiation pressure model for GPS satellites. GPS Solutions, 2(3): 50-62.

Tapley B D, Schutz B E, Born G H, 2004. Statistical Orbit Determination. Amsterdam: Elsevier Academic Press.

Wu J, Wu S, Haij G A, et al., 1993. Effects of antenna orientation on GPS carrier phase. Manuscripta Geodaetica, 18(2): 91-98.

Ziebart M, Adhya S, Sibthorpe A, et al., 2005. Combined radiation pressure and thermal modelling of complex satellites: Algorithms and on-orbit tests. Advances in Space Research, 36(3): 424-430.

第
3
章

LeGNSS 基础理论

本章提出未来提供全球实时精密定位服务的 LeGNSS，包括高轨、中轨及低轨导航卫星，并详细介绍其系统架构、星座优化设计及数据仿真系统。

3.1 LeGNSS 架构

3.1.1 LeGNSS 空间部分

作为新一代导航卫星系统，LeGNSS 的关键在于引入合适的低轨卫星群。铱星系统是由 66 颗极地低轨卫星组成的通信卫星系统，其主要功能是为全球提供卫星电话、传呼等服务。为提升 GPS 的能力，美国在新一代铱星系统上实现了与 GPS 的融合发展，为用户提供卫星授时与定位（satellite time and location，STL）服务，可对 GPS 能力进行备份和增强。考虑卫星的多样性和轨道稳定性，本节采用 BDS-3、GPS、Galileo、GLONASS 及铱星星座作为 LeGNSS 的空间组成部分，且认为铱星星座具备播发导航信号的能力。图 3.1 所示为整个星座的组成，包括 30 颗 BDS 卫星、24 颗 GPS 卫星、27 颗 Galileo 卫星、24 颗 GLONASS 卫星以及 66 颗铱星。图 3.1 所示为不同卫星的不同轨道高度。铱星轨道高度为 780 km，GPS 卫星轨道高度为 20 200 km，而 BDS MEO 卫星轨道高度为 21 528 km，GEO 和 IGSO 卫星轨道高度为 35 786 km，Galileo 和 GLONASS 卫星轨道高度分别为 23 616 km 和 19 390 km。

图 3.2 所示为 LeGNSS 卫星系统各卫星在一个轨道周期内的星下点轨迹图。从图 3.2 中可以看到，3 颗 IGSO 卫星在亚太地区星下点轨迹如同"8"字，中央经度为 118°E。三颗 GEO 卫星分别位于 80°E、110.5°E、140°E 的赤道上空。MEO 卫星轨道倾角为 55°，平均分布在 3 个轨道面上。GPS 星座是按照其最初的设计，24 颗卫星分别位于 6 个倾角为 55° 的轨道面上（Grimes，2008）。此外，Galileo 和 GLONASS 卫星也各自平均分布在 3 个轨道面上，其中 Galileo 卫星轨道倾角为 56°。为实现对俄罗斯的充分覆盖，GLONASS 卫星轨道倾角为 64.8°。为方便覆盖全球，铱星星座由 6 个轨道高度为 780 km、轨道倾角为 86.4° 的轨道平面组成，每个轨道平面内有 11 颗卫星。极地卫星轨道可以方便地覆盖全球。

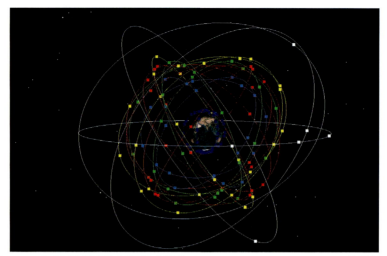

图 3.1   LeGNSS 卫星系统空间组成部分（BDS/GPS/Galileo/GLONASS/铱星星座）

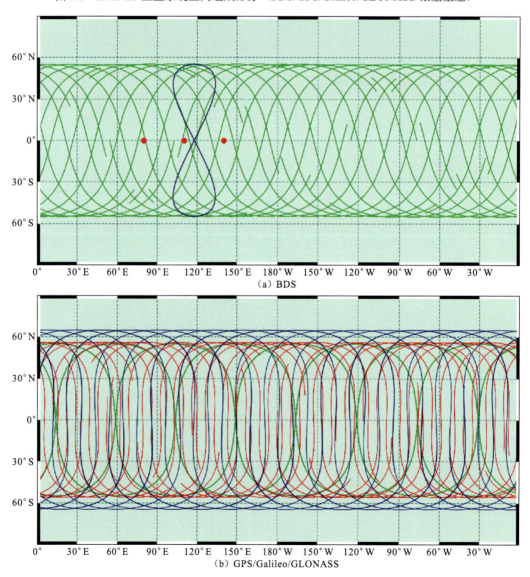

（a）BDS

（b）GPS/Galileo/GLONASS

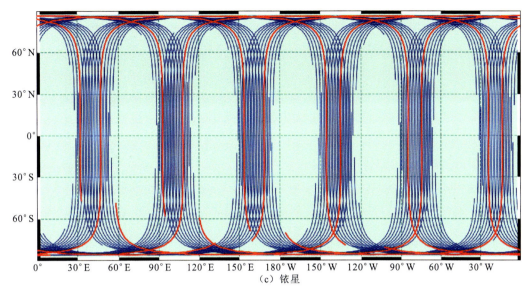

图 3.2　LeGNSS 中 BDS、GPS/Galileo/GLONASS 和铱星在一个轨道周期内的星下点轨迹

（a）BDS MEO 为绿色，IGSO 为蓝色，GEO 为红色；（b）GPS 为绿色，Galileo 为红色，GLONASS 为蓝色；

（c）铱星每个轨道面第一颗卫星为红色

3.1.2　LeGNSS 控制部分

LeGNSS 的控制部分主要由地面的系统控制中心及卫星跟踪站组成。控制中心负责 GNSS 卫星和低轨卫星的轨道控制、信号发射、故障处理及星历生成等任务，是进行系统控制及 LeGNSS 服务的基础。要实现地面控制的功能，需要对 LeGNSS 的卫星进行跟踪并接收相关数据。一般而言，全球均匀分布的跟踪站更有利于对卫星进行连续跟踪，并且也能为轨道和钟差的确定提供更好的几何观测条件。我国 BDS 主要采用的是境内跟踪站和星间链路的方式实现对 BDS 卫星的连续跟踪和系统轨道钟差的解算，由少量区域跟踪站实现星地连接。除了完全自主可控的境内跟踪站，我国国际 GNSS 监测评估系统（也称全球连续监测评估系统，international GNSS monitoring and assessment system，iGMAS）也与一些国家达成协议，在海外布设了若干 GNSS 跟踪站作为境内跟踪站的补充，跟踪站大致分布如图 3.3 所示。对于未来我国低轨卫星增强 BDS 的控制部分，本小节假设其跟踪站与现有跟踪站分布一致，且地面跟踪低轨卫星同样为区域跟踪站，形成区域地面站、低轨-低轨、低轨-BDS、BDS-BDS 星间链路的跟踪方式。

IGSMEGX 项目也可为 LeGNSS 提供大量的跟踪站和数据支持，提升系统的服务质量和可靠性。在全球不同国家机构、大学和其他研究机构自愿组织协调下，截至 2023 年11 月，全球已有超过 500 个 MGEX 测站，可以跟踪观测多个系统的卫星。可以预见的是，随着 LeGNSS 的不断发展，这些 MGEX 测站也会逐步升级，后期也将实现对低轨卫星的追踪。

此处假设所有测站都支持 LEO 卫星的信号。本小节仅考虑各系统的双频情况，如表 3.1 所示。为方便起见，LEO 频率与 GPS 相同。LEO 卫星不仅接收 GNSS 信号，本身也向地

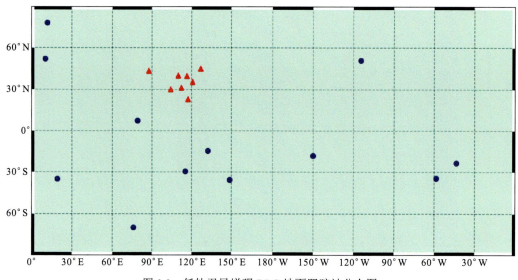

图 3.3　低轨卫星增强 BDS 地面跟踪站分布图

红色为我国境内完全自主可控跟踪站，蓝色为境外 iGMAS 跟踪站

面发射导航卫星信号。一些学者认为低轨卫星星载接收机与发射器由于接收和发射相同频率的卫星信号，存在同频干扰，而也有学者认为由于两者方向相反，采用特殊技术手段加以保护，两者不会相互影响（Ge et al.，2017）。可以认为，若加以相应措施，同频干扰的问题可以极大地削弱乃至消除。

表 3.1　LeGNSS 三类导航卫星信号频率

星座	频率/MHz	
GPS	L1:1575.42	L2:1227.60
BDS	B1:1561.098	B2:1207.14
Galileo	E1:1575.42	E5a:1207.14
GLONASS	G1:1602+n0.5625	G2:1246+n0.4375
LEO	L1:1575.42	L2:1227.60

注：n = 1, 2, 3, …, 24 为各颗 GLONASS 卫星的频率编号

3.1.3　LeGNSS 用户部分

LeGNSS 的用户终端可接收多频多模导航信号及低轨星座播发的导航增强信号，并利用高中低轨卫星观测信息实现快速精密定位、速度测量等。在通导遥一体化大背景下，低轨星座还承担了导航信息增强、卫星通信等功能，极大地拓展了传统 GNSS 系统的服务范围，为广大用户提供更加融合、更加智能、更加泛在的综合 PNT 服务。此外，低轨卫星与传统 GNSS 兼容互操作，可在现有用户终端硬件架构下通过修改软件对其进行处理，从而获得高性能导航服务（高为广 等，2020）。

3.2 低轨导航卫星实时轨道解算系统原型

当前 GNSS 卫星实时轨道主要有两种来源，一种是基于 GNSS 广播星历的轨道，另一种是基于 RTS 的精密轨道。对于低轨卫星尚未有相应的实时轨道解算系统，因此本节主要介绍一种基于 GNSS RTS 的实时低轨卫星轨道解算系统原型，阐述系统工作原理、数据处理策略以及相应结果分析，以保障 LeGNSS 的正常运行。

3.2.1 系统工作原理

该系统利用监测站接收星载低轨卫星数据，确定低轨卫星轨道，推算广播星历，并将其传送到注入站。广播星历被注入站注入至过境的低轨卫星，再由低轨卫星播发给用户。该流程与当前 GNSS 广播星历生成方式基本一致，但由于低轨卫星轨道高度低，受力复杂，不能简单复用 GNSS 广播星历拟合参数，低轨卫星广播星历参数个数需要进一步深入研究。此外，为满足实时高精度用户的需求，该系统还将计算实时低轨卫星轨道改正数，通过 NTRIP 协议以国际海运事业无线电技术委员会（Radio Technical Commission for Maritime Services，RTCM）格式播发。系统工作内容分为 4 个模块：低轨卫星精密定轨模块、实时改正数生成模块、实时轨道预报模块和低轨卫星广播星历拟合模块。低轨卫星精密定轨模块用于确定实时低轨卫星轨道，实时改正数生成模块将轨道与广播星历做差，生成实时改正数。实时轨道预报模块拟合实时低轨卫星轨道，并生成预报轨道。低轨卫星广播星历拟合模块通过拟合预报轨道，生成低轨广播星历。下面将简单介绍各模块的工作原理。系统地面控制中心工作流程图如图 3.4 所示。

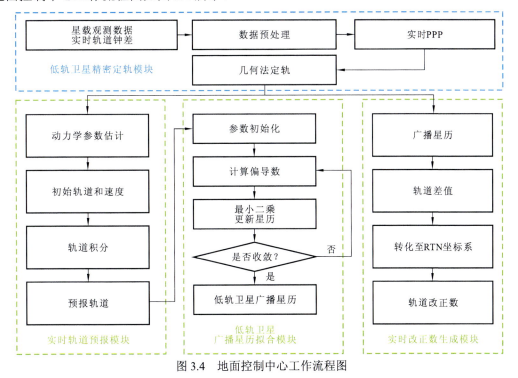

图 3.4　地面控制中心工作流程图

1. 低轨卫星精密定轨模块

低轨卫星精密定轨一般分为几何法定轨和约化动力学法定轨。为提高计算效率，采用几何法定轨方式进行低轨卫星精密定轨。经过周跳探测、剔除低高度角卫星和天线相位中心改正等数据预处理后，利用 PPP 解算低轨卫星轨道。星载接收机的伪距和相位观测值可表示为

$$P_{r,j}^s = \rho + c\delta t_r - c\delta t^s + D_{r,j} - d_j^s + \mu_j l_{r,1}^s + \varepsilon_{r,j}^s \tag{3.1}$$

$$L_{r,j}^s = \rho + c\delta t_r - c\delta t^s + \lambda_j(N_{r,j}^s + \phi_{r,j} + \phi_j^s) - \mu_j l_{r,1}^s + \varepsilon_{r,j}^s \tag{3.2}$$

式中：δt_r 和 δt^s 分别为接收机端和卫星端钟差；$D_{r,j}$ 和 d_j^s 分别为接收机端和卫星端 f_j 频的硬件延迟；$\mu_j = f_1^2 / f_j^2$，表示电离层延迟的因子，用于计算其他频点的电离层延迟量；$l_{r,1}^s$ 为 f_1 频信号在斜路径上的电离层延迟量；$\phi_{r,j}$ 和 ϕ_j^s 分别为接收机端和卫星端的初始相位偏差；$N_{r,j}^s$ 为 f_j 频的整周模糊度；$\varepsilon_{r,j}^s$ 为观测值随机噪声。其余误差如 PCO、PCV、相位缠绕、相对论效应等均通过模型改正。由于低轨卫星轨道高度位于大气对流层上方，观测模型中不考虑对流层延迟的影响。此外，采用 IF 组合消除一阶电离层延迟，该组合可表示为

$$P_{r,\text{IF}}^s = \rho + c\delta t_r - c\delta t^s + D_{r,\text{IF}} - d_{\text{IF}}^s + \varepsilon_{r,\text{IF}}^s \tag{3.3}$$

$$L_{r,\text{IF}}^s = \rho + c\delta t_r - c\delta t^s + \lambda_{\text{IF}}(N_{r,\text{IF}}^s + \phi_{r,\text{IF}} + \phi_{\text{IF}}^s) + \varepsilon_{r,\text{IF}}^s \tag{3.4}$$

式中：$D_{r,\text{IF}}$ 和 d_{IF}^s 分别为接收机端和卫星端 f_j 频的硬件延迟。

2. 实时改正数生成模块

实时轨道改正数一般表示在卫星坐标系下。利用实时轨道与广播星历轨道做差，再将轨道改正数转换至卫星坐标系，即可得到径向、切向和法向的轨道改正数。上述步骤可表示为

$$\begin{bmatrix} \delta x \\ \delta y \\ \delta z \end{bmatrix} = \begin{bmatrix} x_b \\ y_b \\ z_b \end{bmatrix} - \begin{bmatrix} x_p \\ y_p \\ z_p \end{bmatrix} \tag{3.5}$$

式中：$\begin{bmatrix} x_b & y_b & z_b \end{bmatrix}^{\text{T}}$ 和 $\begin{bmatrix} x_p & y_p & z_p \end{bmatrix}^{\text{T}}$ 分别为广播星历所得轨道和实时精密轨道。利用广播星历计算卫星坐标 $\boldsymbol{r}$ 和速度 $\dot{\boldsymbol{r}}$，构建旋转矩阵 $\boldsymbol{R}$：

$$\boldsymbol{R} = \begin{bmatrix} \dfrac{\dot{\boldsymbol{r}}}{|\dot{\boldsymbol{r}}|} \times \dfrac{\boldsymbol{r} \times \dot{\boldsymbol{r}}}{|\boldsymbol{r} \times \dot{\boldsymbol{r}}|} & \dfrac{\dot{\boldsymbol{r}}}{|\dot{\boldsymbol{r}}|} & \dfrac{\boldsymbol{r} \times \dot{\boldsymbol{r}}}{|\boldsymbol{r} \times \dot{\boldsymbol{r}}|} \end{bmatrix} \tag{3.6}$$

根据旋转矩阵 $\boldsymbol{R}$，可将改正数转换至卫星坐标系：

$$\begin{bmatrix} \delta r \\ \delta t \\ \delta n \end{bmatrix} = \boldsymbol{R}^{-1} \begin{bmatrix} \delta x \\ \delta y \\ \delta z \end{bmatrix} \tag{3.7}$$

3. 实时轨道预报模块

低轨卫星轨道摄动复杂，简单的拟合外推方法，如拉格朗日插值和切比雪夫插值，无法满足较长弧段的预报精度（张如伟 等，2008）。而动力学模型考虑了低轨卫星受力状况，

可实现较高精度的预报轨道（Wang et al.，2022；Ge et al.，2020），并通过轨道积分获取任意时段卫星位置和速度。因此，采用动力学模型拟合预报低轨实时几何轨道。低轨卫星的微分运动方程可表示为（Jäeggi et al.，2006）

$$\ddot{\boldsymbol{r}} = -\mathrm{GM_e}\frac{\boldsymbol{r}}{r^3} + f(t,\boldsymbol{r},\dot{\boldsymbol{r}},\boldsymbol{p}) + \boldsymbol{T} \cdot \boldsymbol{a}_e \qquad (3.8)$$

式中：$\boldsymbol{r}$、$\dot{\boldsymbol{r}}$、$\ddot{\boldsymbol{r}}$ 分别为低轨卫星的位置、速度和加速度；$\mathrm{GM_e}$ 为地球引力常数；$\boldsymbol{p}$ 为动力学模型中的待估参数；$\boldsymbol{T}$ 为转换矩阵；$\boldsymbol{a}_e$ 为径向、切向和法向的经验力加速度，用于吸收未模型化的摄动力误差。利用 $t_1 \sim t_n$ 的卫星轨道估计动力学模型参数，可表示为

$$\begin{bmatrix} r_{t_1} - r_{t_1}^0 \\ r_{t_2} - r_{t_2}^0 \\ \vdots \\ r_n - r_{t_n}^0 \end{bmatrix} = \begin{bmatrix} \boldsymbol{\Phi}(t_1,t_0)[\Delta\boldsymbol{r}_0, \Delta\dot{\boldsymbol{r}}_0, \Delta\boldsymbol{p}_0]^{\mathrm{T}} \\ \boldsymbol{\Phi}(t_2,t_0)[\Delta\boldsymbol{r}_0, \Delta\dot{\boldsymbol{r}}_0, \Delta\boldsymbol{p}_0]^{\mathrm{T}} \\ \vdots \\ \boldsymbol{\Phi}(t_n,t_0)[\Delta\boldsymbol{r}_0, \Delta\dot{\boldsymbol{r}}_0, \Delta\boldsymbol{p}_0]^{\mathrm{T}} \end{bmatrix} \qquad (3.9)$$

式中：$r_{t_i}^0$ 为实时低轨卫星坐标；r_{t_i} 为轨道积分在 t_i 时刻的卫星坐标；$\Delta\boldsymbol{r}_0$、$\Delta\dot{\boldsymbol{r}}_0$、$\Delta\boldsymbol{p}_0$ 分别为 t_0 时刻的卫星位置、速度和动力学参数的改正量；$\boldsymbol{\Phi}(t_i,t_0)$ 为 $t_i \sim t_0$ 的状态转移矩阵，具体表示为

$$\boldsymbol{\Phi}(t_i,t_0) = \begin{bmatrix} \dfrac{\partial \boldsymbol{r}_i}{\partial \boldsymbol{r}_0} & \dfrac{\partial \boldsymbol{r}_i}{\partial \dot{\boldsymbol{r}}_0} & \dfrac{\partial \boldsymbol{r}_i}{\partial \boldsymbol{p}_0} \end{bmatrix} \qquad (3.10)$$

4. 低轨卫星广播星历拟合模块

在广播星历拟合中，利用各参数的偏导数，可得到线性方程：

$$\boldsymbol{Y} = \boldsymbol{F}_0 + \frac{\partial \boldsymbol{Y}}{\partial \sqrt{a}}\partial\sqrt{a} + \frac{\partial \boldsymbol{Y}}{\partial i}\partial i + \cdots + \frac{\partial \boldsymbol{Y}}{\partial \mathrm{Cuc2}}\partial\mathrm{Cuc2} \qquad (3.11)$$

式中：$\boldsymbol{Y}$ 为实时低轨卫星坐标；$\boldsymbol{F}_0$ 为通过用户算法得到的近似坐标；$a,i,\cdots,\mathrm{Cuc2}$ 为待拟合的广播星历轨道参数。根据式（3.11）构建误差方程：

$$\begin{bmatrix} V_{X_i} \\ V_{Y_i} \\ V_{Z_i} \end{bmatrix} = \begin{bmatrix} \dfrac{\partial \boldsymbol{X}_i}{\partial \sqrt{a}} & \dfrac{\partial \boldsymbol{X}_i}{\partial i} & \cdots & \dfrac{\partial \boldsymbol{X}_i}{\partial \mathrm{Cuc2}} \\ \dfrac{\partial \boldsymbol{Y}_i}{\partial \sqrt{a}} & \dfrac{\partial \boldsymbol{Y}_i}{\partial i} & \cdots & \dfrac{\partial \boldsymbol{Y}_i}{\partial \mathrm{Cuc2}} \\ \dfrac{\partial \boldsymbol{Z}_i}{\partial \sqrt{a}} & \dfrac{\partial \boldsymbol{Z}_i}{\partial i} & \cdots & \dfrac{\partial \boldsymbol{Z}_i}{\partial \mathrm{Cuc2}} \end{bmatrix} \begin{bmatrix} \partial\sqrt{a} \\ \partial i \\ \vdots \\ \partial\mathrm{Cuc2} \end{bmatrix} + \begin{bmatrix} \boldsymbol{X}_{i0} - \boldsymbol{X}_i \\ \boldsymbol{Y}_{i0} - \boldsymbol{Y}_i \\ \boldsymbol{Z}_{i0} - \boldsymbol{Z}_i \end{bmatrix} \qquad (3.12)$$

利用迭代最小二乘求解广播星历参数：

$$\Delta\boldsymbol{X} = (\boldsymbol{A}^{\mathrm{T}}\boldsymbol{A})^{-1}\boldsymbol{A}^{\mathrm{T}}\boldsymbol{l} \qquad (3.13)$$

$$\boldsymbol{X} = \boldsymbol{X}_0 + \Delta\boldsymbol{X}_1 + \Delta\boldsymbol{X}_2 + \cdots + \Delta\boldsymbol{X}_n \qquad (3.14)$$

式中：$\boldsymbol{X}_0$ 为星历参数初值；$\Delta\boldsymbol{X}_n$ 为第 n 次迭代的参数改正数。

3.2.2　数据处理策略

采用 2019 年 1 月 GRACE-FO 的 Level-1B 星载观测数据获取实时几何法轨道，并用 JPL

提供的约化动力学轨道评估定轨精度。星载观测数据的采样间隔为 10 s，约化动力学轨道的采样间隔为 1 s，二者可在 JPL 数据中心下载。为解算实时轨道，选用采样率为 5 s 的 CNES 实时轨道钟差产品。

1. 实时定轨策略

采用的实时低轨卫星几何法定轨策略如表 3.2 所示。以非差 IF 组合伪距相位观测值为观测模型，通过 MW 和 GF 组合探测周跳。对于 GPS 卫星的 PCO，利用 IGS14.atx 文件改正。GRACE-FO 的 PCO 可利用 Level-1B 中相位中心偏差产品 VGN1B 和旋转四元数产品 SCA1B 改正。由于 GRACE-FO 缺少先验 PCV 信息和相关产品，利用事后定轨的相位残差建立 PCV 模型，格网大小为 $5° \times 5°$。

表 3.2　实时低轨卫星几何法定轨解算策略

名称	模型描述
观测模型	IF 组合
随机模型	高度角随机模型
截止高度角/（°）	10
采样率/s	10
估计方法	扩展卡尔曼滤波
GPS 轨道钟差	CNES 实时产品
周跳探测	MW 组合、GF 组合
LEO 坐标	白噪声
相位缠绕	模型改正（Wu et al.，1992）
GPS PCO/PCV	IGS14.atx
LEO PCO	VGN1B+SCA1B
LEO PCV	残差法 PCV 模型

2. 动力学轨道预报策略

预报精度与所用力学模型相关，GRACE-FO 轨道预报的力学模型和待估参数如表 3.3 所示。

表 3.3　力模型和待估参数

名称	模型描述
地球重力场	EGM2008（120×120）（Pavlis et al.，2008）
固体潮	IERS 2010（Petit et al.，2010）
海潮	IERS 2010（Petit et al.，2010）
太阳光压	Box Wing（Marshall et al.，1994）
大气阻力	DTM94（Berger et al.，1998）

名称	模型描述
N 体摄动力	DE405（Standish，1998）
LEO 轨道	LEO 初始位置和速度
大气阻力	每 90 min 估计一组的尺度参数
经验力	每 90 min 估计一组的切向和法向正余弦经验力参数

3. 广播星历拟合策略

GRACE-FO 轨道高度为 400～500 km，轨道偏心率约为 0.005，周期约为 94.8 min。为消除小偏心率造成的奇点，采用无奇点参数（$\sqrt{a}$，e_x，e_y，λ，i，Ω）替代开普勒 6 参数。两类参数的转换关系为

$$\begin{cases} e_x = e\cos(\omega) \\ e_y = e\sin(\omega) \\ \lambda = \omega + M_0 \end{cases} \tag{3.15}$$

式中：e 为轨道偏心率；ω 为近地点角距；M_0 为平近点角。

为分析 GRACE-FO 的轨道变换规律，对无奇点参数进行分析。图 3.5 所示为一天内各参数的时间序列及振幅谱。从图 3.5 中可以看到，升交点赤经 Ω 主要呈现线性变化，其余参数则以谐波的形式呈现周期性变化。轨道长半轴 a 和轨道倾角 i 的振幅短周期约为 $T/2$，e_x 和 e_y 表现出的短周期约为 $T/3$，λ 振幅较大的短周期为 $T/2$。若要准确拟合低轨轨道，则需考虑以上短周期摄动项的影响。因此，在 GPS LNAV 参数的基础上，通过增设不同附加参数来拟合低轨扰动，从而制订出适用于低轨卫星实时轨道的广播星历方案，附加参数如表 3.4 所示。

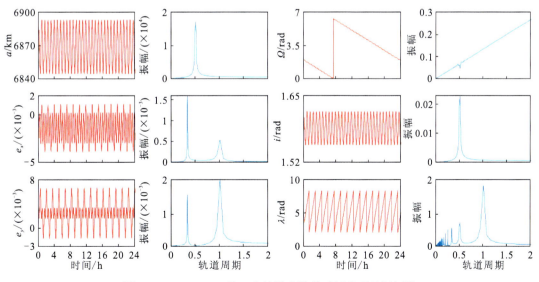

图 3.5　GRACE-FO 的 6 个轨道参数的时间序列及振幅谱

表 3.4　附加参数

描述	可选参数
短周期改正项	Cus1,Cuc1,Crs1,Crc1,Cis1,Cic1 Cus3,Cuc3,Crs3,Crc3,Cis3,Cic3
长期变化改正项	$\dot{a},\dot{n}$

3.2.3　结果分析

1. 实时几何轨道精度分析

2019 年 1 月 27 日 GRACE-C 实时几何法轨道误差如图 3.6 所示。可见，定轨初期需要收敛，该时段的轨道误差波动剧烈，定轨结果较差。定轨收敛后，径向、切向和法向误差基本在 10 cm 内。

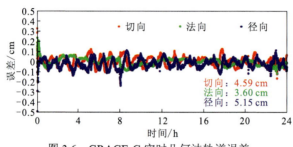

图 3.6　GRACE-C 实时几何法轨道误差

为评估实时轨道的精度，采用 2019 年 1 月 1～30 日星载观测数据解算 GRACE-FO 轨道，结果如表 3.5 所示。可见，GRACE-C 和 GRACE-D 实时几何轨道在径向、切向和法向的误差 RMS 均优于 6 cm，3D 误差 RMS 均优于 10 cm，实时定轨精度达到厘米级。

表 3.5　GRACE-FO 实时几何轨道误差 RMS　　　　　　　　　（单位：cm）

项目	径向	切向	法向	3D
GRACE-C	5.47	3.95	5.82	8.91
GRACE-D	5.33	4.51	5.81	9.08

2. 动力学轨道预报精度分析

采用动力学模型拟合预报实时轨道。与参考轨道比较，30 min 预报结果如图 3.7 所示。从图 3.7 中可以看到，随着预报时长增加，径向、切向和法向的预报误差增大。切向预报精度的变化较为明显，30 min 内由-35 mm 变为 43 mm。

表 3.6 给出了 GRACE-FO 实时几何轨道在 2019 年 DOY001～030 的预报误差 RMS。20 min 预报时长下，GRACE-C 和 GRACE-D 三个方向的预报误差均优于 10 cm，法向的预报误差最小，径向和切向的预报误差较大。预报 30 min，切向误差大于 10 cm，而径向和法向误差小于 10 cm。

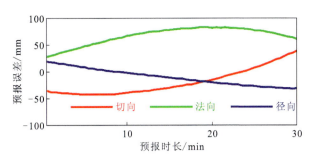

图 3.7 实时几何轨道的预报误差

表 3.6 GRACE-FO 实时轨道预报误差 RMS

项目	预报时长/min	径向/cm	切向/cm	法向/cm
GRACE-C	20	7.78	4.11	5.18
	30	11.76	4.60	8.39
GRACEC-D	20	6.29	2.13	6.25
	30	10.83	2.14	7.56

3. 低轨卫星广播星历拟合精度分析

利用 2019 年 1 月 1～30 日的实时低轨卫星预报轨道拟合 16/18/20/22/24 参数广播星历。表 3.7 详细列出了 20 min 和 30 min 拟合时长下广播星历的拟合用户测距误差（user range error，URE）及其对应的附加参数。可知，与 16 参数方案相比，18 参数中的 $\dot{a}$ 和 $\dot{n}$ 对轨道径向和切向的改善效果明显，纬度幅角 u 和轨道半径 r 的一、三阶调和项改正振幅对切向的拟合效果比 $\dot{a}$ 和 $\dot{n}$ 更优。在 20 参数方案中，组合 18 参数方案的附加参数，其中含有 $\dot{a}$ 和 $\dot{n}$ 方案的切向拟合误差更小，不包含 $\dot{a}$ 和 $\dot{n}$ 方案的径向拟合效果更好。22 参数两种方案的拟合精度相当，20 min 拟合时长下 URE 为 5 cm 左右。为进一步提高广播星历拟合精度，在 22 参数方案基础上添加轨道倾角 i 的调和项改正振幅 Cis3 和 Cic3。与 22 参数相比，24 参数方法的法向拟合精度明显提高，法向误差减小了约 1 cm，URE 优于 4 cm。

表 3.7 GRACE-D 实时预报轨道的广播星历拟合误差 RMS

参数个数	附加参数	20 min/cm				30 min/cm			
		径向	切向	法向	URE	径向	切向	法向	URE
16	—	37.54	5.98	19.89	25.79	97.71	21.67	67.59	70.22
18	$\dot{a},\dot{n}$	18.64	5.74	11.40	13.40	54.79	21.33	34.53	40.43
	Cusl,Cucl	7.96	5.62	18.66	10.01	24.28	21.18	63.65	33.74
	Crsl,Crcl	7.97	5.62	18.67	10.02	24.27	21.16	63.61	33.72
	Cus3,Cuc3	7.48	5.61	18.64	9.85	21.54	21.16	63.76	32.99
	Crs3,Crc3	8.19	5.60	11.29	7.93	26.08	21.14	32.07	25.40

参数个数	附加参数	20 min/cm				30 min/cm			
		径向	切向	法向	URE	径向	切向	法向	URE
20	$\dot{a},\dot{n}$,Cus3,Cuc3	4.90	5.55	11.01	6.62	13.91	20.94	32.56	21.13
	$\dot{a},\dot{n}$,Crs3,Crc3	5.40	5.56	7.73	5.94	15.37	20.88	19.33	18.51
	Cusl,Cucl,Crs3,Crc3	8.03	5.62	5.58	6.71	24.30	21.18	19.98	22.32
	Crsl,Crcl,Cus3,Cuc3	8.81	5.63	5.66	7.12	26.80	21.24	20.42	23.56
22	$\dot{a},\dot{n}$,Cusl,Cucl,Crs3,Crc3	5.11	5.55	4.10	5.14	14.78	20.94	14.72	17.57
	$\dot{a},\dot{n}$,Crsl,Crcl,Cus3,Cuc3	5.62	5.55	4.17	5.36	16.06	20.95	14.87	18.06
24	$\dot{a},\dot{n}$,Cusl,Cucl,Crs3,Crc3,Cis3,Cic3	5.13	1.68	3.64	3.79	14.77	7.55	12.92	11.95

GRACE-D 的星历拟合结果如图 3.8 所示。从整体上看,当星历参数个数相同时,20 min 拟合时长的 URE 均小于 30 min 拟合时长的 URE;随着星历参数个数增加,广播星历的拟合精度不断提高。30 min 拟合时长下的广播星历拟合精度为分米级;20 min 拟合时长下,16 参数的拟合精度为分米级,而 18 参数、20 参数、22 参数和 24 参数的拟合精度达到厘米级。

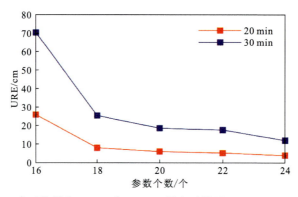

图 3.8　GRACE-FO 实时轨道在 20 min 和 30 min 拟合时长下 16/18/20/22/24 参数的拟合 URE

以上结果未考虑实时定轨和拟合预报的误差。为评估低轨广播星历精度,利用 2019 年 1 月 1~30 日 GRACE-FO 实时预报轨道的广播星历与事后参考轨道进行比较。图 3.9 展示了 24 参数星历在径向、切向和法向的每日误差。可见,20 min 预报时长下,GRACE-C 和 GRACE-D 广播星历在径向、切向的误差为 10 cm 左右,法向的误差基本在 5 cm 内。

图 3.10 展示了 GRACE-FO 实时广播星历在 2019 年 DOY001~030 的 URE。其中,优于 10 cm 的 URE 占 60%,优于 15 cm 的 URE 占 85%,优于 20 cm 的 URE 占 93%。GRACE-C 和 GRACE-D 的平均 URE 分别为 12.31 cm 和 10.42 cm。可见,低轨卫星实时广播星历精度接近厘米级。

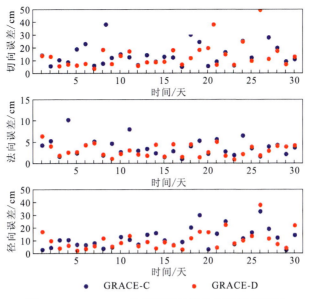

图 3.9 GRACE-FO 实时预报轨道的广播星历精度

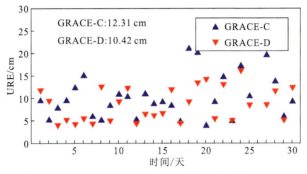

图 3.10 GRACE-FO 实时预报轨道广播星历的 URE

3.3 LeGNSS 星座设计

大多数关于 LeGNSS 的研究都以极轨道星座为例（Li et al.，2019；Ke et al.，2015），这可以极大地补偿极地区域的定位。然而，世界人口和工业活动的绝大部分存在于中低纬度地区，即使有数百颗极地 LEO 卫星，在中低纬度地区可见的 LEO 卫星数量仍然相当少。研究 LEO 星座优化问题对于提供能够满足全球大部分用户需求的连续覆盖具有重要意义（Pan et al.，2018；Zhang et al.，2017）。

一般来说，影响卫星星座覆盖范围的因素有很多，包括轨道高度、卫星数量和轨道倾角。LEO 卫星的高度通常在 500～2000 km，轨道高度越高意味着近地轨道卫星的可见半径越大，发射成本越高。本节将展示轨道高度为 1000 km 的 LEO 卫星在不同轨道面数、卫星数、轨道倾角条件下的低轨星座性能。LeGNSS 作为一个导航系统，其应该像 GNSS 星座一样具有以下特征。

（1）低轨卫星的可见情况应在全球范围内均匀分布。

（2）精度因子（dilution of precision，DOP）也应在世界各地均匀分布，特别是中低纬度地区，因为世界上绝大多数人口和工业活动都发生在这一地区。

对于轨道倾角为 89° 的极轨卫星星座，图 3.11 给出了采用 6 个、10 个和 15 个轨道面的低轨卫星星座中卫星可见数、可用性沿纬度的分布。从图 3.11 中可以看出，低轨卫星可见数与轨道面数之间没有相关性，而不同轨道面数下卫星可用性存在一定差异，但这些差异是相当小的。虽然轨道面数对星座的可用性有影响，但对不均匀分布的可用性影响很小。在中低纬度地区，由于轨道面数不同，可用性仍然很低。

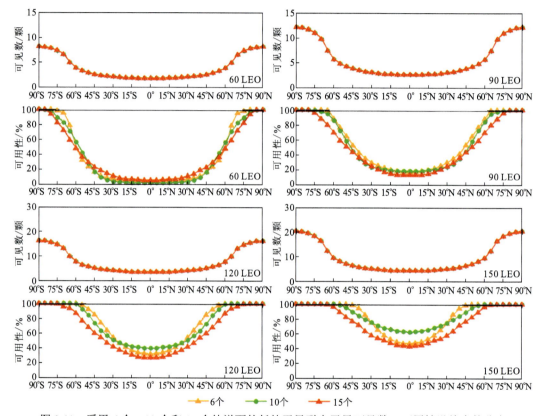

图 3.11 采用 6 个、10 个和 15 个轨道面的低轨卫星群中卫星可见数、可用性沿纬度的分布

在上述实验的基础上，选取 10 个轨道面的星座并进一步增加低轨卫星数，测试不同 LEO 卫星的可见数、可用性和几何精度因子（geometric dilution of precision，GDOP），如图 3.12 所示。结果表明，随着 LEO 卫星数的增加，不同纬度观测到的 LEO 卫星数也随之增加。在极地地区，LEO 卫星的可见数从 8 颗增加至 30 多颗。而在中低纬度地区，LEO 卫星的可见数从 2 颗增加至 8 颗。在卫星可用性方面，随着低轨卫星数的增加，低轨星座的全球可用性不断增加，但在卫星数较少的情况下，可用性沿纬度仍然呈现出不均匀分布。对于 GDOP 值，LEO 卫星越多，GDOP 值越小。然而，与极地地区或 GNSS 星座下的 GDOP 值相比，中低纬度地区的 GDOP 仍然相当大。这主要是由 LEO 卫星星座单一造成的。当可用性为 100%时，需要采用其他方法来优化 LEO 星座，使其在世界各地的分布更加均匀。

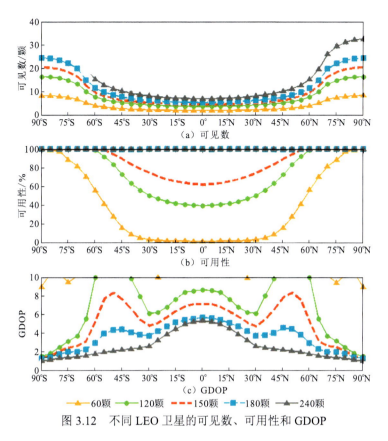

（a）可见数

（b）可用性

（c）GDOP

图 3.12　不同 LEO 卫星的可见数、可用性和 GDOP

上述对不同 LEO 卫星数和轨道面数的分析表明，中低纬度地区的结果均比极地地区差。这主要是由 LEO 星座的倾角单一造成的。实际上，LEO 卫星可以部署在不同倾角的轨道面上，如倾角 89°的 GRACE 卫星（Tapley et al.，2004）、倾角 87°的 Swarm 卫星（Montenbruck et al.，2017）、倾角 66°的 Jason-2 卫星（Montenbruck et al.，2017）和倾角 35°的 CYGNSS 卫星（Ruf et al.，2016）。图 3.13 给出了不同倾角下 60 颗低轨卫星星座的可见数和可用性，

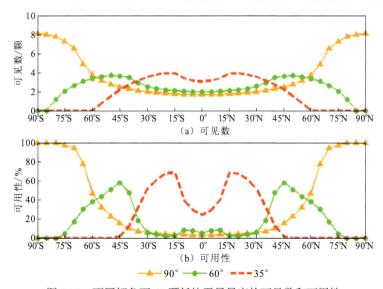

（a）可见数

（b）可用性

图 3.13　不同倾角下 60 颗低轨卫星星座的可见数和可用性

结果表明不同倾角下观测到的 LEO 卫星数最多的地方各不相同，分别为极地（90°左右）、中纬度（45°左右）和低纬度（15°左右），可见 LEO 卫星数分别为 8 颗、4 颗和 4 颗左右。卫星可用性也表现出了相同的规律，这意味着不同倾角的卫星可以在可用性方面互相补偿。

综合上述所有影响因素，对已设计的低轨卫星星座进行优化，优化方案如表 3.8 所示。

表 3.8   LEO 星座设计方案

方案	卫星数/颗	卫星分布情况（$i{:}t/p/f$）		
（S120_w/o）	120	90°：120/10/1		
（S150_w/o）	150	90°：150/10/1		
（S180_w/o）	180	90°：180/10/1		
（S240_w/o）	240	90°：240/10/1		
（S120_w）	120	90°：60/06/1	60°：60/06/1	
（S150_w）	150	90°：60/06/1	60°：60/06/1	35°：30/06/1
（S180_w）	180	90°：60/06/1	60°：60/06/1	35°：60/06/1
（S240_w）	240	90°：60/06/1	60°：60/06/1	35°：90/06/1

注：w/o 表示未优化的星座，w 表示优化后的星座；i 表示轨道倾角，t 表示 Walker 星座的卫星数，p 表示等间距轨道平面的数量，f 表示相邻轨道平面上卫星间的相对距离

图 3.14 展示了 120 颗、150 颗、180 颗和 240 颗 LEO 星座优化前后的 LEO 卫星可见数、可用性和 GDOP 值分布。

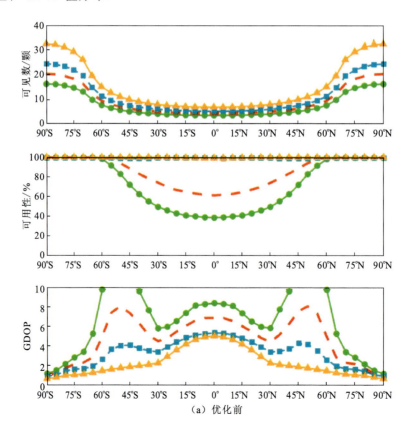

（a）优化前

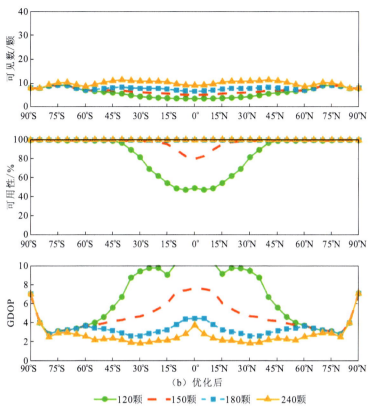

图 3.14   120 颗、150 颗、180 颗和 240 颗 LEO 卫星优化 LEO 星座前后沿纬度方向
的 LEO 卫星可见数、可用性和 GDOP 值分布

在相同的 LEO 卫星数下，优化后 LEO 卫星星座的全球可见卫星数、可用性和 GDOP 值在全球范围内分布相对均匀。在不同的 LEO 星座组合中，虽然 120 颗低纬度卫星的平均可见数仍小于 4 颗，但不同纬度的可见数趋于相等。对于 180 颗和 240 颗 LEO 卫星星座，全球平均可见数为 8～10 颗，几乎与每个 GNSS 星座相同。与单一星座相比，120 颗和 150 颗 LEO 星座组合的可用性在中纬度地区有较大的改善。

然而，在低纬度地区，由于 LEO 卫星数不够多，可用性仍无法达到 100%。为使 LEO 卫星在全球均匀分布，60 颗卫星与基本星座一样部署为极轨，其他卫星部署在 60° 和 35° 倾角的轨道，以更好地覆盖中低纬度地区。其中，180 颗和 240 颗 LEO 卫星的 GDOP 值在纬度上更加稳定，尤其是在中低纬度地区。

3.4   数据仿真系统

LeGNSS 观测数据是整个研究的基础。然而由于目前尚未有 LEO 导航卫星星群，LEO 星载、播发的导航数据以及星间链路数据还处在空白阶段，无法用实测数据进行研究分析。因此，本节对整个 LeGNSS 星座相关观测数据进行模拟仿真。为了使仿真数据尽量接近实际观测条件，在仿真数据时严格按照 L 波段 GNSS 观测方程及 Ka 波段星间链路观测方程

（参考星历归算），根据实际模拟各项误差。为模拟各类不同卫星的观测值，满足未来数据验证的需要，作者开发了 LeGNSS 观测数据仿真软件。软件可以模拟中轨卫星观测数据、低轨卫星观测数据和地面测站观测数据，观测数据包括导航信号及星间链路数据。软件系统的结构主要分为 4 个模块，如图 3.15 所示。每一个模块的主要功能如下。

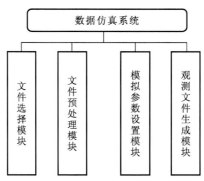

图 3.15　数据仿真系统结构图

文件选择模块：该模块将选择模拟数据的时间、低轨卫星名称及各数据文件，包括 ERP 文件、PRE 文件、CLK 文件、KIN 文件及 VEL 文件。

文件预处理模块：该模块将进行文件预处理，包括 ERP 文件转换、PRE 文件转换为标准轨道、CLK 文件提取精密卫星钟差等。

模拟参数设置模块：该模块进行数据模拟参数设置，包括采样频率设置、卫星截止高度角设置、各类观测值精度设置、周跳参数设置（周跳数目和最大周跳量）、相位中心改正设置及电离层延迟参数等。

观测文件生成模块：该模块将生成的观测文件头文件及观测数据整合为最终的 RINEX 格式的星载观测文件。

模拟核心是计算星-星、星-地的距离并附加相应的模型改正。距离可以利用对应时刻的卫星位置和接收机位置进行计算。需要说明的是，此处的距离归算中心是接收机质心或卫星质心，而观测值归算中心是天线的相位中心。因此，在计算卫星及接收机位置时，需要考虑天线的 PCO 和 PCV。由于在定轨过程中每个历元都需要估计接收机钟差，因此可以采用白噪声进行接收机钟差的模拟。对卫星钟差而言，可以采用精密卫星钟差进行内插。当然，如果 LEO/MEO 卫星钟差与对应的星载接收机钟差同步，在模拟钟差时，这两者的钟差应该相等。模拟数据时，在计算过程中 L 波段 GNSS 观测值采用 IF 组合进行定轨，因此这里未模拟 GNSS 观测值的电离层延迟；对 Ka 波段而言，电离层的影响在毫米级，考虑星间链路厘米级的观测精度，也可以不予考虑。对于对流层模型，采用萨斯塔莫宁（Saastamoinen，SAAS）模型及全球映射函数（global mapping function，GMF）。为了保证模拟的数据尽量接近真实情况，观测噪声必须加以考虑。本节添加服从零均值正态分布，伪距精度、相位精度和星间链路测距值精度分别为 1.0 m、5.0 mm 和 4.0 cm。模拟数据的主要参数列表如表 3.9 所示。值得注意的是，北斗三号的星间链路使用的是时分多址，星间和星地间按照预定的时间表进行双向测距，同一时刻单颗卫星只和一颗卫星或是地面锚固站建立 3 s 的测距链路（Tang et al.，2018）。出于简化模拟考虑，对同一时刻相互可见的星-星、星-地对都进行采样率为 3 s 的观测值模拟，具体可用情况在定轨过程中进行进一步控制。对 L 波段的观测值统一采用 30 s 的采样间隔。

表 3.9　数据模拟参数设置

项目		L 波段			Ka 波段（BDS、LEO）	
		GNSS-LEO	GNSS-地面	LEO-地面	星-星	星-地
卫星端	相位中心偏差	是	是	是	是	是
	相位中心变化	是	是	是	是	是
	钟差	是	是	是	是	是
接收机端	相位中心偏差	是	是	是	是	是
	相位中心变化	是	是	是	是	是
	钟差	是	是	是	是	是
	固体潮/海潮/极潮	否	是	是	否	是
传播路径	对流层	否	SAAS+GMF	SAAS+GMF	否	SAAS+GMF
	电离层	否	否	否	否	否
	天线相位缠绕	是	是	是	—	—
	相对论效应	是	是	是	是	是
噪声	伪距/m	1.0	1.0	1.0	—	—
	相位/mm	5.0	5.0	5.0	—	—
	星间测距/cm	—	—	—	4.0	4.0

　　由于不同类型卫星轨道高度不同，不同类型的轨道具有不同的波瓣角大小，从图 3.16 中可以看出，由于 LEO 卫星轨道高度低，为更大限度地覆盖地球表面，其必须有较大的波瓣角进行信号播发。这里，LEO 波瓣角为 65°（Reid et al.，2016），BDS GEO 和 IGSO 卫星波瓣角为 10°，GPS 卫星波瓣角为 14.3°，Galileo 和 GLONASS 配置与 GPS 相同。

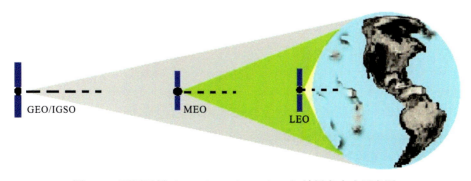

图 3.16　不同卫星（GEO/IGSO/MEO/LEO）波瓣角大小示意图

参 考 文 献

高为广, 张弓, 刘成, 等, 2020. 低轨星座导航增强能力研究与仿真. 中国科学: 物理学 力学 天文学, 51(1): 52-62.

张如伟, 刘根友, 2008. 低轨卫星轨道拟合及预报方法研究. 大地测量与地球动力学, 4: 115-120.

Berger C, Biancale R, Ill M, et al., 1998. Improvement of the empirical thermospheric model DTM: DTM94-A comparative review of various temporal variations and prospects in space geodesy applications. Journal of Geodesy, 72(3): 161-178.

Ge H, Li B, Ge M, et al., 2017. Improving BeiDou precise orbit determination using observations of onboard MEO satellite receivers. Journal of Geodesy, 91(12): 1447-1460.

Ge H, Li B, Ge M, et al., 2018. Initial assessment of precise point positioning with LEO enhanced global navigation satellite systems (LeGNSS). Remote Sensing, 10(7): 984-999.

Ge H, Li B, Ge M, et al., 2020. Improving low earth orbit (LEO) prediction with accelerometer data. Remote Sensing, 12(10): 1599.

Geng J, Shi C, Zhao Q, et al., 2008. Integrated adjustment of LEO and GPS in precision orbit determination. VI Hotine-Marussi Symposium on Theoretical and Computational Geodesy, 132: 133-137.

Grimes J G, 2008. Global positioning system standard positioning service performance standard. Washington D.C.

Hanson W A, 2016. In their own words: Oneweb's internet constellation as described in their FCC form 312 application. New Space, 4(3): 153-167.

Jäeggi A, Hugentobler U, Beutler G, 2006. Pseudo-stochastic orbit modeling techniques for low-earth orbiters. Journal of Geodesy, 80(1): 47-60.

Ke M, Lv J, Chang J, et al., 2015. Integrating GPS and LEO to accelerate convergence time of precise point positioning// Wireless Communications & Signal Processing (WCSP), 2015 International Conference.

Li B, Ge H, Ge M, et al., 2019. LEO enhanced global navigation satellite system (LeGNSS) for real-time precise positioning services. Advances in Space Research, 63(1): 73-93.

Marshall J A, Luthcke S B, 1994. Modeling radiation forces acting on TOPEX/Poseidon for precision orbit determination. Journal of Spacecraft and Rockets, 31: 99-105.

Montenbruck O, Steigenberger P, Khachikyan R, et al., 2014. IGS-MGEX: Preparing the ground for multi-constellation GNSS science. Inside GNSS, 9(1): 42-49.

Montenbruck O, Steigenberger P, Prange L, et al., 2017. The Multi-GNSS Experiment (MGEX) of the International GNSS Service (IGS): Achievements, prospects and challenges. Advances in Space Research, 59(7): 1671-1697.

Pan D, Sun D, Ren J, et al., 2018. LEO constellation optimization model with non-uniformly distributed RAAN for global navigation enhancement. China Satellite Navigation Conference.

Pavlis N K, Holmes S A, Kenyon C, et al., 2008. The EGM2008 global gravitational model. AGU Fall Meeting Abstracts.

Petit G, Luzum B, 2010. IERS conventions (2010). Technical Reports Defense Technical Information Center Document, 36: 180.

Reid T G, Neish A M, Walter T F, et al., 2016. Leveraging commercial broadband LEO constellations for navigation. ION GNSS.

Ruf C, Chang P S, Clarizia M P, et al., 2016. CYGNSS handbook cyclone global navigation satellite system. [2023-12-18]. https: //cygnss.engin.umich.edu/.2023-08-12.

Selding P B, 2015. SpaceX to build 4000 broadband satellites in Seattle. [2018-01-22]. http://spacenews. com/ spacex- opening-seattle-plant-to-build-4000-broadband-satellites/.

Standish E M, 1998. JPL Planetary and Lunar Ephemerides DE405/LE405. Pasadena: California Lnstitute of Tectmnoogy.

Tang C, Hu X, Zhou S, et al., 2018. Initial results of centralized autonomous orbit determination of the new-generation BDS satellites with inter-satellite link measurements. Journal of Geodesy, 92: 1155-1169.

Tapley B D, Bettadpur S, Watkins M, et al., 2004. The gravity recovery and climate experiment: Mission overview and early results. Geophysical Research Letters, 31(9): L09607.

Wang K, El-Mowafy A, Yang X, 2022. URE and URA for predicted LEO satellite orbits at different altitudes. Advances in Space Research, 70(8): 2412-2423.

Wu J, Wu S, Hajj G, et al., 1992. Effects of antenna orientation on GPS carrier phase. Manuscripta Geodaetica, 18(2): 91-98.

Zhang C, Jin J, Kuang L, et al., 2017. LEO constellation design methodology for observing multi-targets. Astrodynamics, 2(2): 121-131.

Zhao Q, Wang C, Guo J, et al., 2017. Enhanced orbit determination for BeiDou satellites with FengYun-3C onboard GNSS data. GPS Solutions, 21(3): 1179-1190.

Zhu S, Reigber C, Koenig R, et al., 2004. Integrated adjustment of CHAMP, GRACE, and GPS data. Journal of Geodesy, 78 (1-2): 103-108.

Zoulida M, Pollet A, Coulot D, et al., 2016. Multi-technique combination of space geodesy observations: Impact of the Jason-2 satellite on the GPS satellite orbits estimation. Advances in Space Research, 58(7): 1376-1389.

第 4 章

LeGNSS 精密轨道与钟差确定

轨道和钟差是 LeGNSS 时空基准的重要组成部分，精确的轨道和钟差产品是实现 LeGNSS 应用的基础。在第 2 章和第 3 章介绍的动力学模型、定轨定位模型及 LeGNSS 架构基础上，本章将围绕 LeGNSS 的轨道钟差解算展开，主要包括 GNSS/LEO 卫星的精密轨道解算策略和产品情况、LeGNSS 联合精密定轨方法及基于区域监测站的 LeGNSS 精密定轨。

4.1　GNSS 精密定轨

GNSS 精密定轨技术是指利用全球接收的 GNSS 观测数据解算全球导航卫星精密轨道的过程。GNSS 精密轨道产品是一切 GNSS 高精度应用的基础。因此，GNSS 精密定轨作为卫星导航领域中的前沿课题和关键技术一直受到国内外众多研究机构、科研院校的重视。目前，全球有 10 余个数据分析中心利用 500 余个全球均匀分布的地面测站观测数据解算多系统轨道、钟差及相应精密产品。这些分析中心主要包括 CODE、GFZ、ESA、WHU、JAXA、TUM 等。本节主要介绍常见的精密定轨策略及轨道钟差产品基本情况。

4.1.1　解算策略

从 2011 年 IGS 提出 MGEX 计划开始，不同的分析中心开始提供多系统轨道和钟差产品。图 4.1 显示了从 2012 年开始至 2023 年 12 月各分析中心提供的轨道和钟差产品中所包含的导航卫星系统。可以看到，截至 2023 年 12 月，GBM（GFZ）、COM（CODE）、WUM（WHU）等分析中心提供 BDS 轨道和钟差产品，其中 COM 产品中不包含 BDS GEO 卫星轨道和钟差。

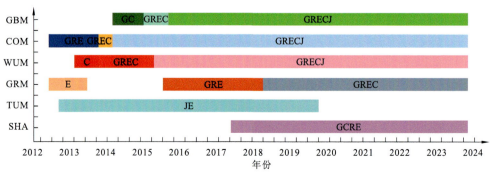

图 4.1　2012～2023 年各分析中心 MGEX 轨道钟差产品

G: GPS；R: GLONASS；E: Galileo；C: BDS；J: QZSS

不同分析中心解算结果的差异受到测站选取、解算平台以及解算策略这三个方面的影响，其中不同分析中心的差异主要体现在后两者上，相关信息可以在分析中心提供的 ACN 文件中获得[Index of /pub/center/analysis (igs.org)]。常见的定轨力模型、观测模型及待估参数如表 4.1 所示。

表 4.1 GNSS 精密定轨配置参数

项目	参数	说明
力模型	地球重力场	EIGEN6C（Förste et al.，2011）12×12
	潮汐影响	IERS CONVENTION 2010（Petit et al.，2010）
	N 体摄动	JPL DE405（Standish，1998）
	相对论改正	IERS CONVENTION 2010
	太阳光压	ECOM 模型（Beutler et al.，1994）
观测模型	观测值	非差 IF 模型 GPS: L1+L2 GLONASS: R1+R2 BDS: B1-2+B3 Galileo: E1+E5a
	采样间隔	轨道解算：300 s 钟差解算：300 s/30 s
待估参数	定轨弧长	1 天
	截止高度角	10°
	观测值权	G:E:C:R=2:2:3:3 + 高度角定权
	相位中心改正	igs14.atx（ITRF2014）
	相位缠绕	根据 2.2.2 小节介绍改正
	相对论效应	IERS CONVENTION 2010
	电离层改正	IF 组合
	对流层改正	SAAS+GMF，湿延迟剩余部分作为参数估计
	卫星位置速度	初始位置与速度
	卫星钟差	白噪声
	光压参数	ECOM 光压 5 参数
	测站坐标	常数
	测站钟差	白噪声
	对流层天顶湿延迟	每 2 h 分段常数
	系统间偏差	常数
	模糊度	每一个弧段为常数

为了满足不同应用对产品时效性和精度的需求，IGS 和 MGEX 的各家分析中心根据产品的时间延迟长短提供超快速、快速、最终等不同的产品。以 IGS 为例，IGS 最终产品的轨道钟差具有最高的精度，但是产品的延迟最长，一般为 12～18 天；快速产品的精度比最终产品稍差，一般在次日就可以获得；要尽可能满足更高的时效性需求就需要使用超快速产品，但相应的轨道钟差精度就要进一步变差。

最终、快速与超快速这 3 类产品的差异主要受到参与轨道钟差解算的测站数量的影响。最终产品由于对时效的需求最低，具有最完备的测站和充足的解算时间，因此精度相对较高。对快速和超快速产品而言，一方面各个测站的观测数据没有完全上传到数据中心，导致可用的测站数较少；另一方面为了满足时效要求，在进行解算时会减少使用的测站数来保证计算的效率，因此特别是对超快速产品而言，较少的可用测站影响定轨时的测站分布状态，进而影响到精度。以同济大学（Tongji University，TJU）的产品为例，图 4.2～4.4 分别是 2022 年 2 月 1 日最终、快速和超快速（0 时）定轨所采用的测站分布图。从图示结果可以看到，最终产品所使用的测站数最多，GPS、GLONASS 和 Galileo 都有 140 个以上的测站参与解算，BDS 也有 119 个测站；对快速产品而言，GPS、GLONASS 和 Galileo 的测站数只有 130 个左右，BDS 的测站数也进一步减少；超快速各系统的测站数相比于快速和最终产品显著减少，四系统的可用测站都少于 90 个。

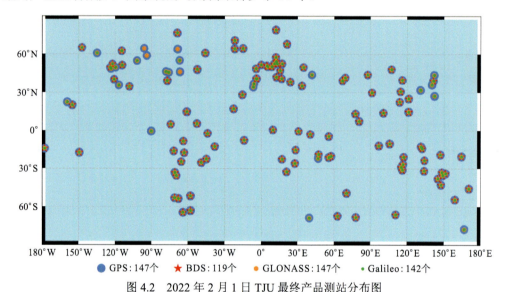

图 4.2　2022 年 2 月 1 日 TJU 最终产品测站分布图

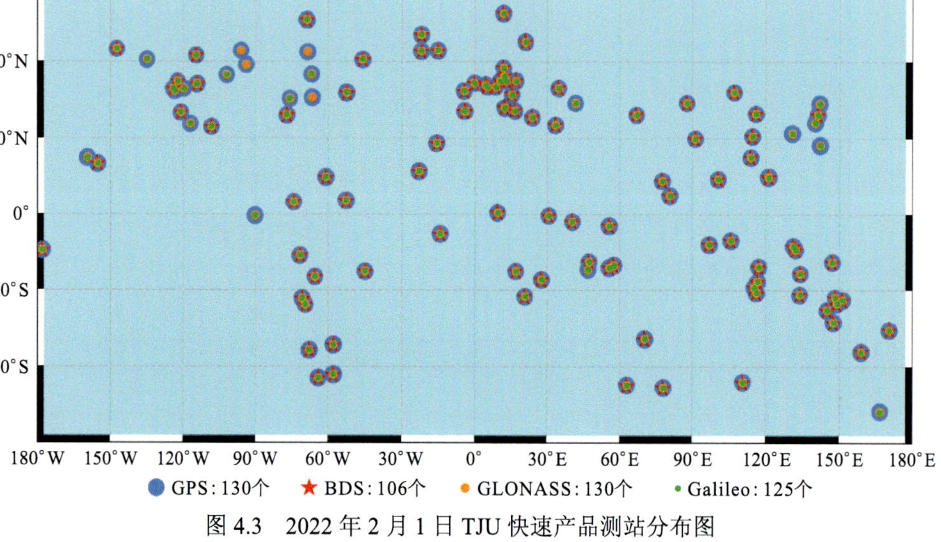

图 4.3　2022 年 2 月 1 日 TJU 快速产品测站分布图

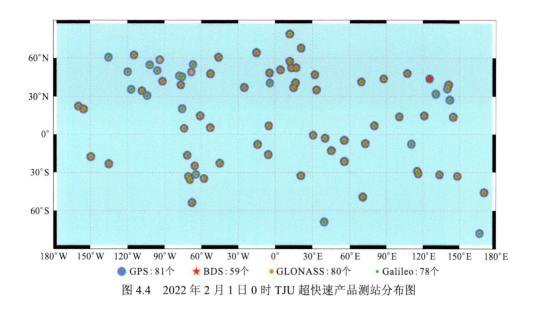

图 4.4　2022 年 2 月 1 日 0 时 TJU 超快速产品测站分布图

　　为了验证 TJU GNSS 精密轨道与钟差精度,首先对各分析中心提供的 2017 年 8 月 1～31 日一个月的产品进行相互比较,结果由表 4.2 给出。

表 4.2　2017 年 8 月 1～31 日各分析中心轨道与钟差比较精度

项目	GPS	GLONASS	Galileo	BDS		
				MEO	IGSO	GEO
径向/cm	1～6	1～5	2～14	3～11	11～23	54
切向/cm	1～7	3～16	3～48	10～21	24～39	298
法向/cm	1～2	2～8	2～9	6～10	17～23	410
三维/cm	2～8	4～17	5～50	12～26	32～51	510
钟差/ns	0.04～0.23	0.07～0.42	0.12～0.34	0.14～0.21	0.07～0.31	0.13～0.50

4.1.2　分析中心产品评估

　　本小节对 2022 年 2 月 TJU 的产品精度进行分析,并将所解算的产品与 GBM 的产品进行比较。由于最终和快速产品的测站数差异不显著,只对快速和超快速产品进行分析。给出 2 月最终产品的精度比较结果,如图 4.5 所示。

　　从图 4.5 中可以看到,GPS 和 Galileo 卫星的轨道精度非常接近,具有最高的轨道精度。GPS 卫星切向、法向和径向的平均 RMS 分别为 1.6 cm、1.7 cm 和 1.9 cm,Galileo 卫星三个方向的平均 RMS 分别为 1.5 cm、1.3 cm 和 1.9 cm。GLONASS 卫星轨道精度在所有 MEO 中最差,其切向、法向和径向平均 RMS 分别为 6.1 cm、5.5 cm 和 4.4 cm。BDS 卫星的轨道精度与其轨道类型有密切联系。由于 BDS GEO 卫星为地球静止轨道卫星,其监测站数目始终保持不变,即 GEO 卫星定轨几何构型几乎不发生变化,其定轨模型强度较弱,从图

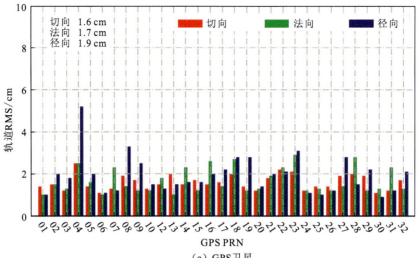

（a）GPS卫星

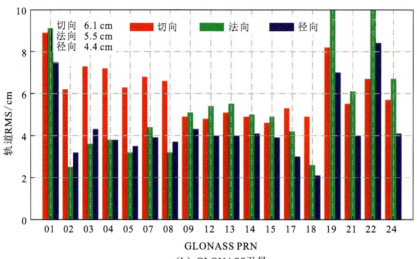

（b）GLONASS卫星

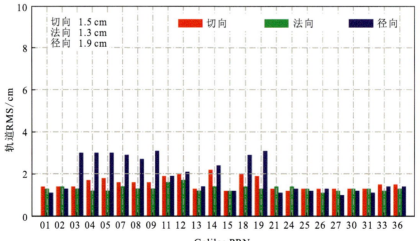

（c）Galileo卫星

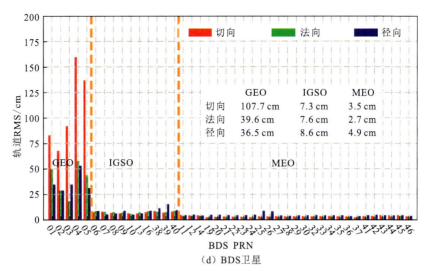

（d）BDS卫星

图 4.5　TJU 四系统 GPS/GLONASS/Galileo/BDS 快速轨道精度

PRN：pseudo random noise code，伪随机噪声码

中可以看到，BDS GEO 卫星的切向、法向和径向平均 RMS 分别为 107.7 cm、239.6 cm 和 36.5 cm，IGSO 卫星轨道精度明显优于 GEO 卫星，其三个方向的平均 RMS 分别为 7.3 cm、7.6 cm 和 8.6 cm，MEO 卫星径向精度与 Galileo 卫星径向精度相当，为 4.9 cm，而 MEO 切向和法向的平均 RMS 为 3.5 cm 和 2.7 cm。

将上述结果与表 4.2 比较可以看到，本小节计算的多系统轨道产品与各分析中心计算的结果相当。GPS 卫星与 GLONASS 卫星具有较高的轨道精度，而 Galileo 和 BDS 卫星由于处于迅速发展阶段，其轨道模型、姿态模型、光压模型等还需要进一步研究与精化，因此其轨道精度相比 GPS 和 GLONASS 卫星精度较差。

图 4.6 所示为 TJU 四系统 GPS/GLONASS/Galileo/BDS 钟差精度。

如图 4.6 所示，TJU 解算得到的 GPS 卫星钟差与 GBM 钟差相比，平均 STD 在 0.10 ns 以内，GLONASS 卫星钟差约为 0.20 ns，BDS 卫星钟差与 GBM 产品比较约为 0.20 ns。这样的结果与表 4.2 中所示的各分析中心钟差比较基本一致。

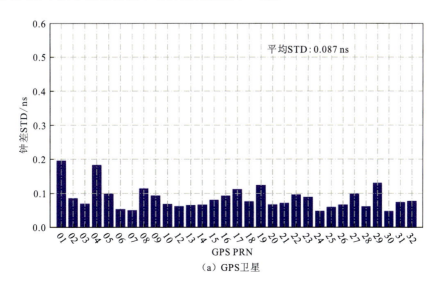

（a）GPS卫星

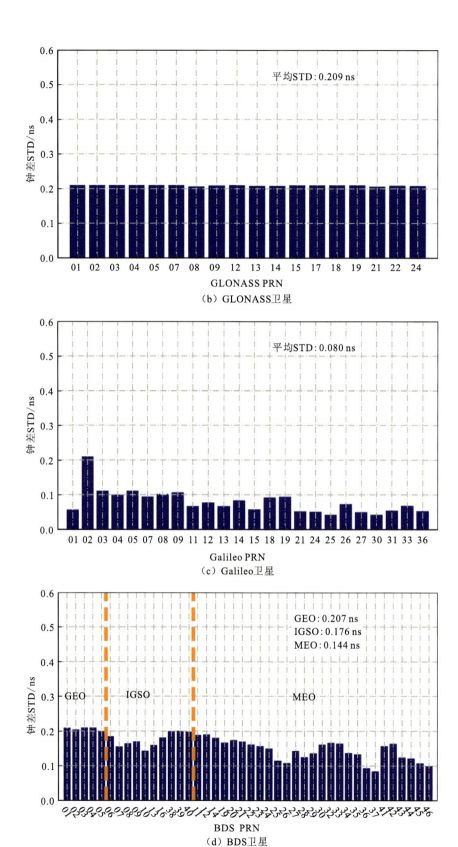

图 4.6　TJU 四系统 GPS/GLONASS/Galileo/BDS 钟差精度

由上述分析可知,本小节计算的轨道钟差产品与 MGEX 各分析中心提供的产品精度相当。获取精密轨道与钟差产品后,可以计算其空间信号测距精度(signal-in-space ranging error,SISRE),其计算公式表示为

$$\mathrm{SISRE} = \sqrt{[\mathrm{rms}(w_R \cdot \Delta r_R - \Delta cdt)]^2 + w_{A,C}^2 \cdot (A^2 + C^2)} \qquad (4.1)$$

式中:$A = \mathrm{rms}\,\Delta r_A$;$C = \mathrm{rms}\,\Delta r_C$;$\Delta r_A$、$\Delta r_C$、$\Delta r_R$ 分别为切向、法向及径向误差;Δcdt 为钟差误差;权因子 w_R 和 $w_{A,C}$ 主要依赖于卫星轨道高度(Chen et al.,2018,2013;Heng et al. 2011a,2011b),具体数值如表 4.3 所示,图 4.7 给出了不同卫星系统的 SISRE。

表 4.3　不同卫星系统 SISRE 权因子

卫星系统	高度/km	w_R	$w_{A,C}^2$
GPS	20 200	0.98	1/49
BDS（GEO，IGSO）	35 786	0.99	1/126
BDS（MEO）	21 528	0.98	1/54
GLONASS	19 140	0.98	1/45
Galileo	23 222	0.98	1/61

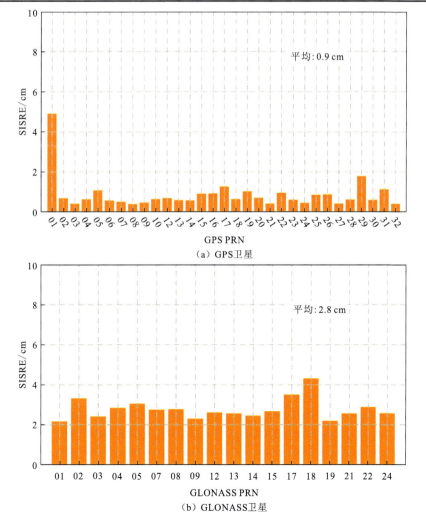

（a）GPS卫星

（b）GLONASS卫星

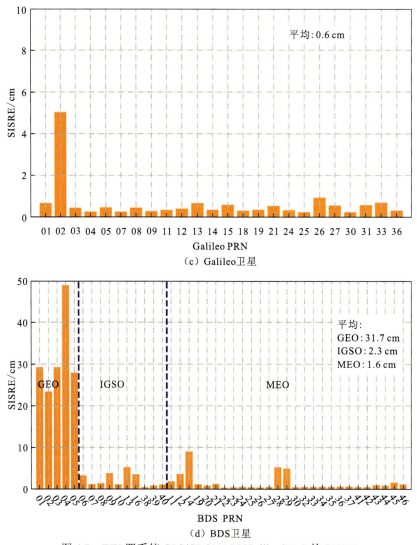

（c）Galileo 卫星

（d）BDS 卫星

图 4.7   TJU 四系统 GPS/GLONASS/Galileo/BDS 的 SISRE

从图 4.7 中可以看到，四系统的 SISRE 都达到了厘米级。其中，Galileo 卫星平均 SISRE 为 0.6 m，在四系统中具有最优的空间信号测距精度。GLONASS 卫星的平均 SISRE 为 2.8 cm。BDS GEO 卫星的 SISRE 为 31.7 cm。可以看到，GEO 轨道精度在米级，但是由于轨道与钟差相互耦合，其 SISRE 在分米级。BDS MEO 卫星的平均 SISRE 为 1.6 cm。

多系统超快速轨道包括观测部分和预报部分。下面分析超快速轨道的精度，其观测部分和预测部分均与 GFZ 事后产品比较，比较结果如图 4.8 和图 4.9 所示。

从图 4.8 中可以看到，除了 BDS 卫星，其余系统超快速轨道计算部分的精度与事后轨道的精度基本一致，这与测站分布有很大关系。同时，实时数据 BDS 卫星测站分布不均匀，导致 BDS 卫星超快速轨道定轨结果较差。IGSO 卫星定轨精度在分米级，MEO 卫星三个方面定轨精度在厘米级。对用户而言，常采用超快速轨道预报部分。图 4.9 给出了本小节计算的预报部分的轨道精度。

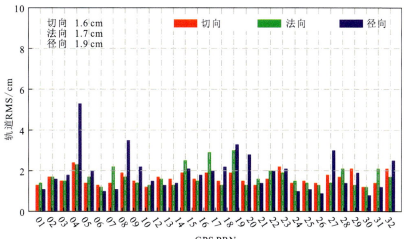

（a）GPS卫星

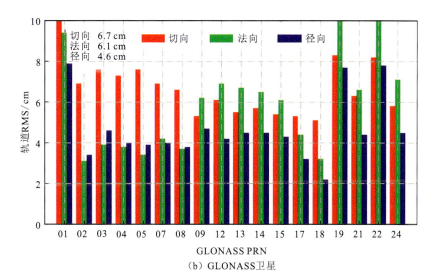

（b）GLONASS卫星

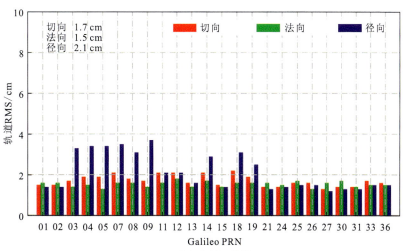

（c）Galileo卫星

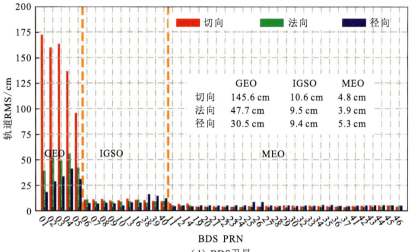

（d）BDS卫星

图 4.8　多系统轨道精度（计算部分）

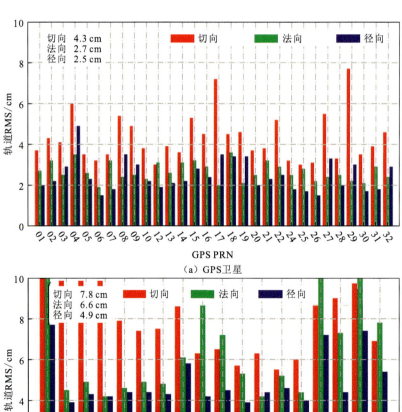

（a）GPS卫星

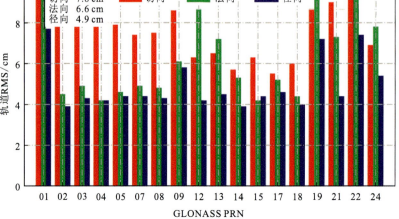

（b）GLONASS卫星

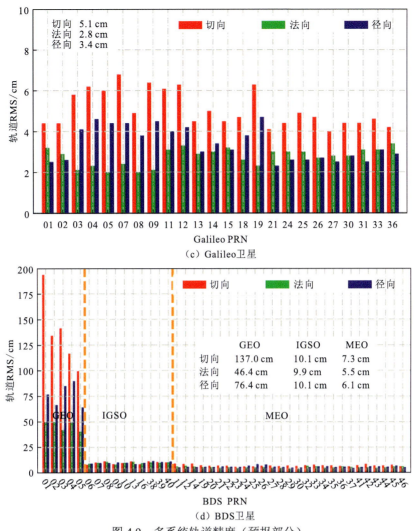

（c）Galileo卫星

（d）BDS卫星

图 4.9　多系统轨道精度（预报部分）

从图 4.9 中可以看到，除了 BDS GEO 和 IGSO 卫星，其余卫星的径向预报精度都在厘米级，其中 GPS 卫星径向精度最高，为 2.5 cm。GLONASS、Galileo 和 BDS MEO 卫星径向精度分别为 4.9 cm、3.4 cm 和 6.1 cm。所有卫星的切向精度在三个方向上都是最差的，GPS、GLONASS、Galileo 和 BDS MEO 卫星切向精度分别为 4.3 cm、7.8 cm、5.1 cm 和 7.3 cm。BDS GEO 和 IGSO 卫星切向精度也达到了米级。

4.2　低轨卫星精密定轨

4.2.1　低轨星载 GNSS 定轨

自从星载 GPS 观测值首次成功应用于 TOPEX/Poseidon 低轨卫星定轨后，随后发射的低轨卫星都搭载了 GNSS 接收机用以确定低轨卫星轨道。目前，LEO 卫星定轨常采用约化动力学法和几何法。约化动力学法充分利用了卫星的动力学信息和几何信息，通过估计载体加速度随机过程噪声、分段常加速度或分段线性加速度，对 LEO 卫星动力学信息和几何信息做加权处理，利用过程参数吸收卫星动力学模型误差，其解算的轨道稳定连续光滑，精度较高。而几何法定轨不涉及卫星运动的动力学信息，只利用星载观测数据进行轨道确定，其得到的轨道是一组离散的卫星位置，观测数据质量直接决定着 LEO 卫星定轨精度。

几何法定轨主要分为 5 个步骤。①获取初始轨道：读取广播星历和观测文件，利用 SPP 计算轨道初值和接收机钟差。②周跳探测：采用 MW 和 GF 两种线性模型进行周跳探测。③各项误差改正：改正定轨过程中的各项误差。④卡尔曼滤波：根据观测模型和估计方法，更新坐标、钟差、电离层延迟、模糊度等参数的先验误差协方差矩阵。在开始滤波前，通过验前残差阈值剔除残差较大的观测值，利用合格的观测值进行卡尔曼滤波；计算滤波后的残差，根据验后残差阈值剔除不合格的观测值；若有未通过验后残差的观测值，则在剔除验前和验后观测值的基础上重新进行卡尔曼滤波，直至滤波后残差均通过检验标准。⑤双向滤波组合：将前向滤波和反向滤波进行线性组合，获取并输出双向滤波结果。几何法定轨流程如图 4.10 所示。

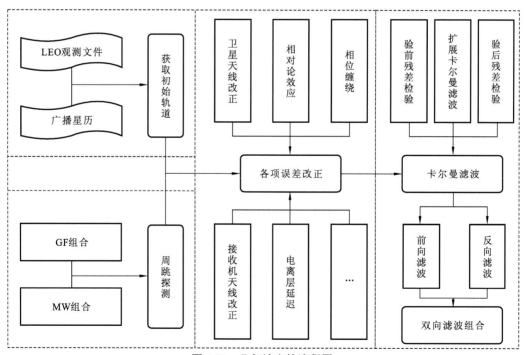

图 4.10　几何法定轨流程图

本小节利用 2019 年 GRACE-FO C、D 两星一年数据进行约化动力学定轨和几何法定轨，精密产品采用 IGS 提供的精密轨道与钟差产品。表 4.4 给出了约化动力学法和几何法定轨的力模型、观测模型及待估参数配置情况。

表 4.4　LEO 精密定轨配置参数

模型和参数	项目	约化动力学法	几何法
力模型	地球重力场	EIGEN6C 120×120	—
	潮汐影响	IERS CONVENTION 2010	—
	N 体摄动	JPL DE405	—
	相对论效应	IERS CONVENTION 2010	—
	太阳光压	基于卫星表面积	—
	大气阻力	DTM94(Berger et al.，1998)	—
观测模型	观测值	GPS: L1&L2	
	采样间隔	30 s	
	定轨弧长	24 h	
	截止高度角	7°	
	观测值权	高度角定权	
	相位中心改正	igs14.atx	
	相位缠绕	根据 2.2.2 小节介绍改正	
	相对论效应	IERS CONVENTION 2010	
	电离层改正	IF 组合	
	对流层改正	无	
	卫星位置	固定 IGS 精密轨道	
	卫星钟差	固定 IGS 精密钟差	
待估参数	LEO 坐标	初始位置与速度	动态解算：白噪声
	LEO 接收机钟差	白噪声	白噪声
	大气阻力	大气阻力系数，每 6 h 一个	—
	经验力参数	周期性参数，每 1.5 h 一组	—
	模糊度	每一个弧段为常数，浮点解	

4.2.2　结果与分析

根据上述观测模型及力模型，对 GRACE-FO C、D 两颗卫星 2019 年的观测数据进行处理，并与 JPL 提供的精密轨道比较。图 4.11 和图 4.12 所示为几何法定轨和约化动力学法定轨与 JPL 精密轨道比较的 RMS 序列图。

图 4.11 包括 2019 年每日 GRACE-FO 在径向、切向和法向误差的 RMS。其中，蓝点代表 GRACE-C 的定轨结果，红点代表 GRACE-D 的定轨结果。由于 GRACE-D 缺失 2 月 8～19 日的观测数据，图 4.11 的 2 月区间部分红点未能画出。从 2019 年每日的 RMS 来看，精度波动较大的点主要集中在 6 月、9 月和 10 月。结合观测文件和数据处理日志，发现误差较大的结果其对应的卫星个数小于或等于 4，导致无法为 PPP 提供充足的观测数据，定轨精度不高。此外，GRACE-C 和 GRACE-D 定轨精度相当，其中 GRACE-C 在径向、切向

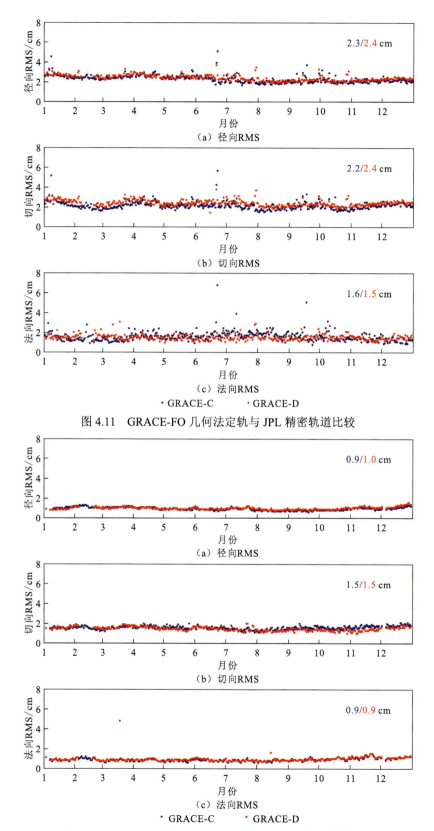

（a）径向RMS

（b）切向RMS

（c）法向RMS

· GRACE-C   · GRACE-D

图 4.11　GRACE-FO 几何法定轨与 JPL 精密轨道比较

（a）径向RMS

（b）切向RMS

（c）法向RMS

· GRACE-C   · GRACE-D

图 4.12　GRACE-FO 约化动力学法定轨与 JPL 精密轨道比较

和法向的 RMS 分别为 2.3 cm、2.2 cm 和 1.6 cm；GRACE-D 在径向、切向和法向的 RMS 分别为 2.4 cm、2.4 cm 和 1.5 cm，二者的 3D RMS 均优于 4 cm，定轨精度达到厘米级。

由三个方向的精度可知，GRACE-FO 的法向误差较小，精度优于 2 cm，而径向和切向的误差大小相近，均大于 2 cm。这是因为 GRACE-FO 运动轨道较低，卫星受到的地球引力大于中高轨卫星，在飞行过程中还受到大气阻力的影响，从而导致径向和切向的精度低于法向，波动也较为强烈。在一整年的定轨结果中，径向和切向误差绝大部分在 2~4 cm，法向误差在 1~2 cm。以上结果表明，基于双频无电离层组合模型的纯几何法定轨可提供精度较好、质量稳定的 LEO 卫星轨道。

采用约化动力学法，GRACE-C 和 GRACE-D 定轨精度也属于同一水平，其中 GRACE-C 在径向、切向和法向的 RMS 分别为 0.9 cm、1.5 cm 和 0.9 cm；GRACE-D 在径向、切向和法向的 RMS 分别为 1.0 cm、1.5 cm 和 0.9 cm，GRACE-D 在径向上的精度略低于 GRACE-C，二者的 3D RMS 均接近 2 cm。从结果可以清楚看到，约化动力学法的定轨精度要明显高于几何法定轨，这是因为约化动力学法除 GPS 观测数据外还有轨道力模型的约束。特别是约化动力学法中最优的径向方向在几何法中精度较差，其主要原因在于几何法中径向的几何构型较差，没有地面观测值的约束（van den Ijssel et al.，2015）。上述结果表明，采用约化动力学法可以获得更加稳定的低轨卫星轨道。

4.3　LeGNSS 精密定轨与分析

理论上，利用来自所有卫星及测站的观测值同时解算各类参数，用以求取 LeGNSS 的轨道和钟差产品是最严密、结果最优的方法，称为"一步法"。但由于将来可能会有上千颗 LEO 卫星，采用该方法的计算效率会严重影响其实时应用。在传统应用中，一般采用"两步法"：首先利用地面观测数据计算 GNSS 轨道和钟差产品，然后利用 GNSS 轨道和钟差产品计算 LEO 轨道产品。在该方法中，LEO 卫星的观测值将无法在 GNSS 定轨定钟中体现其优势，尤其是对于 BDS GEO 和 IGSO 卫星定轨。因此，如何在计算成本可以接受的情况下发挥 LeGNSS 中 LEO 的作用，是本节考虑的问题。

4.3.1　四种定轨方案

本小节提出在 GNSS 定轨中引入部分 LEO 卫星的综合方法，既可以提高 GNSS 卫星轨道精度，又不严重影响其计算效率。除了上述"一步法""两步法"，以及引入部分 LEO 的三种方法，考虑 LEO 卫星向地面发射导航信号，在 LEO 定轨时，既可以利用星载 LEO 卫星数据，又可以利用地面 LEO 观测数据，本小节也将对该方法进行分析研究。采取的具体方案如下。

方案一：传统"两步法"，首先利用地面观测数据计算 GNSS 轨道与钟差，其次利用 GNSS 产品计算 LEO 卫星轨道与钟差。在此方案中，没有利用 LEO 地面观测数据。

方案二：利用所有观测数据同时解算 LeGNSS 所有类型卫星的轨道与钟差，即传统的"一步法"。

方案三：与方案一类似，采用"两步法"，但是在解算 GNSS 产品过程中引入部分 LEO 卫星数据用以提高高轨卫星的轨道精度。

方案四：与方案三类似，但在解算 LEO 轨道时，不仅采用星载 LEO 观测数据，还利用地面 LEO 观测数据。

方案一为传统获取 GNSS 和 LEO 产品的"两步法"，方案二为获取所有产品最严谨的方法，可以将方案三、方案四与方案一对比，看出 LeGNSS 产品的改进；与方案二对比，比较其与最优解的差距。

本小节详细介绍各个方案精密轨道和钟差解算的参数化模型。由于方案二为最严谨的观测模型，其余方案的观测模型都可以由方案二推导简化得出，在此介绍方案二的观测模型，其余方案的模型也就容易得出。

LeGNSS 的观测模型可以表示为

$$p_{r,\mathrm{IF},i}^G = \boldsymbol{u}_r^G \boldsymbol{\Phi}(t_G,t_0)^G \boldsymbol{o}_0^G + \Delta t_{r,i} + b_{r,\mathrm{IF}}^G - \Delta t_i^G - b_{\mathrm{IF}}^G + m_r z_{r,i} + \varepsilon_{p_{r,\mathrm{IF},i}^G} \tag{4.2a}$$

$$p_{r,\mathrm{IF},i}^C = \boldsymbol{u}_r^C \boldsymbol{\Phi}(t_C,t_0)^C \boldsymbol{o}_0^C + \Delta t_{r,i} + b_{r,\mathrm{IF}}^C - \Delta t_i^C - b_{\mathrm{IF}}^C + m_r z_{r,i} + \varepsilon_{p_{r,\mathrm{IF},i}^C} \tag{4.2b}$$

$$p_{r,\mathrm{IF},i}^L = \boldsymbol{u}_r^L \boldsymbol{\Phi}(t_L,t_0)^L \cdot \boldsymbol{o}_0^L + \Delta t_{r,i} + b_{r,\mathrm{IF}}^L - \Delta t_i^L - b_{\mathrm{IF}}^L + m_r z_{r,i} + \varepsilon_{p_{r,\mathrm{IF},i}^L} \tag{4.2c}$$

$$p_{L,\mathrm{IF},i}^G = \boldsymbol{u}_L^G \boldsymbol{\Phi}(t_G,t_0)^G \boldsymbol{o}_0^G - \boldsymbol{u}_L^G \boldsymbol{\Phi}(t_L,t_0)^L \boldsymbol{o}_0^L + \Delta t_{L,i} + b_{L,\mathrm{IF}}^G - \Delta t_i^G - b_{\mathrm{IF}}^G + \varepsilon_{p_{L,\mathrm{IF},i}^G} \tag{4.2d}$$

$$p_{L,\mathrm{IF},i}^C = \boldsymbol{u}_L^C \boldsymbol{\Phi}(t_C,t_0)^C \boldsymbol{o}_0^C - \boldsymbol{u}_L^C \boldsymbol{\Phi}(t_L,t_0)^L \boldsymbol{o}_0^L + \Delta t_{L,i} + b_{L,\mathrm{IF}}^C - \Delta t_i^C - b_{\mathrm{IF}}^C + \varepsilon_{p_{L,\mathrm{IF},i}^C} \tag{4.2e}$$

$$l_{r,\mathrm{IF},i}^G = \boldsymbol{u}_r^G \boldsymbol{\Phi}(t_G,t_0)^G \boldsymbol{o}_0^G + \Delta t_{r,i} - \Delta t_i^G + m_r z_{r,i} + \lambda_{\mathrm{IF}} N_{r,\mathrm{IF}}^G + \delta_{r,\mathrm{IF}}^G - \delta_{\mathrm{IF}}^G + \varepsilon_{l_{r,\mathrm{IF},i}^G} \tag{4.3a}$$

$$l_{r,\mathrm{IF},i}^C = \boldsymbol{u}_r^C \boldsymbol{\Phi}(t_C,t_0)^C \boldsymbol{o}_0^C + \Delta t_{r,i} - \Delta t_i^C + m_r z_{r,i} + \lambda_{\mathrm{IF}} N_{r,\mathrm{IF}}^C + \delta_{r,\mathrm{IF}}^C - \delta_{\mathrm{IF}}^C + \varepsilon_{l_{r,\mathrm{IF},i}^C} \tag{4.3b}$$

$$l_{r,\mathrm{IF},i}^L = \boldsymbol{u}_r^L \boldsymbol{\Phi}(t_L,t_0)^L \boldsymbol{o}_0^L + \Delta t_{r,i} - \Delta t_i^L + m_r z_{r,i} + \lambda_{\mathrm{IF}} N_{r,\mathrm{IF}}^L + \delta_{r,\mathrm{IF}}^L - \delta_{\mathrm{IF}}^L + \varepsilon_{l_{r,\mathrm{IF},i}^L} \tag{4.3c}$$

$$l_{L,\mathrm{IF},i}^G = \boldsymbol{u}_L^G \boldsymbol{\Phi}(t_G,t_0)^G \boldsymbol{o}_0^G - \boldsymbol{u}_L^G \boldsymbol{\Phi}(t_L,t_0)^L \boldsymbol{o}_0^L + \Delta t_{L,i} - \Delta t_i^G + \lambda_{\mathrm{IF}} N_{L,\mathrm{IF}}^G + \delta_{L,\mathrm{IF}}^G - \delta_{\mathrm{IF}}^G + \varepsilon_{l_{L,\mathrm{IF},i}^G} \tag{4.3d}$$

$$l_{L,\mathrm{IF},i}^C = \boldsymbol{u}_L^C \boldsymbol{\Phi}(t_C,t_0)^C \boldsymbol{o}_0^C - \boldsymbol{u}_L^C \boldsymbol{\Phi}(t_L,t_0)^L \boldsymbol{o}_0^L + \Delta t_{L,i} - \Delta t_i^C + \lambda_{\mathrm{IF}} N_{L,\mathrm{IF}}^C + \delta_{L,\mathrm{IF}}^C - \delta_{\mathrm{IF}}^C + \varepsilon_{l_{L,\mathrm{IF},i}^C} \tag{4.3e}$$

式中：$p_{r,\mathrm{IF},i}^s$ 和 $l_{r,\mathrm{IF},i}^s$ 分别为历元 i 卫星 s 至接收机 r 伪距和相位观测值减计算值；$\boldsymbol{u}_r^s$ 为从接收机至卫星的单位矢量；$\boldsymbol{\Phi}(t_s,t_0)^s$ 为卫星 s 从初始历元 t_0 到历元 t_s 的状态转移矩阵；向量 $\boldsymbol{o}_0^s$ 为卫星 s 的初始状态参数；$\Delta t_{r,i}$ 和 Δt_i^s 分别为历元 i 接收机 r 和卫星 s 的钟差观测值减计算值；λ_{IF} 和 $N_{r,\mathrm{IF}}^s$ 分别为 IF 组合的波长和模糊度；$b_{r,\mathrm{IF}}^s$ 和 $\delta_{r,\mathrm{IF}}^s$ 分别为接收机端伪距和相位观测值的 IF 组合硬件延迟；b_{IF}^s 和 δ_{IF}^s 分别为卫星端伪距和相位观测值的 IF 组合硬件延迟；m_r 为投影函数；$z_{r,i}$ 为接收机天顶湿延迟；$\varepsilon_{p_{r,\mathrm{IF},i}^s}$ 和 $\varepsilon_{l_{r,\mathrm{IF},i}^s}$ 分别为 IF 组合下伪距和相位观测值的噪声。

式（4.2a）～式（4.2c）表示地面测站观测 GNSS 卫星的伪距观测值；式（4.2d）和式（4.2e）表示星载 LEO GNSS 伪距观测值；式（4.3a）～式（4.3e）表示对应的相位观测值。可以看到，在星载 LEO 观测值中，LEO 卫星轨道和 GNSS 轨道都为未知参数。

由于每个 GNSS 信号结构不同，在多系统接收机中不同频率不同卫星的硬件延迟不同。因此，$b_{r,\mathrm{IF}}^G$、$b_{r,\mathrm{IF}}^C$ 和 $b_{r,\mathrm{IF}}^L$ 分别为 GPS、BDS 和 LEO 的 IF 组合硬件延迟。它们之间的差异称为系统间偏差（inter system biases，ISB）。在多系统解算中，系统间偏差必须加以考虑。此外，卫星钟差和接收机钟差需要同时估计，因此需要考虑参数之间的相关性。首先，测站钟差与接收机钟差之间完全相关，因此常采用具有良好测站钟或卫星钟的钟差作为参考钟；其次，卫星钟和相应系统间偏差也存在相关，因此采用所有测站相同系统间偏差之和为零的约束消除相关性。由此，可以得到消除相关性之后的观测模型：

$$p_{r,\mathrm{IF},i}^{G} = \boldsymbol{u}_r^{G}\boldsymbol{\Phi}(t_G,t_0)^{G}\boldsymbol{o}_0^{G} + \Delta\overline{t}_{r,i} - \Delta\overline{t}_i^{s} + m_r z_{r,i} + \varepsilon_{p_{r,\mathrm{IF},i}^{G}} \tag{4.4a}$$

$$p_{r,\mathrm{IF},i}^{C} = \boldsymbol{u}_r^{C}\boldsymbol{\Phi}(t_C,t_0)^{C}\boldsymbol{o}_0^{C} + \Delta\overline{t}_{r,i} - \Delta\overline{t}_i^{s} + \mathrm{ISB}_r^{GC} + m_r z_{r,i} + \varepsilon_{p_{r,\mathrm{IF},i}^{C}} \tag{4.4b}$$

$$p_{r,\mathrm{IF},i}^{L} = \boldsymbol{u}_r^{L}\boldsymbol{\Phi}(t_L,t_0)^{L}\boldsymbol{o}_0^{L} + \Delta\overline{t}_{r,i} - \Delta\overline{t}_i^{L} + \mathrm{ISB}_r^{GL} + m_r z_{r,i} + \varepsilon_{p_{r,\mathrm{IF},i}^{L}} \tag{4.4c}$$

$$p_{L,\mathrm{IF},i}^{G} = \boldsymbol{u}_L^{G}\boldsymbol{\Phi}(t_G,t_0)^{G}\boldsymbol{o}_0^{G} - \boldsymbol{u}_L^{G}\boldsymbol{\Phi}(t_L,t_0)^{L}\boldsymbol{o}_0^{L} + \Delta\overline{t}_{L,i} - \Delta\overline{t}_i^{s} + \varepsilon_{p_{L,\mathrm{IF},i}^{G}} \tag{4.4d}$$

$$p_{L,\mathrm{IF},i}^{C} = \boldsymbol{u}_L^{C}\boldsymbol{\Phi}(t_C,t_0)^{C}\boldsymbol{o}_0^{C} - \boldsymbol{u}_L^{C}\boldsymbol{\Phi}(t_L,t_0)^{L}\boldsymbol{o}_0^{L} + \Delta\overline{t}_{L,i} - \Delta\overline{t}_i^{s} + \mathrm{ISB}_L^{GC} + \varepsilon_{p_{L,\mathrm{IF},i}^{C}} \tag{4.4e}$$

$$l_{r,\mathrm{IF},i}^{G} = \boldsymbol{u}_r^{G}\boldsymbol{\Phi}(t_G,t_0)^{G}\boldsymbol{o}_0^{G} + \Delta\overline{t}_{r,i} - \Delta\overline{t}_i^{s} + m_r z_{r,i} + \lambda_{\mathrm{IF}}\overline{N}_{r,\mathrm{IF}}^{G} + \varepsilon_{p_{r,\mathrm{IF},i}^{G}} \tag{4.5a}$$

$$l_{r,\mathrm{IF},i}^{C} = \boldsymbol{u}_r^{C}\boldsymbol{\Phi}(t_C,t_0)^{C}\boldsymbol{o}_0^{C} + \Delta\overline{t}_{r,i} - \Delta\overline{t}_i^{s} + \mathrm{ISB}_r^{GC} + m_r z_{r,i} + \lambda_{\mathrm{IF}}\overline{N}_{r,\mathrm{IF}}^{C} + \varepsilon_{p_{r,\mathrm{IF},i}^{C}} \tag{4.5b}$$

$$l_{r,\mathrm{IF},i}^{L} = \boldsymbol{u}_r^{L}\boldsymbol{\Phi}(t_L,t_0)^{L}\boldsymbol{o}_0^{L} + \Delta\overline{t}_{r,i} - \Delta\overline{t}_i^{L} + \mathrm{ISB}_r^{GL} + m_r z_{r,i} + \lambda_{\mathrm{IF}}\overline{N}_{r,\mathrm{IF}}^{L} + \varepsilon_{l_{r,\mathrm{IF},i}^{L}} \tag{4.5c}$$

$$l_{L,\mathrm{IF},i}^{G} = \boldsymbol{u}_L^{G}\boldsymbol{\Phi}(t_C,t_0)^{G}\boldsymbol{o}_0^{G} - \boldsymbol{u}_L^{G}\boldsymbol{\Phi}(t_L,t_0)^{L}\boldsymbol{o}_0^{L} + \Delta\overline{t}_{L,i} - \Delta\overline{t}_i^{s} + \lambda_{\mathrm{IF}}\overline{N}_{L,\mathrm{IF}}^{G} + \varepsilon_{l_{L,\mathrm{IF},i}^{G}} \tag{4.5d}$$

$$l_{L,\mathrm{IF},i}^{C} = \boldsymbol{u}_L^{C}\boldsymbol{\Phi}(t_C,t_0)^{C}\boldsymbol{o}_0^{C} - \boldsymbol{u}_L^{C}\boldsymbol{\Phi}(t_L,t_0)^{L}\boldsymbol{o}_0^{L} + \Delta\overline{t}_{L,i} - \Delta\overline{t}_i^{s} + \mathrm{ISB}_r^{GC} + \lambda_{\mathrm{IF}}\overline{N}_{L,\mathrm{IF}}^{C} + \varepsilon_{l_{L,\mathrm{IF},i}^{C}} \tag{4.5e}$$

式中：

$$\Delta\overline{t}_{r,i} = \Delta t_{r,i} + b_{r,\mathrm{IF}}^{G}; \quad \Delta\overline{t}_i^{s} = \Delta t_i^{s} + b_{\mathrm{IF}}^{s}; \quad \mathrm{ISB}_r^{GC} = b_{r,\mathrm{IF}}^{C} - b_{r,\mathrm{IF}}^{G}; \quad \mathrm{ISB}_r^{GL} = b_{r,\mathrm{IF}}^{L} - b_{r,\mathrm{IF}}^{G};$$
$$\overline{N}_{r,\mathrm{IF}}^{s} = N_{r,\mathrm{IF}}^{s} + \delta_{r,\mathrm{IF}}^{s} - b_{r,\mathrm{IF}}^{s} - \delta_{\mathrm{IF}}^{s} + b_{\mathrm{IF}}^{s}$$

式（4.4a）～式（4.4c）为地面观测值的观测方程；式（4.4d）和式（4.4e）为星载 LEO 观测值观测方程；式（4.5a）～式（4.5e）为相位观测方程。在"一步法"中，所有未知参数为

$$\boldsymbol{X} = [(\boldsymbol{o}_0^{s})^{\mathrm{T}}, (\boldsymbol{o}_0^{L})^{\mathrm{T}}, (\Delta\overline{\boldsymbol{t}}_{r,i})^{\mathrm{T}}, (\Delta\overline{\boldsymbol{t}}_{L,i})^{\mathrm{T}}, (\Delta\overline{\boldsymbol{t}}_i^{s})^{\mathrm{T}}, (\Delta\overline{\boldsymbol{t}}_i^{L})^{\mathrm{T}}, (\mathbf{ISB}_r^{GC})^{\mathrm{T}},$$
$$(\mathbf{ISB}_r^{GL})^{\mathrm{T}}, (\mathbf{ISB}_L^{GC})^{\mathrm{T}}, (\boldsymbol{z}_{r,i})^{\mathrm{T}}, (\overline{\boldsymbol{N}}_{r,\mathrm{IF}}^{s})^{\mathrm{T}}, (\overline{\boldsymbol{N}}_{r,\mathrm{IF}}^{L})^{\mathrm{T}}, (\overline{\boldsymbol{N}}_{L,\mathrm{IF}}^{s})^{\mathrm{T}}]^{\mathrm{T}} \tag{4.6}$$

对于星载 LEO 卫星上的钟差可能会有两种情形：一种为星载接收机和卫星钟具有不同的钟差，另一种为两者采用相同钟差，即同步钟。全球测站分布较为稀疏，LEO 卫星轨道高度较低导致覆盖地面面积小，很少有多个测站可以同时观测到同一颗 LEO 卫星，而星载 LEO 接收机可以接收到较多 GNSS 卫星导航信号，接收机钟差解算比较可靠。若采用卫星钟与接收机钟差同步的策略，模型强度更强，结算结果更稳定。因此，本实验采用钟差同步的模式进行计算。可以采用伪观测值的方法进行约束：

$$E(\Delta\overline{t}_{L,i} - \Delta\overline{t}_i^{L}) = 0, \quad \boldsymbol{P} \tag{4.7}$$

式中：$\Delta\overline{t}_{L,i}$ 和 $\Delta\overline{t}_i^{L}$ 分别为历元 i 时星载 LEO 接收机钟与卫星钟；E 为期望；$\boldsymbol{P}$ 为观测值权阵。由于此处伪观测值的权应该远远大于观测值的权，采用 10^{10} 作为伪观测值的权阵。

有了上述"一步法"的观测模型，容易得到其余三种方案的模型。式（4.3a）、式（4.3b）和式（4.4a）、式（4.4b）为方案一中 GNSS 精密定轨的模型，相应的参数为

$$\boldsymbol{X} = [(\boldsymbol{o}_0^{s})^{\mathrm{T}}, (\Delta\overline{\boldsymbol{t}}_{r,i})^{\mathrm{T}}, (\Delta\overline{\boldsymbol{t}}_i^{s})^{\mathrm{T}}, (\mathbf{ISB}_r^{GC})^{\mathrm{T}}, (\boldsymbol{z}_{r,i})^{\mathrm{T}}, (\overline{\boldsymbol{N}}_{r,\mathrm{IF}}^{s})^{\mathrm{T}}]^{\mathrm{T}} \tag{4.8}$$

与精密轨道产品一起解算得到的 5 min 的钟差采样间隔无法满足高精度低轨卫星定轨（厘米级）的要求（Montenbruck et al.，2005）。30 s 采样间隔的钟差是十分有必要的（Bock et al.，2009）。将卫星与测站坐标、地球自转参数等固定后，GNSS 精密钟差估计模型可以从式（4.3a）、式（4.3b）和式（4.4a）、式（4.4b）中得到：

$$p_{r,\mathrm{IF},i}^{G} = \Delta\overline{t}_{r,i} - \Delta\overline{t}_i^{s} + m_r z_{r,i} + \varepsilon_{p_{r,\mathrm{IF},i}^{G}} \tag{4.9a}$$

$$p_{r,\mathrm{IF},i}^{C} = \Delta\bar{t}_{r,i} - \Delta\bar{t}_{i}^{s} + \mathrm{ISB}_{r}^{GC} + m_{r}z_{r,i} + \varepsilon_{p_{r,\mathrm{IF},i}^{C}} \tag{4.9b}$$

$$l_{r,\mathrm{IF},i}^{G} = \Delta\bar{t}_{r,i} - \Delta\bar{t}_{i}^{s} + m_{r}z_{r,i} + \lambda_{\mathrm{IF}}\bar{N}_{r,\mathrm{IF}}^{G} + \varepsilon_{p_{r,\mathrm{IF},i}^{G}} \tag{4.10a}$$

$$l_{r,\mathrm{IF},i}^{C} = \Delta\bar{t}_{r,i} - \Delta\bar{t}_{i}^{s} + \mathrm{ISB}_{r}^{GC} + m_{r}z_{r,i} + \lambda_{\mathrm{IF}}\bar{N}_{r,\mathrm{IF}}^{C} + \varepsilon_{p_{r,\mathrm{IF},i}^{C}} \tag{4.10b}$$

为了减少估计参数数量，将精密定轨得到的系统间偏差参数作为已知参数进行约束，则相应的估计参数为

$$\boldsymbol{X} = [(\Delta\bar{t}_{r,i})^{\mathrm{T}}, (\Delta\bar{t}_{i}^{s})^{\mathrm{T}}, (\boldsymbol{z}_{r,i})^{\mathrm{T}}, (\bar{N}_{r,\mathrm{IF}}^{s})^{\mathrm{T}}]^{\mathrm{T}} \tag{4.11}$$

在方案一的第二步中，将先前计算得到的 GNSS 轨道和钟差产品固定，解算 LEO 卫星的轨道与钟差。其模型可以从式（4.4a）、式（4.4b）和式（4.5a）、式（4.5b）中简化得到。在 LEO 解算过程中一般采样间隔为 30 s 甚至更短，因此 LEO 卫星钟差参数与轨道可以同时解算得到，其观测模型可表示为

$$p_{L,\mathrm{IF},i}^{G} = -\boldsymbol{u}_{L}^{G}\boldsymbol{\Phi}(t_{L},t_{0})^{L}\boldsymbol{o}_{0}^{L} + \Delta\bar{t}_{L,i} + \varepsilon_{p_{L,\mathrm{IF},i}^{G}} \tag{4.12a}$$

$$p_{L,\mathrm{IF},i}^{C} = -\boldsymbol{u}_{L}^{C}\boldsymbol{\Phi}(t_{L},t_{0})^{L}\boldsymbol{o}_{0}^{L} + \Delta\bar{t}_{L,i} + \mathrm{ISB}_{L}^{GC} + \varepsilon_{p_{L,\mathrm{IF},i}^{C}} \tag{4.12b}$$

$$l_{L,\mathrm{IF},i}^{G} = -\boldsymbol{u}_{L}^{G}\boldsymbol{\Phi}(t_{L},t_{0})^{L}\boldsymbol{o}_{0}^{L} + \Delta\bar{t}_{L,i} + \lambda_{\mathrm{IF}}\bar{N}_{L,\mathrm{IF}}^{G} + \varepsilon_{l_{L,\mathrm{IF},i}^{G}} \tag{4.13a}$$

$$l_{L,\mathrm{IF},i}^{C} = -\boldsymbol{u}_{L}^{C}\boldsymbol{\Phi}(t_{L},t_{0})^{L}\boldsymbol{o}_{0}^{L} + \Delta\bar{t}_{L,i} + \mathrm{ISB}_{L}^{GC} + \lambda_{\mathrm{IF}}\bar{N}_{L,\mathrm{IF}}^{C} + \varepsilon_{l_{L,\mathrm{IF},i}^{C}} \tag{4.13b}$$

式中：未知参数为

$$\boldsymbol{X} = [(\boldsymbol{o}_{0}^{L})^{\mathrm{T}}, \Delta\bar{t}_{L,i}, \mathrm{ISB}_{L}^{GC}, (\bar{N}_{L,\mathrm{IF}}^{s})^{\mathrm{T}}]^{\mathrm{T}} \tag{4.14}$$

方案三中，除了需要引入星载 LEO 观测值，其轨道和钟差的模型与方案一基本相同。式（4.4a, b, d, e）和式（4.5a, b, d, e）为方案三中利用地面测站观测数据与星载 LEO 观测数据的 GNSS 精密定轨的模型，其解算的参数为

$$\boldsymbol{X} = [(\boldsymbol{o}_{0}^{s})^{\mathrm{T}}, (\boldsymbol{o}_{0}^{L})^{\mathrm{T}}, (\Delta\bar{t}_{r,i})^{\mathrm{T}}, (\Delta\bar{t}_{L,i})^{\mathrm{T}}, (\Delta\bar{t}_{i}^{s})^{\mathrm{T}}, (\mathrm{ISB}_{r}^{GC})^{\mathrm{T}}, (\mathrm{ISB}_{L}^{GC})^{\mathrm{T}}, (\boldsymbol{z}_{r,i})^{\mathrm{T}}, (\bar{N}_{r,\mathrm{IF}}^{s})^{\mathrm{T}}, (\bar{N}_{L,\mathrm{IF}}^{s})^{\mathrm{T}}]^{\mathrm{T}} \tag{4.15}$$

在 LeGNSS 中，LEO 星群为导航卫星，因此地面测站也有 LEO 卫星的观测数据。方案四利用星载 LEO 观测数据与地面 LEO 观测数据进行 LEO 卫星的精密轨道与钟差解算，其解算模型为

$$p_{r,\mathrm{IF},i}^{G} = \Delta\bar{t}_{r,i} + m_{r}z_{r,i} + \varepsilon_{p_{r,\mathrm{IF},i}^{G}} \tag{4.16a}$$

$$p_{r,\mathrm{IF},i}^{C} = \Delta\bar{t}_{r,i} + \mathrm{ISB}_{r}^{GC} + m_{r}z_{r,i} + \varepsilon_{p_{r,\mathrm{IF},i}^{C}} \tag{4.16b}$$

$$p_{r,\mathrm{IF},i}^{L} = \boldsymbol{u}_{r}^{L}\boldsymbol{\Phi}(t_{L},t_{0})^{L}\boldsymbol{o}_{0}^{L} + \Delta\bar{t}_{r,i} - \Delta\bar{t}_{i}^{L} + \mathrm{ISB}_{r}^{GL} + m_{r}z_{r,i} + \varepsilon_{p_{r,\mathrm{IF},i}^{L}} \tag{4.16c}$$

$$p_{L,\mathrm{IF},i}^{G} = -\boldsymbol{u}_{L}^{G}\boldsymbol{\Phi}(t_{L},t_{0})^{L}\boldsymbol{o}_{0}^{L} + \Delta\bar{t}_{L,i} + \varepsilon_{p_{L,\mathrm{IF},i}^{G}} \tag{4.16d}$$

$$p_{L,\mathrm{IF},i}^{C} = -\boldsymbol{u}_{L}^{C}\boldsymbol{\Phi}(t_{L},t_{0})^{L}\boldsymbol{o}_{0}^{L} + \Delta\bar{t}_{L,i} + \mathrm{ISB}_{L}^{GC} + \varepsilon_{p_{L,\mathrm{IF},i}^{C}} \tag{4.16e}$$

$$l_{r,\mathrm{IF},i}^{G} = \Delta\bar{t}_{r,i} + m_{r}z_{r,i} + \lambda_{\mathrm{IF}}\bar{N}_{r,\mathrm{IF}}^{G} + \varepsilon_{p_{r,\mathrm{IF},i}^{G}} \tag{4.17a}$$

$$l_{r,\mathrm{IF},i}^{C} = \Delta\bar{t}_{r,i} + \mathrm{ISB}_{r}^{GC} + m_{r}z_{r,i} + \lambda_{\mathrm{IF}}\bar{N}_{r,\mathrm{IF}}^{C} + \varepsilon_{p_{r,\mathrm{IF},i}^{C}} \tag{4.17b}$$

$$l_{r,\mathrm{IF},i}^{L} = \boldsymbol{u}_{r}^{L}\boldsymbol{\Phi}(t_{L},t_{0})^{L}\boldsymbol{o}_{0}^{L} + \Delta\bar{t}_{r,i} - \Delta\bar{t}_{i}^{L} + \mathrm{ISB}_{r}^{GL} + m_{r}z_{r,i} + \lambda_{\mathrm{IF}}\bar{N}_{r,\mathrm{IF}}^{L} + \varepsilon_{l_{r,\mathrm{IF},i}^{L}} \tag{4.17c}$$

$$l_{L,\mathrm{IF},i}^{G} = -\boldsymbol{u}_{L}^{G}\boldsymbol{\Phi}(t_{L},t_{0})^{L}\boldsymbol{o}_{0}^{L} + \Delta\bar{t}_{L,i} + \lambda_{\mathrm{IF}}\bar{N}_{L,\mathrm{IF}}^{G} + \varepsilon_{l_{L,\mathrm{IF},i}^{G}} \tag{4.17d}$$

$$l_{L,\mathrm{IF},i}^{C} = -\boldsymbol{u}_{L}^{C}\boldsymbol{\Phi}(t_{L},t_{0})^{L}\boldsymbol{o}_{0}^{L} + \Delta\bar{t}_{L,i} + \mathrm{ISB}_{r}^{GC} + \lambda_{\mathrm{IF}}\bar{N}_{L,\mathrm{IF}}^{C} + \varepsilon_{l_{L,\mathrm{IF},i}^{C}} \tag{4.17e}$$

假设 LEO 卫星钟与接收机钟同步，因此采用式（4.7）加以约束，方案四的估计参数为

$$X = [(o_0^L)^\mathrm{T}, (\Delta \overline{t}_{r,i})^\mathrm{T}, (\Delta \overline{t}_{L,i})^\mathrm{T}, (\Delta \overline{t}_i^L)^\mathrm{T}, (\mathbf{ISB}_L^{GC})^\mathrm{T}, (\mathbf{ISB}_r^{GL})^\mathrm{T},$$
$$(\mathbf{ISB}_r^{GC})^\mathrm{T}, (z_{r,i})^\mathrm{T}, (\overline{N}_{r,\mathrm{IF}}^s)^\mathrm{T}, (\overline{N}_{r,\mathrm{IF}}^L)^\mathrm{T}, (\overline{N}_{L,\mathrm{IF}}^s)^\mathrm{T}]^\mathrm{T} \qquad (4.18)$$

需要说明的是，理论上，为减小计算负担，有关测站的参数，如接收机钟差和天顶对流层延迟参数等，都可以从第一步中获取。

4.3.2 结果与分析

根据 3.4 节所介绍的模拟数据的方法，本次实验模拟一周的数据，采用上述 4 种方法获取 LeGNSS 轨道和钟差产品并进行分析验证。各力模型与误差模型见表 4.1 与表 4.4。需要指出的是，LEO 卫星的力模型与 GNSS 有所不同，主要体现在大气阻力、太阳光压及卫星姿态控制等。下面对 LeGNSS 的 4 种方案下的轨道和钟差的质量进行评估。

1. 方案一结果

首先分析常用的"两步法"。方案一的结果表明了目前轨道与钟差的精度，通过与其他方案比较，得出其他方案的优缺点。另外，方案一的结果也可以说明数据模拟的真实性与可靠性。

这里，轨道精度是指计算得到的轨道与模拟观测数据所用轨道差异的 RMS 值。图 4.13 所示为 GNSS 卫星轨道精度。

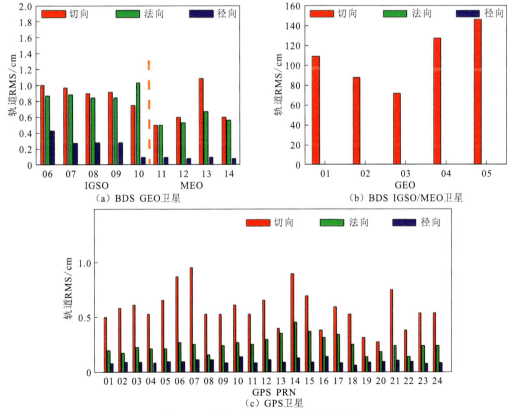

（a）BDS GEO卫星 　　（b）BDS IGSO/MEO卫星

（c）GPS卫星

图 4.13　方案一 GNSS 卫星轨道精度

从图 4.13 中可以看到，GPS 卫星法向和径向的轨道精度一般优于 0.5 cm，而切向的轨道精度优于 1.0 cm。这样的轨道精度略优于 MGEX 的标称精度（Montenbruck et al., 2017）。BDS IGSO 卫星在三个方向上的轨道精度都优于 1.0 cm，其切向、法向和径向的轨道精度分别为 0.9 cm、0.8 cm 和 0.3 cm。BDS MEO 卫星轨道精度优于 IGSO 卫星，其三个方向的轨道精度分别为 0.7 cm、0.6 cm 和 0.1 cm。BDS GEO 卫星的轨道精度在法向和径向上与其他卫星基本一致，分别为 0.5 cm 和 0.3 cm，但其切向精度在 100 cm，其中主要原因为 GEO 卫星相对于地面测站静止，定轨几何几乎不变导致其轨道精度较差，尤其是切向精度明显低于其他卫星。

钟差精度在这里则是指计算得到的钟差与模拟钟差差异的 RMS 值。图 4.14 所示为 GNSS 卫星钟差精度。如图 4.14 所示，BDS 卫星钟差精度优于 0.18 ns。虽然 BDS GEO 卫星轨道精度低于其他卫星，但钟差精度在很大程度上取决于卫星轨道径向精度，而 GEO 卫星径向精度较好，因此 BDS GEO 卫星钟差精度与其他 BDS 卫星精度相当。GPS 卫星钟差精度优于 BDS 卫星，其钟差精度优于 0.1 ns。其主要原因在于，BDS 卫星地面测站分布较为稀疏。

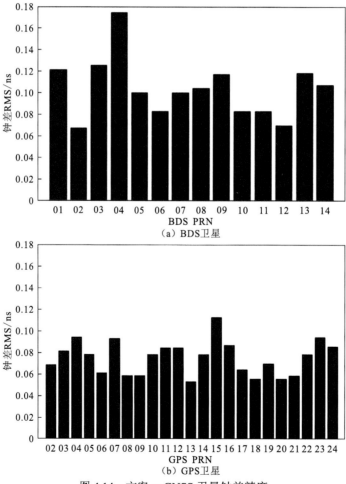

图 4.14　方案一 GNSS 卫星钟差精度

利用上述解算得到的 GNSS 轨道与钟差产品，可以计算 LEO 卫星的轨道与钟差产品。由于采用星载 LEO 卫星接收机钟与 LEO 卫星钟同步模式，LEO 卫星解算得到的接收机钟差可认为是 LEO 卫星钟差。图 4.15 和图 4.16 分别表示 LEO 卫星的轨道精度与钟差精度。从图 4.15 中可以看出，所有低轨卫星轨道精度基本相同，其切向、法向和径向的轨道精度分别为 1.3 cm、0.6 cm 和 1.1 cm。LEO 卫星的钟差精度在 0.2 ns 左右。

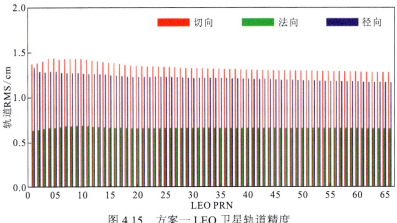

图 4.15　方案一 LEO 卫星轨道精度

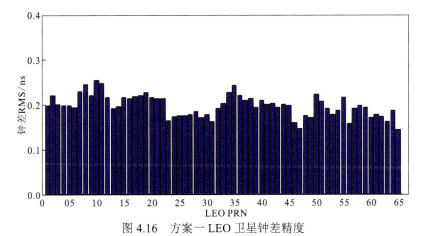

图 4.16　方案一 LEO 卫星钟差精度

　　表 4.5 统计了 LeGNSS 中各类卫星的平均轨道精度和钟差精度。显然，在各个轨道分量中，切向方向精度最低。由于定轨几何条件差，BDS GEO 卫星切向精度远远低于其他卫星。除了 GEO 卫星，LEO 卫星的轨道精度和钟差精度低于其他所有卫星，其主要原因是在解算 LEO 卫星轨道和钟差时，GNSS 卫星轨道和钟差产品固定，GNSS 卫星的轨道和钟差误差会引入 LEO 卫星的轨道和钟差产品中。

表 4.5　方案一 LeGNSS 各类卫星轨道钟差精度统计

卫星类型	径向/cm	切向/cm	法向/cm	3D/cm	钟差/ns
BDS GEO	110.5	0.3	0.3	110.5	0.11
BDS IGSO	0.9	0.9	0.3	1.3	0.10
BDS MEO	0.7	0.6	0.3	1.0	0.09
GPS	0.6	0.2	0.1	0.7	0.07
LEO	1.3	0.6	1.2	1.9	0.20

在方案一中，BDS IGSO 与 MEO 卫星的轨道精度和钟差精度明显高于第 3 章中的定轨结果，各分析中心 BDS IGSO 卫星轨道一致性在分米级，MEO 卫星轨道一致性在厘米至分米级（Montenbruck et al.，2017；Li et al.，2015），其重要原因在于 BDS 卫星姿态控制模型与太阳光压模型精度不高。目前，对 BDS 卫星姿态和太阳光压模型尚处于研究阶段，虽然都已有一定的成果，但其精度与 GPS 卫星姿态与光压还相差甚远，而在模拟数据中，BDS 卫星姿态和太阳光压模型与解算软件能很好地耦合，因此会出现 BDS IGSO 与 MEO 卫星轨道与钟差精度远高于实际情况。当然还可以发现，即使在这种情况下，BDS GEO 卫星的切向精度依然在米级，这恰恰说明 GEO 卫星存在因定轨几何构型欠佳导致定轨精度不高的问题。

2. 方案二结果

与方案一不同，方案二中利用所有观测值进行参数解算。图 4.17 和图 4.18 给出了 LeGNSS 所有卫星三个方向的轨道精度以及钟差精度。表 4.6 给出了每一类卫星的平均轨道精度和钟差精度。

如图 4.17 所示，相比于方案一，所有卫星的轨道精度都有所提升。BDS 卫星轨道精度优于 0.3 cm，GPS 和 LEO 卫星的轨道精度都优于 0.2 cm。虽然这样的轨道精度远远高于实际定轨情况，但引入 LEO 卫星对于 GEO 卫星轨道精度的提升显而易见。另外，BDS GEO、BDS IGSO、BDS MEO、GPS 和 LEO 卫星的钟差精度分别为 0.04 ns、0.05 ns、0.04 ns、0.03 ns 和 0.05 ns。

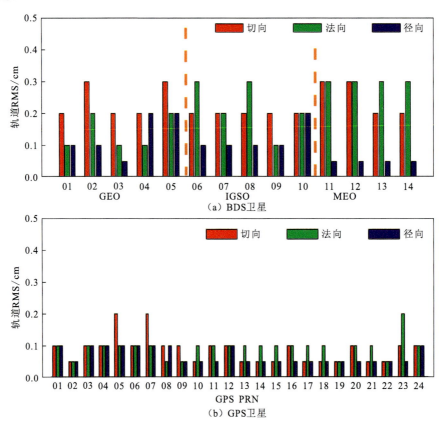

（a）BDS卫星

（b）GPS卫星

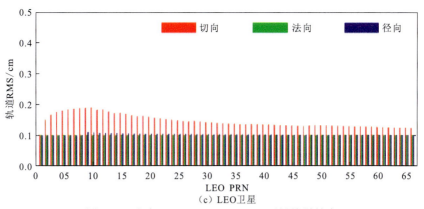

（c）LEO卫星

图 4.17　方案二 BDS、GPS、LEO 卫星轨道精度

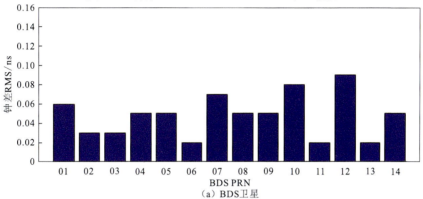

（a）BDS卫星

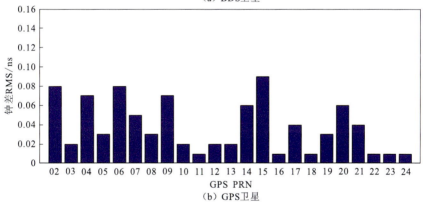

（b）GPS卫星

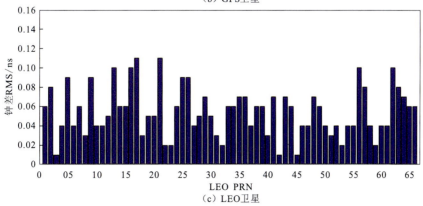

（c）LEO卫星

图 4.18　方案二 BDS、GPS、LEO 卫星钟差精度

表 4.6 方案二 LeGNSS 各类卫星轨道钟差精度统计

卫星类型	径向/cm	切向/cm	法向/cm	3D/cm	钟差/ns
BDS GEO	0.2	0.1	0.1	0.3	0.04
BDS IGSO	0.2	0.2	0.1	0.3	0.05
BDS MEO	0.3	0.3	0.1	0.4	0.04
GPS	0.1	0.1	0.1	0.2	0.03
LEO	0.1	0.1	0.1	0.2	0.05

从表 4.6 中可以看到，所有卫星的轨道精度都在毫米级，钟差精度都优于 0.1 ns。采用"一步法"可以获得最优的轨道和钟差产品，且卫星轨道、钟差与测站坐标等参数都具有很好的一致性。然而，在"一步法"中有大量待估参数，如表 4.7 所示，大量的参数导致"一步法"解算消耗大量时间，严重影响了其实时应用。

表 4.7 方案二中待估参数个数及其耗时

参数	数目	解释
卫星初始状态（位置与速度）	～（14+24+66）×6	每个卫星 6 个参数（位置和速度）
太阳光压	～（14+24）×5	每个 GNSS 卫星 5 个太阳光压参数
大气阻力	～66×4	每个 LEO 卫星每 6 h 1 个参数
经验力	～66×6×16	每个 LEO 卫星每 1.5 h 6 个参数
卫星钟差	～（14+24+66）×288	每个卫星每个历元 1 个参数
测站坐标（紧约束）	～76×3	每个测站 3 个位置参数
测站钟差	～（76+66）×288	每个测站每个历元 1 个参数
对流层延迟	～76×12	每个测站 2 h 1 个参数
系统间偏差	～76×2+66	每个测站 2 个系统间偏差和每个 LEO 卫星 1 个系统间偏差
模糊度	～（76×12+66×8）×288	每个历元每个测站约 12 个，每个 LEO 卫星约 8 个
总计	494 340	

3. 方案三结果

方案一计算效率高，但 LEO 卫星轨道和钟差精度相对较低，方案二所有卫星的轨道和钟差精度最优但计算效率较低。为了平衡计算效率与轨道和钟差精度的关系，尤其是提高 BDS GEO 卫星轨道精度，提出在 GNSS 精密定轨时引入部分 LEO 卫星的方法。根据先前的研究（Ge et al.，2017），在增加 6 颗 LEO 卫星后，不同轨道高度卫星的轨道精度基本保持不变，高轨卫星轨道精度提升空间较小。本小节引入 6 颗位于不同轨道面的低轨卫星增强 GNSS 卫星定轨。即利用星载 LEO 观测数据与地面观测数据进行 6 颗 LEO 卫星与 GNSS 卫星联合定轨。图 4.19 给出了所有 GNSS 卫星的轨道精度。

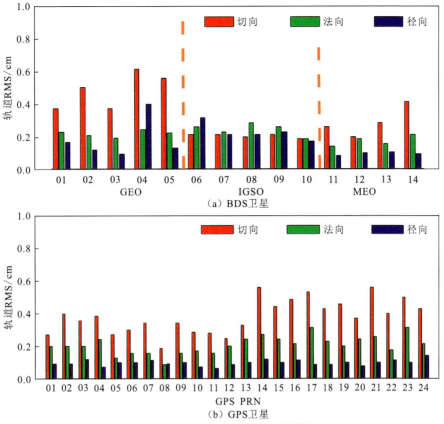

图 4.19　方案三 GNSS 卫星轨道精度

从图 4.19 中可以看出，BDS GEO 卫星切向精度有明显改善，从方案一的米级提高至方案三的毫米级。这是由于大量星载 LEO 卫星观测数据对 GEO 卫星定轨几何构型增益的影响。GEO 卫星法向和径向精度相比于方案一也略有提升，其精度可分别达到 0.2 cm 和 0.1 cm。BDS IGSO 卫星切向、法向和径向精度都在 0.2 cm。BDS MEO 卫星切向和法向精度也提升至 0.2 cm。对于 GPS 卫星，虽然在方案一中轨道精度已经较高，但引入 LEO 卫星后，其轨道精度仍有小幅提升。从上述 GNSS 卫星轨道精度提升可以看出，星载 LEO 观测数据不仅是 LEO 卫星定轨的重要数据源，也是 GNSS 卫星精密定轨的重要数据源。方案三中 BDS 和 GPS 卫星钟差精度如图 4.20 所示，其钟差精度分别优于 0.12 ns 和 0.10 ns。其中，GEO 卫星钟差精度由方案一的 0.11 ns 提高至 0.08 ns。BDS IGSO、MEO 和 GPS 卫星钟差精度相比于方案一都有所提高。

利用更优的 GNSS 卫星轨道和钟差进行 LEO 卫星轨道和钟差计算，计算结果如图 4.21 和图 4.22 所示。LEO 卫星轨道精度在三个方向上都优于 0.4 cm，相比于方案一有大幅提升。其中，切向和径向轨道精度提升最大，分别达到 0.3 cm 和 0.2 cm。LEO 卫星钟差精度从方案一的 0.2 ns 提高至方案三的 0.12 ns。LEO 卫星轨道钟差产品精度提升依赖于 GNSS 卫星轨道与钟差产品精度的提升。

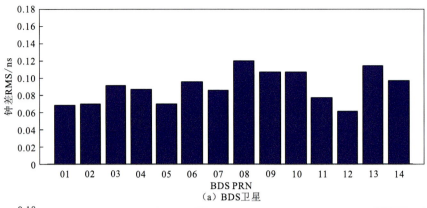
（a）BDS卫星

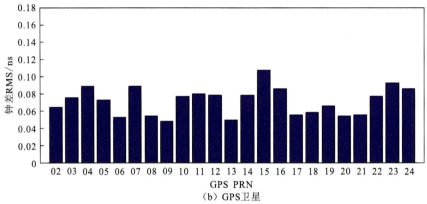
（b）GPS卫星

图 4.20　方案三 BDS 和 GPS 卫星钟差精度

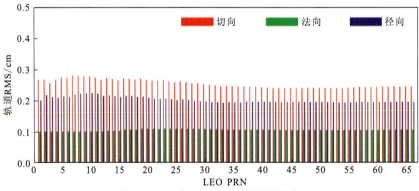
图 4.21　方案三 LEO 卫星轨道精度

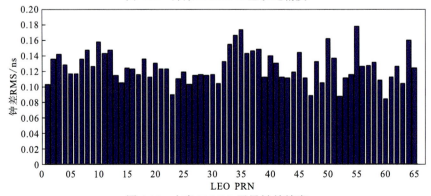
图 4.22　方案三 LEO 卫星钟差精度

表 4.8 统计了方案三各类卫星轨道钟差平均精度及其精度提高百分比。相比于方案一，每类卫星的轨道精度都有所提升，尤其是对于 BDS 三类卫星的切向方向，GEO、IGSO 及 MEO 卫星分别提高了 99.5%、77.8% 和 71.4%。尽管方案一中 GPS 轨道精度已经很高，但在方案三中，GPS 切向精度仍然可以提高 50.0%。对于 LEO 卫星，其切向、法向及径向精度分别提高 76.9%、83.3% 和 81.8%。

表 4.8　所有卫星轨道切向、法向以及径向精度和钟差精度及其相应提升百分比

卫星类型	轨道/m				钟差 RMS /ns	相对改进/%				
	切向	法向	径向	3D		切向	法向	径向	3D	钟差 RMS
BDS GEO	0.5	0.2	0.2	0.6	0.08	99.5	33.3	33.3	99.4	27.3
BDS IGSO	0.2	0.2	0.2	0.4	0.09	77.8	77.8	33.3	69.2	10.0
BDS MEO	0.2	0.2	0.1	0.3	0.08	71.4	66.7	66.7	70.0	11.1
GPS	0.3	0.2	0.1	0.4	0.07	50.0	0.0	0.0	42.8	0.0
LEO	0.3	0.1	0.2	0.4	0.12	76.9	83.3	81.8	78.9	40.0

比较表 4.6 和表 4.8 可以看出，方案三与方案二两种方案的轨道精度相差不大，这意味着在 GNSS 定轨时引入 LEO 卫星可以提高 GNSS 卫星轨道精度，且轨道精度与"一步法"解算的结果精度相当。而对于卫星钟差而言，虽然方案三计算各类卫星的钟差精度是方案二的 2 倍，但是相比于方案一，已经有很大的改善。

4. 方案四结果

在方案一和方案三中，并没有利用地面测站观测 LEO 的数据。因此，方案四利用星载 LEO 观测数据和地面测站 LEO 观测数据进行 LEO 卫星轨道与钟差确定，其轨道精度如图 4.23 所示，钟差精度如图 4.24 所示。

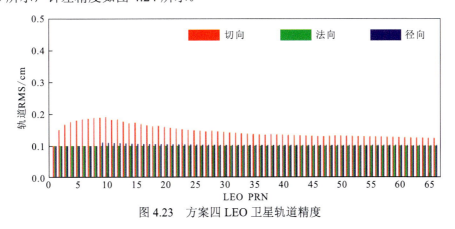

图 4.23　方案四 LEO 卫星轨道精度

如图 4.23 所示，LEO 卫星切向、法向和径向精度优于 0.2 cm，其结果与方案二接近。相比于方案三，LEO 卫星切向与径向精度提高了 50%。从图 4.24 中可以看出，LEO 卫星钟差精度优于 0.12 ns。其平均精度为 0.08 ns，相比于方案三提高了 33.3%。在这个方案中，LEO 定轨与定钟不仅使用了星载 LEO 观测值，而且使用了地面观测 LEO 数据。这些地面观测数据为 LEO 卫星提供了更好的定轨几何构型，从而提高了 LEO 卫星轨道和钟差精度。

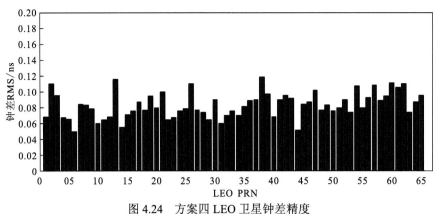

图 4.24 方案四 LEO 卫星钟差精度

总之，利用所有观测数据同时解算所有待估参数的"一步法"可以获得最优的轨道钟差产品但计算效率低而且耗时，这也是阻碍 LeGNSS 实时解算的主要原因。为了解决这一问题，采用引入部分 LEO 卫星进行联合 GNSS 和 LEO 解算的方法。利用快速运动的 LEO 卫星作为移动平台，相对于地面静止的 GEO 卫星相对于 LEO 卫星不再静止，GEO 卫星的轨道精度可以得到极大的提升。得到更优的 GNSS 轨道钟差产品之后，便可以得到相比于"两步法"更优的 LEO 卫星轨道钟差产品。若采用地面测站 LEO 观测数据，将可以得到与方案二接近的轨道产品。总之，如果将 LeGNSS 卫星轨道钟差与地面测站坐标等参数一起解算，其解算结果具有最优的一致性。

4.4 基于区域监测站的 LeGNSS 精密定轨

目前，越来越多的学者致力于研究区域范围内的 GNSS 运用。Li 等（2011）提出了基于区域参考网的 PPP 增强策略，实现了与网络 RTK 相当的位置服务。Li 等（2018）使用区域地面站的 GPS 和 BDS 观测数据及风云 3C 低轨卫星的星载 GPS 和 BDS 观测数据进行了 GPS 和 BDS 的精密定轨，验证了星载数据的引入能显著提升 GPS 和 BDS 的定轨精度。区域性的 GNSS 定轨定位等运用是目前的研究热点。因此，本节基于前述全球 LeGNSS 定轨的结果，探究继续增加低轨卫星数目并减少地面站数目是否也能实现 GNSS 精密轨道和精密钟差的确定。考虑 BDS-3 的 GEO 和 IGSO 卫星在亚太地区飞行，全球其他地区也难以观测到这两类卫星，同时也考虑在国外布设地面站的成本、国防安全等问题，本节研究内容聚焦在中国境内布设地面站的 LeGNSS 定轨。

4.4.1 区域站实验方案

实验中布设了 8 个地面站，其分布如图 4.25 所示。

8 个地面站相对于传统 GNSS 定轨中上百个的地面站而言，对于 GNSS 卫星的几何构型贡献非常有限。但在 LeGNSS 定轨中，充足数量的低轨卫星可视为运动的 GNSS 卫星监测站。低轨卫星的高动态性能可以显著提升 GNSS 卫星的几何构型，在区域性的 LeGNSS

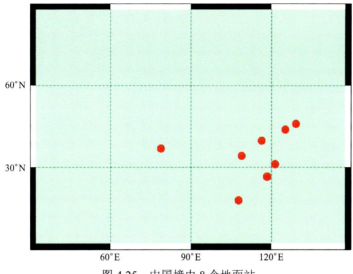

图 4.25　中国境内 8 个地面站

定轨中，对 GNSS 卫星的主要贡献来自移动平台的低轨卫星星座。而因为 8 个地面站坐标已知，它们主要用来固定整个区域 LeGNSS 框架。总之，在接下来的区域 LeGNSS 定轨实验中，将用到 8 个地面站的模拟 GNSS 数据及 66 颗低轨卫星的模拟星载 GNSS 观测数据。

为了详细地研究低轨卫星数目、分布等对 GNSS 卫星轨道精度的改善，不能一次性引入全部低轨卫星。因此，以不同的低轨卫星选取为基础，设定了三种实验方案，具体如下。

方案一：在同一个低轨卫星轨道面中，引入不同低轨卫星数目。以单个轨道面为基准，逐颗增加低轨卫星数量，可得到低轨卫星数量为 1～11 颗时的 GNSS 定轨结果，共 11 组结果。

方案二：每次引入一个低轨卫星轨道面的全部 11 颗卫星，可得到低轨卫星数量为 11 颗、22 颗、33 颗、44 颗、55 颗、66 颗时的 GNSS 定轨结果，共 6 组结果。

方案三：从若干低轨卫星轨道面中选取若干低轨卫星，初步探索低轨卫星的选取对 GNSS 定轨结果和解算时间效率的影响。平衡二者，既保证求解的 GNSS 轨道精度和钟差精度高，又保证时间效率高。

4.4.2　结果与分析

本小节基于 4.4.1 小节中的三种方案进行实验，先后探究引入低轨卫星后对 GPS、GLONASS 和 BDS 卫星定轨精度和定钟精度的提升。图 4.26 先展示了不引入低轨卫星，只使用 8 个中国地面站的 GNSS 定轨结果。从图 4.26 中可以看出，每颗卫星定轨精度之间的差异明显且定轨精度很低，在切向、法向和径向只能达到米级或者分米级，原因在于只使用了 8 个地面站，无论是观测值数目以及对 GNSS 卫星几何构型的贡献都严重不足。接下来，引入低轨卫星进行实验。

1. 轨道解算方案 1：在同一个低轨卫星轨道面中，引入不同低轨卫星数量

图 4.27 表示引入 1～11 颗低轨卫星时的 5 类 GNSS 卫星定轨结果。

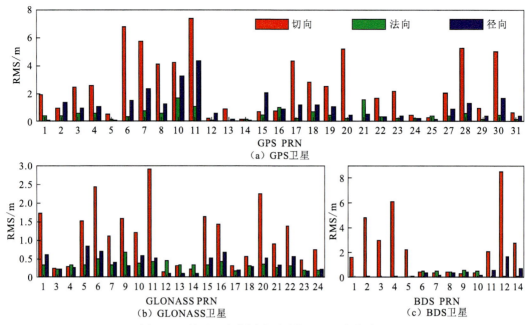

图 4.26　基于 8 个中国地面站的 GNSS 定轨结果

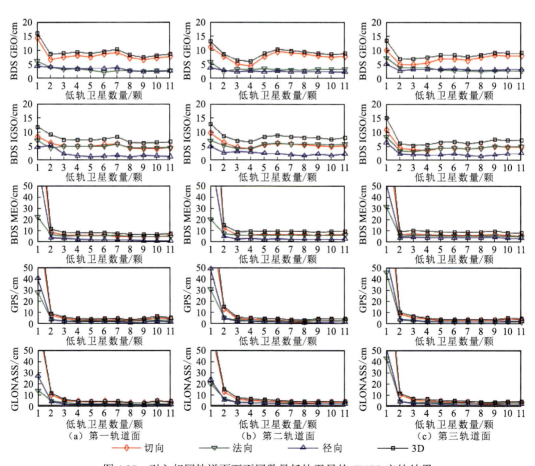

图 4.27　引入相同轨道面下不同数量低轨卫星的 GNSS 定轨结果

以第一轨道面为例，与只用 8 个地面站的 GNSS 定轨结果对比，再引入 11 颗低轨卫星后，BDS GEO 卫星的切向精度能从 365.1 cm 减小到 7.7 cm，而这一方向也是导致目前 GEO 卫星定轨精度低的主要原因。在法向和径向上，也能从 8.9 cm 减小到 2.8 cm 以及从 6.1 cm 减小到 2.7 cm。对于 BDS IGSO 卫星，在切向、法向及径向三个方向上，分别能从 40.1 cm 减小到 4.6 cm、54.1 cm 减小到 4.8 cm，以及 32.0 cm 减小到 1.5 cm。对于 BDS MEO、GPS、GLONASS 卫星，它们全球运行，在区域 LeGNSS 中观测值少于 BDS GEO 和 BDS IGSO 卫星。在只增加 1 颗或 2 颗低轨卫星时，观测值仍然不足，导致这种情况下 MEO 类卫星定轨精度低于 GEO 和 IGSO 卫星。当继续增加低轨卫星使得观测值充足后，MEO 类卫星全球运行所带来的更优的几何构型使得其定轨精度将优于 GEO 和 IGSO 卫星。当引入全部 11 颗低轨卫星后，在切向、法向及径向三个方向上，BDS MEO 卫星分别能从 452.8 cm 减小到 5.2 cm，11.6 cm 减小到 4.8 cm 以及 103.6 cm 减小到 1.3 cm。对于 GPS 卫星，从 253.5 cm 减小到 3.8 cm，51.3 cm 减小到 2.0 cm 以及 104.1 cm 减小到 1.8 cm。对于 GLONASS 卫星，从 112.0 cm 减小到 3.1 cm，34.3 cm 减小到 2.1 cm 以及 38.9 cm 减小到 1.6 cm。而在第二轨道面或第三轨道面中，5 类 GNSS 卫星定轨精度的趋势及改善程度与第一轨道面的结果基本相近。

以全球 GNSS 定轨精度为参考，比较区域 LeGNSS 定轨下的 GNSS 卫星轨道 3D RMS，如表 4.9 所示。

表 4.9 区域 LeGNSS 定轨下的 GNSS 卫星定轨 3D RMS 平均值 （单位：cm）

项目	BDS			GPS	GLONASS
	GEO	IGSO	MEO	MEO	MEO
参考（100 个全球地面站）	56.3	10.7	7.1	2.1	4.1
8 个区域地面站+11 颗低轨卫星（L01～L11）	8.8	7.2	7.3	4.8	4.3
8 个区域地面站+11 颗低轨卫星（L12～L22）	9.1	8.2	7.4	4.2	4.4
8 个区域地面站+11 颗低轨卫星（L23～L33）	9.5	7.6	6.9	4.6	3.9

从表 4.9 可知，对于 BDS GEO 和 IGSO 卫星，尽管只使用 8 个地面站，引入 11 颗低轨卫星后，定轨精度能达到亚分米级，已经优于基于 100 个全球地面站的定轨精度。其主要原因在于，尽管全球地面站数目多，但只有亚太地区的测站才能观测到 GEO 和 IGSO 卫星。而低轨卫星对 GEO 和 IGSO 卫星的几何贡献显著优于地面站。对于 3 类 MEO 卫星，BDS 和 GLONASS 卫星能基本达到基于 100 个全球地面站的定轨精度，而 GPS 卫星明显低于基于 100 个全球地面站的定轨精度。因此，为了进一步提升 MEO 卫星的定轨精度，特别是对于 GPS 卫星，需要继续增加低轨卫星。

2. 轨道解算方案 2：每次引入一个低轨卫星轨道面的全部 11 颗卫星

继续引入低轨卫星，每次引入一个低轨卫星轨道面的全部 11 颗卫星，得到低轨卫星数量为 11 颗、22 颗、33 颗、44 颗、55 颗、66 颗时的 GNSS 定轨结果，如图 4.28 所示。

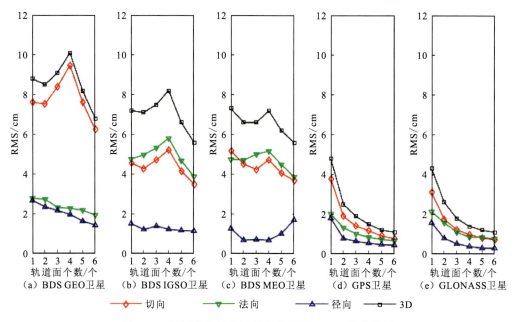

图 4.28　不同数量低轨卫星轨道面的 GNSS 定轨结果

5 类 GNSS 卫星定轨精度统计如表 4.10 所示。

表 4.10　5 类 GNSS 卫星定轨 3D RMS 平均值　　　　　（单位：cm）

项目	BDS			GPS	GLONASS
	GEO	IGSO	MEO	MEO	MEO
参考（100 个全球地面站）	56.3	10.7	7.1	2.1	4.1
8 个区域地面站 ＋11 颗低轨卫星（L01～L11）	8.8	7.2	7.3	4.8	4.3
8 个区域地面站 ＋22 颗低轨卫星（L01～L22）	8.5	7.1	6.6	2.5	2.6
8 个区域地面站 ＋33 颗低轨卫星（L01～L33）	9.1	7.5	6.6	1.9	1.8
8 个区域地面站 ＋44 颗低轨卫星（L01～L44）	10.1	8.2	7.2	1.5	1.4
8 个区域地面站 ＋55 颗低轨卫星（L01～L55）	8.2	6.6	6.2	1.2	1.2
8 个区域地面站 ＋66 颗低轨卫星（L01～L66）	6.8	5.6	5.6	1.1	1.1

　　由结果可知，整体上而言，引入越多的低轨卫星可获得更高精度的 GNSS 卫星轨道，尽管精度提升程度越来越小。对于 BDS GEO 卫星，当引入全部 66 颗低轨卫星后，3D RMS 平均值可减小到 7 cm 以下。对于 BDS IGSO 和 MEO 卫星，则可优于 6 cm。对于 GPS 和 GLONASS 卫星，引入 33 颗低轨卫星后，轨道精度可优于 2 cm；引入 66 颗低轨卫星后，轨道精度可优于 1 cm。由此可知，所有的 GNSS 卫星定轨精度均优于基于 100 个全球地面站的定轨精度。因此，可以认为当地面站数目很少，只在区域范围内时，引入充足数量的低轨卫星，能实现与传统基于全球地面站定轨相当甚至更优的 GNSS 卫星轨道精度。

3. 轨道解算方案 3: 从若干低轨卫星轨道面中选取若干低轨卫星

尽管在方案 1 和方案 2 的实验结果下, 已能满足所有 GNSS 卫星轨道精度需求。但需要注意, 引入低轨卫星会引入大量待求解参数, 包括低轨卫星位置参数、速度参数、经验力参数等。这些低轨卫星参数会影响解算时间效率。同时, 当低轨卫星数量充足后, 持续增加低轨卫星对 GNSS 卫星轨道精度的提升效果不再显著。因此, 综合考虑 GNSS 卫星轨道精度和解算时间效率, 如何合理地选取低轨卫星是至关重要的。

低轨卫星相对 GNSS 卫星运动复杂, 根据几何构型选取低轨卫星将十分复杂。在初步实验中, 以两个准则选取低轨卫星: ①在 6 个低轨卫星轨道中, 间隔选取轨道面, 使得低轨卫星在空间分布更加均匀, 有助于改善 GNSS 卫星的几何构型; ②根据低轨卫星星载数据定轨结果, 由于所有低轨卫星的星载 GPS 和星载 GLONASS 定轨结果都相对稳定, 着重选取那些星载 BDS 定轨结果好的低轨卫星。最终, 选取的初步低轨卫星实验组为: 第一轨道面 L01~L05, 第三轨道面 L23~L27 以及第五轨道面 L50~L54, 共 15 颗卫星。表 4.11 显示了不同低轨卫星选取下的 GNSS 卫星定轨精度及相应的解算时间效率。

表 4.11 不同低轨卫星选取下的 5 类 GNSS 卫星定轨 3D RMS 平均值及解算时间

低轨卫星选取		L01~L11	L01~L22	L01~L33	L01~L44	L01~L55	L01~L66	实验组
低轨卫星数量/颗		11	22	33	44	55	66	15
解算时间/min		25	40	60	120	180	265	30
3D RMS /cm	BDS GEO	8.8	8.5	9.1	10.1	8.2	6.8	7.5
	BDS IGSO	7.2	7.1	7.5	8.2	6.6	5.6	5.3
	BDS MEO	7.3	6.6	6.6	7.2	6.2	5.6	6.6
	GPS MEO	4.8	2.5	1.9	1.5	1.2	1.1	1.7
	GLONASS MEO	4.3	2.6	1.8	1.4	1.2	1.1	1.8

从表 4.11 中可明显对比看出, 实验组低轨卫星能平衡 GNSS 卫星轨道精度和解算时间效率。对于 BDS 系统, 实验组的 GEO 定轨精度可达 7.5 cm, MEO 卫星优于 7 cm, IGSO 卫星优于 6 cm。整体精度甚至比使用 L01~L55, 即 55 颗低轨卫星的精度还要高。在解算时间效率方面, 更具显著优势, 实验组只需要 30 min, 而 L01~L55 则需要 180 min。对于 GPS 和 GLONASS 卫星, 实验组的定轨精度均优于 2 cm。尽管当低轨卫星数量超过 33 颗后, 实验组的定轨精度将不如其他低轨卫星选取的精度, 但已能满足全球定轨精度要求。上述初步实验结果证明, 合理的低轨卫星选取能快速地获取高精度 GNSS 卫星轨道。这也引出另一个可研究的点, 即怎么合理选取低轨卫星减少解算时间的同时不影响 GNSS 卫星的定轨精度。这可能需要综合考虑诸多因素, 包括不同低轨卫星星座构型下的选取, 低轨卫星与 GNSS 卫星的时空几何条件, 选取的低轨卫星空间分布等。本小节只给出初步选取的实验结果, 这些因素值得后续更深入、更系统的研究。

在轨道研究的基础上, 对应研究在区域地面站的情况下, 引入低轨卫星后对 GPS、GLONASS 和 BDS 卫星钟差精度的影响, 着重包括: ①对 GNSS 卫星钟差精度的提升效果; ②能否达到基于全球站解算时的钟差精度。

4. 钟差解算方案1：在同一个低轨卫星轨道面中，引入不同低轨卫星数量

与定轨实验时相同，基于同一轨道面，逐颗增加低轨卫星。图 4.29 所示为引入相同轨道面下不同数量低轨卫星的 GNSS 钟差结果。

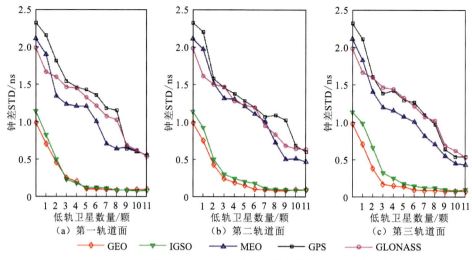

图 4.29　引入相同轨道面下不同数量低轨卫星的 GNSS 钟差结果

从图 4.29 中明显可知，BDS GEO 和 IGSO 卫星的钟差精度明显优于其他 3 类 MEO 卫星，这与区域 LeGNSS 中 BDS GEO 和 IGSO 卫星拥有更多的可用观测值有关。即引入 11 颗低轨卫星还不足以提供充足的可用观测值来进行 MEO 卫星的钟差解算，使得其钟差精度较 GEO 和 IGSO 卫星而言偏低。但相对于只使用 8 个区域站，引入低轨卫星能明显提升钟差解算精度。以第一轨道面为例：对于 BDS GEO 卫星，当引入全部 11 颗低轨卫星后，钟差精度能从 0.98 ns 减小到 0.09 ns；对于 BDS IGSO 卫星，能从 1.14 ns 减小到 0.08 ns。对于 3 类 MEO 卫星，BDS 卫星能从 2.11 ns 减小到 0.55 ns，GPS 卫星能从 2.32 ns 减小到 0.55 ns，GLONASS 卫星能从 1.98 ns 减小到 0.53 ns。对于第二、第三轨道面，钟差结果与第一轨道面基本一致。与基于全球地面站解算的钟差精度对比，表 4.12 统计了 5 类 GNSS 卫星钟差 STD 平均值。

表 4.12　5 类 GNSS 卫星钟差 STD 平均值　　　　　　　（单位：ns）

项目	BDS			GPS	GLONASS
	GEO	IGSO	MEO	MEO	MEO
参考（100 个全球地面站）	0.11	0.09	0.07	0.04	0.07
8 个区域地面站 +11 颗低轨卫星（L01～L11）	0.09	0.08	0.55	0.55	0.53
8 个区域地面站 +11 颗低轨卫星（L12～L22）	0.09	0.09	0.46	0.60	0.63
8 个区域地面站 +11 颗低轨卫星（L23～L33）	0.08	0.10	0.43	0.54	0.57

从表 4.12 中可知，对于三个低轨卫星轨道面，BDS GEO 和 IGSO 卫星的钟差精度均能优于 0.10 ns，这与基于全球站解算的钟差精度相当。但对于 3 类 MEO 卫星，钟差精度

只能达到 0.43～0.63 ns，明显低于基于全球站解算的钟差精度，这与在区域 LeGNSS 中 MEO 卫星可用观测值不足有关。因此，为了进一步提升 MEO 卫星的钟差解算精度，需要继续增加低轨卫星，增加 MEO 卫星可用观测值。

5. 钟差解算方案 2：每次引入一个低轨卫星轨道面的全部 11 颗卫星

方案 1 引入 11 颗低轨卫星后，BDS GEO 和 IGSO 卫星钟差精度与基于全球站解算的钟差精度相当，但 MEO 卫星钟差精度显著偏低。因此，继续增加低轨卫星，以提升 MEO 卫星钟差解算精度，每次增加一个低轨卫星轨道面的全部 11 颗低轨卫星，得到低轨卫星数量为 11 颗、22 颗、33 颗、44 颗、55 颗和 66 颗时的 GNSS 卫星钟差解算结果。图 4.30 所示为不同数量低轨卫星轨道面的 GNSS 钟差结果，表 4.13 则统计了 5 类 GNSS 卫星钟差 STD 平均值，并与基于全球站解算的钟差精度对比。

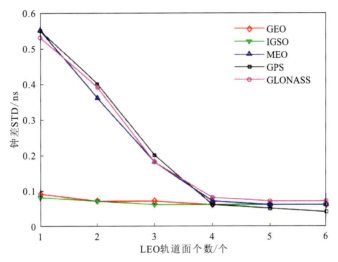

图 4.30　不同数量低轨卫星轨道面的 GNSS 钟差结果

表 4.13　5 类 GNSS 卫星钟差 STD 平均值　　　　　　　　（单位：ns）

项目	BDS			GPS	GLONASS
	GEO	IGSO	MEO	MEO	MEO
参考（100 个全球地面站）	0.11	0.09	0.07	0.04	0.07
8 个区域地面站 + 11 颗低轨卫星（L01～L11）	0.09	0.08	0.55	0.55	0.53
8 个区域地面站 + 22 颗低轨卫星（L01～L22）	0.07	0.07	0.36	0.40	0.39
8 个区域地面站 + 33 颗低轨卫星（L01～L33）	0.07	0.06	0.18	0.20	0.18
8 个区域地面站 + 44 颗低轨卫星（L01～L44）	0.06	0.06	0.07	0.06	0.08
8 个区域地面站 + 55 颗低轨卫星（L01～L55）	0.06	0.06	0.06	0.05	0.07
8 个区域地面站 + 66 颗低轨卫星（L01～L66）	0.06	0.06	0.06	0.04	0.07

从图 4.30 和表 4.13 可知，整体上，随着低轨卫星数量的增加，每类 GNSS 卫星钟差 STD 均会减小。对于 BDS GEO 和 IGSO 卫星，当引入 22 颗低轨卫星后，钟差精度能减小

到 0.07 ns。后续再引入低轨卫星，钟差精度几乎不再改变，但已经优于基于全球站解算的钟差精度，即 GEO 卫星为 0.11 ns，IGSO 卫星为 0.09 ns。对于 3 类 MEO 卫星，由于起始可用观测值不足，当引入的低轨卫星数量不充足时（如 11 颗或 22 颗），钟差精度只能达到 0.40（0.50）ns 左右。随着低轨卫星数量的增加，当引入 33 颗时，MEO 卫星的钟差精度将优于 0.20 ns；当引入 44 颗时，优于 0.10 ns。最终引入全部 66 颗后，3 类 MEO 卫星的钟差精度将与基于全球站解算的钟差精度相当。以上结果说明，基于中国区域地面站，引入充足数量的低轨卫星进行解算，实现与基于全球站解算的钟差精度相当是可行的。

6. 钟差解算方案 3：若干低轨卫星轨道面中选取若干低轨卫星

同样计算引入 15 颗低轨卫星后的 GNSS 卫星钟差。对于 BDS GEO、ISGO、MEO、GPS 和 GLONASS 卫星，其钟差 STD 平均值分别为 0.09 ns、0.09 ns、0.47 ns、0.53 ns 和 0.56 ns。即 BDS GEO 和 IGSO 卫星钟差精度与基于全球站解算的精度相当。3 类 MEO 卫星钟差精度明显低于基于全球站解算的精度。这也是因为 15 颗低轨卫星对解算 MEO 卫星钟差提供的可用观测值不足。综合考虑解算的钟差结果和引入 15 颗低轨卫星的 GNSS 卫星定轨结果可以看出，尽管低轨卫星的选取可能无法同时满足轨道精度和钟差精度的要求，但可以先通过合理的低轨卫星选取来高效率地获取高精度 GNSS 卫星轨道，然后固定求解出的 GNSS 卫星轨道，再引入更多的低轨卫星去求解高精度 GNSS 卫星钟差。

参 考 文 献

Berger C, Biancale R, Ill M, et al., 1998. Improvement of the empirical thermospheric model DTM: DTM94-a comparative review of various temporal variations and prospects in space geodesy applications. Journal of Geodesy, 72(3): 161-178.

Beutler G, Brockmann E, Gurtner W, et al., 1994. Extended orbit modeling techniques at the CODE processing center of the international GPS service for geodynamics (IGS): Theory and initial results. Manuscripta Geodaetica, 19: 367-386.

Bock H, Dach R, Jaeggi A, et al., 2009. High-rate GPS clock corrections from CODE: Support of 1 Hz applications. Journal of Geodesy, 83(11): 1083-1094.

Chen L, Jiao W, Huang X, et al., 2013. Study on signal-in-space errors calculation method and statistical characterization of BeiDou navigation satellite system. Wuhan: China Satellite Navigation Conference.

Chen L, Zhao Q, Hu Z, et al., 2018. GNSS global real-time augmentation positioning: Real-time precise satellite clock estimation, prototype system construction and performance analysis. Advances in Space Research, 61(1): 367-384.

Förste C, Bruinsma S, Shako R, et al., 2011. EIGEN-6-A new combined global gravity field model including GOCE data from the collaboration of GFZ Potsdam and GRGS-Toulouse. Geophysical Research Abstracts, 13: EGU2011-3242-2.

Ge H, Li B, Ge M, et al., 2017. Improving BeiDou precise orbit determination using observations of onboard MEO satellite receivers. Journal of Geodesy, 91(12): 1447-1460.

Heng L, Gao G X, Walter T, et al., 2011a. Statistical characterization of GLONASS broadcast ephemeris errors.

Portland: ION GNSS 2011.

Heng L, Gao G X, Walter T, et al., 2011b. Statistical characterization of GPS signal-in-space errors. San Diego: ION ITM 2011.

Li X, Zhang K, Zhang Q, et al., 2018. Integrated orbit determination of FengYun-3C, BDS, and GPS satellites. Journal of Geophysical Research: Solid Earth, 123(9): 8143-8160.

Li X, Zhang X, Ge M, 2011. Regional reference network augmented precise point positioning for instantaneous ambiguity resolution. Journal of Geodesy, 85(3): 151-158.

Li X, Zhang X, Ren X, et al., 2015. Precise positioning with current multi-constellation global navigation satellite systems: GPS, GLONASS, Galileo and BeiDou. Scientific Reports, 5(1): 8328.

Montenbruck O, Gill E, Kroes R, 2005. Rapid orbit determination of LEO satellites using IGS clock and ephemeris products. GPS Solutions, 9(3): 226-235.

Montenbruck O, Steigenberger P, Prange L, et al., 2017. The Multi-GNSS Experiment (MGEX) of the International GNSS Service (IGS): Achievements, prospects and challenges. Advances in Space Research, 59(7): 1671-1697.

Petit G, Luzum B, 2010. IERS Conventions 2010. IERS Technical Note No.36, Germany.

Standish Jr E, 1998. JPL planetary and lunar ephemerides, DE405/LE405. JPL Interoffice Memo, 312. F-98-048.0, Pasadena, USA.

van den Ijssel J, Encarnação J, Doornbos E, et al., 2015. Precise science orbits for the Swarm satellite constellation. Advances in Space Research, 56 (6): 1042-1055.

LeGNSS 轨道与钟差预报

随着实时高精度应用需求的不断增加，实时 LeGNSS 轨道与钟差确定是亟待解决的问题。实时 LeGNSS 轨道与钟差离不开 LEO 卫星和 GNSS 卫星的轨道钟差预报。在轨道预报方面，GNSS 卫星轨道高度较高，受到的地球非球型引力及大气等摄动力的影响较小，因此基于已有动力学模型可以实现较高精度的轨道预报；但低轨卫星的轨道高度低，受到的地球非球型引力、大气阻力、太阳光压等摄动力更加复杂，进行轨道预报时难以在较长时间内维持高精度的轨道预报精度。对钟差预报而言，其复杂的物理构型及易受外界环境干扰的特性，使钟差预报难度远远大于轨道预报。虽然当前对于 GNSS 卫星钟差预报的研究较多，但是对于不同预报模型对不同类型原子钟的预报效果研究依然较少。而对于低轨卫星，其星载钟往往采用超稳晶振（ultra-stable oscillator，USO）或者恒温晶振（oven-controlled crystal oscillator，OCXO），其稳定性远不如 GNSS 星载原子钟，对于低轨卫星钟差预报还鲜有研究。

本章将围绕 LeGNSS 轨道和钟差预报展开，轨道预报方面，介绍基于星载加速度计及深度学习增强的 LEO 卫星轨道预报方法；钟差预报方面，首先介绍三种常用 GNSS 钟差预报方法［周期多项式模型、灰色模型、求和自回归滑动平均（auto-regressive moving average，ARMA）模型］，随后评估这三种方法在 GNSS 四系统不同卫星原子钟特性下的钟差预报性能；最后针对低轨卫星更加复杂的时钟特性，介绍一种基于最小二乘谐波估计的低轨卫星钟差预报流程并评估其效果。

5.1　轨道预报方法

基于牛顿运动方程的动力学轨道预报利用摄动力模型及轨道动力学参数(光压参数等)对卫星的受力进行建模，通过对轨道初始状态（开普勒根数）进行数值积分的方法实现对轨道的预报。GNSS 由于轨道高度高，受到的摄动力相对低轨卫星较为简单，有关 GNSS 轨道预报相关的研究也已较为成熟；对 LEO 卫星而言，更低的轨道带来了更加复杂的受力情况，通常会引入一些额外的参数来实现对未建模摄动力的吸收，因此称为约化动力学轨道预报。然而通过现有的摄动力模型及动力学参数依然难以完全吸收摄动力的影响，因此 LEO 卫星轨道长时间预报的精度较低。针对这一问题，本节介绍基于星载加速度计及深度学习增强的 LEO 卫星轨道预报方法，为 LeGNSS 中 LEO 卫星轨道高精度预报提供思路。

5.1.1 基于星载加速度计的低轨卫星轨道预报

LEO 卫星的高度一般在 500～1000 km，其空间环境比 GNSS 卫星复杂得多，在动态 LEO 卫星精密定轨过程中，必须使用带参数的经验力模型来吸收没有准确建模的部分（van den Ijssel et al.，2015；Jäggi et al.，2006；Kang et al.，2006；Schutz et al.，1994）。然而，由于空间环境的复杂性，这些参数在进行长期预报时并不能得到相对准确的结果，所以在 LEO 卫星长时间轨道预报精度较差。

目前，大多数用于科研的 LEO 卫星都携带高精度的加速度计，如 CHAMP 上的 STAR、GRACE 上的 SuperSTAR 和 GOCE 上的 GRADIO，用来对 LEO 卫星受到的非引力加速度进行测量。这类加速度计非常敏感，STAR 的量测精度可以达到$10^{-9}(\text{m/s}^2)/\sqrt{\text{Hz}}$，SuperStar 和 GRADIO 的精度更高，分别可以达到$10^{-11}(\text{m/s}^2)/\sqrt{\text{Hz}}$ 和$10^{-12}(\text{m/s}^2)/\sqrt{\text{Hz}}$。星载加速度计的量测输出值和卫星所受到的实际加速度存在一定的差异，因此在进行重力场建模相关任务前需要对星载加速度计进行校准。相关研究表明，对加速度计进行校准时存在一个几乎恒定的尺度参数和缓慢变化的偏差参数，这些参数在时间序列上具有可预报性；此外，校正后的加速度量测值可以参与 LEO 卫星的精密定轨。因此，可以引入星载加速度计来改善 LEO 卫星轨道预报过程中的动力学模型，进而提升 LEO 卫星的轨道预报精度。

1. LEO 卫星轨道预报流程及预报策略

LEO 卫星轨道预报流程如图 5.1 所示。

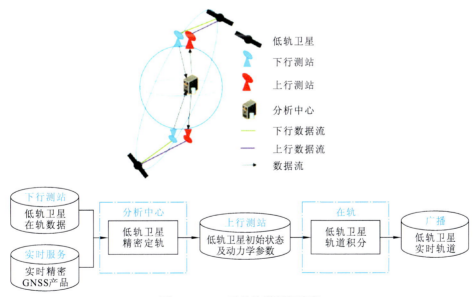

图 5.1   LEO 卫星轨道预报流程

当 LEO 卫星经过下行测站时，下行测站接收低轨道卫星上的 GNSS 观测和加速度计数据，并利用这些数据进行 LEO 卫星的精密轨道确定。在完成 LEO 卫星精密轨道确定后，上传站将 LEO 卫星的轨道初始状态参数上传到相应的 LEO 卫星，LEO 卫星进行在轨的轨道预报，并向用户播发实时的广播星历或精密轨道。

基于上述轨道预报流程,提出三种轨道预报策略并分析不同策略下的轨道预报精度,进而验证附加加速度计信息轨道预报的优势。这三种策略的差异主要体现在精密轨道确定的动力学参数上。

策略 1(ACC_B_K):使用加速度计观测值,每个弧长上考虑一组三个方向上的尺度和偏差校正参数。

策略 2(ACC_B):使用加速度计观测值,每小时考虑一组三个方向上的偏差校正参数。

策略 3(EMP):使用经验力参数和大气拖曳参数吸收非引力摄动。

策略 1 和策略 2 用来确定两种校正方式的优劣;策略 3 用来比较使用加速度观测值进行预报的效果。本小节使用 2007 年的 GRACE A 卫星数据进行分析,三种策略下的力模型、观测模型及待估参数如表 5.1 所示。

表 5.1　三种策略下的力模型、观测模型及待估参数

项目		说明	策略 1	策略 2	策略 3
力模型	地球引力	EIGEN-6C 120×120	√	√	√
	N 体引力	JPL DE405	√	√	√
	固体潮	IERS2010	√	√	√
	海潮	EOT11a	√	√	√
	相对论效应	IERS2010	√	√	√
	大气拖曳	DTM94	×	×	×
	太阳光压	Macro-model	×	×	×
观测模型	观测值	非常 IF 伪距+相位	√	√	√
	弧长	24 h	√	√	√
	采样间隔	30 s	√	√	√
	截止高度角	3°	√	√	√
	加权	高度角加权	√	√	√
	相位缠绕	改正	√	√	√
	LEO PCO	改正	√	√	√
	GNSS PCO	igs08.atx	√	√	√
	相对论效应	IERS2010	√	√	√
	对流层延迟	无	×	×	×
待估参数	开普勒根数	卫星初始位置、速度	√	√	√
	接收机钟差	白噪声	√	√	√
	动力学参数	每个轨道周期估计一个大气拖曳尺度参数	×	×	√
	经验力加速度	每个轨道周期估计一组法向(S)和切向(W)的 1 阶经验加速度参数	×	×	√
	加速度尺度	每个弧长估计三个方向的 K_x、K_y、K_z	√	×	×
	加速度偏差	B_x、B_y、B_z 对策略 1 每个弧长一组,对策略 2 每 60 min 一组	√	√	×
	模糊度	每次观测弧长一组	√	√	√

2. 定轨及校正参数分析

基于表 5.1 的配置进行 GRACE A 卫星的精密轨道确定，以 JPL 提供的精密轨道为参考，得到三种策略下的定轨精度如图 5.2 和表 5.2 所示。

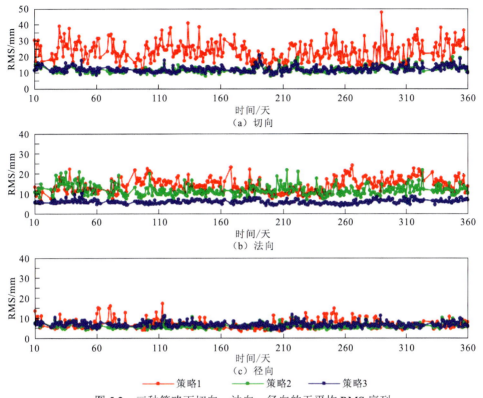

图 5.2　三种策略下切向、法向、径向的天平均 RMS 序列

表 5.2　三种策略下切向、法向、径向的轨道年平均 RMS　　　　　（单位：mm）

项目	切向	法向	径向
策略 1	25.4	14.3	6.8
策略 2	11.8	11.9	6.1
策略 3	12.1	6.2	6.8

总体来说，采用策略 3 时各方向 RMS 最小，切向、法向和径向的 RMS 分别为 12.1 mm、6.2 mm 和 6.8 mm，这表明经验力模型可以有效地吸收非引力中未建模的部分。对于径向而言，策略 1 和策略 2 的精度与使用经验力模型的策略 3 几乎相同，均为 6.8 mm 左右，而法向精度大于策略 3，分别为 14.3 mm 和 11.9 mm，这主要是因为加速度计在径向和法向上更加敏感。策略 1 在切向上的精度显著低于策略 2 和策略 3，因为对策略 1 而言，需要估计的动力学参数个数只有 1×6 个，而策略 2 和策略 3 分别有 24×3 和 24/1.5×4+24/1.5×1 个。一般来说，更多的参数可以吸收更多的未建模误差，这将使模型在观测足够的情况下与观测值能够符合得更好。

在 LEO 卫星轨道预报中，对策略 3 而言，需要用到轨道最后一组参数中的经验力参数，而对于策略 1 和策略 2, 因为需要使用加速度观测值, 所以需要加速度计的校准参数, 这些校准参数的特性对轨道预报的精度有直接影响。图 5.3 为策略 2 下的加速度计偏差校准参数趋势图。

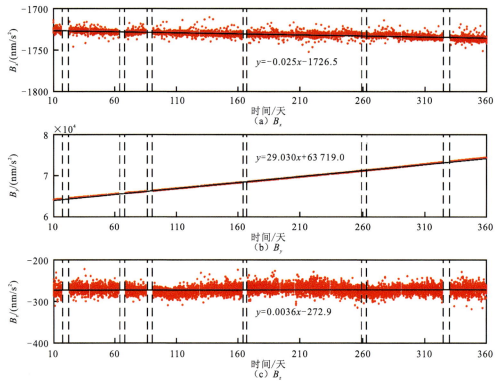

图 5.3　策略 2 下的加速度计偏差校准参数
图中的黑线为对数据的拟合结果

从图 5.3 中可以看到, 偏差的特性在三个方向上是不同的。通过线性拟合可以发现 y 方向的偏差在年内呈现出明显并且平滑的趋势性, 全年变化量约为 10 450 nm/s^2。x 方向也存在微小的趋势, 2007 年的变化量约为 9 nm/s^2。而 z 方向偏差基本保持稳定, 全年仅为 1.3 nm/s^2。由于偏差项并不是保持恒定, 而是存在增加或减少的趋势, 因此对策略 1 和策略 2 而言, 可以进一步考虑校正参数的时变特性, 在进行轨道预报前先对它们进行外推。图 5.4 所示为使用外推校准参数 1 h 和最后一组校准参数与计算值的差异。

从图 5.4 中可以看到, 外推校准参数与计算参数更为接近, 这意味着使用外推校准参数预报轨道的精度应高于使用最后一组校准参数的精度。加速度计在 y 方向的偏差显示出最大的差异, 因为这个方向对加速度计来说是最不敏感的, 它指向 LEO 卫星轨道的法向, 而 x 方向的偏差显示出差异最小。在下面的 LEO 卫星轨道预报分析中, 将使用外推校准参数进行轨道预报。对于策略 1, 每个方向只有一套校准参数, 用来进行轨道预报。

3. LEO 卫星轨道预报实验

在进行 LEO 卫星精密定轨后, 初始状态和动力学参数可以上行到相应的 LEO 卫星, 然后 LEO 卫星上的处理器可以为实时应用进行轨道预报。值得注意的是, 如果使用策略 3

· 128 · <<<

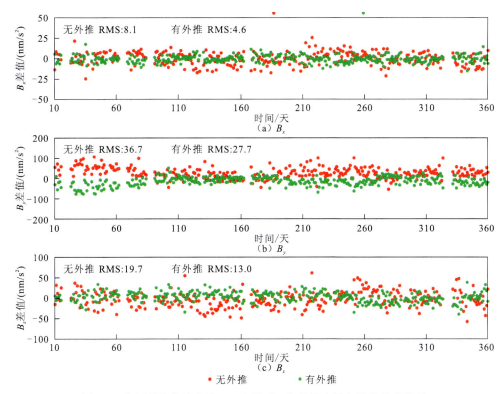

图 5.4　使用外推校准参数 1 h 和最后一组校准参数与计算值的差异

进行轨道预报，那么轨道预报可以提前在数据分析中心进行，因为不需要用到星载的实时加速度数据；而对策略 1 和策略 2 而言，由于必须使用实时的加速度计数据，所以轨道预报必须在星上进行。此外，星敏感器的姿态信息也可以用于更好地确定 LEO 卫星姿态。

初始状态和动力学参数对 LEO 卫星轨道精度有很大影响。对于策略 3，最后一组经验系数被选择用于实时轨道积分，对于策略 1，每个方向只有一组校准参数，包括加速度的尺度和偏差。对于策略 2，使用前 24 h 弧长进行线性拟合，因为在这些偏差中有一个明显的趋势性，然后根据积分时间外推偏差参数。

预报轨道与 JPL 轨道之间差异的 RMS 用于对预报轨道进行评估，此外也计算了不同策略下的 URE。URE 的计算与卫星在地球表面上能实现的最大覆盖范围有关，由于高度 500 km 的 LEO 卫星在地球表面的最大覆盖范围约为 68.02°，URE 可近似确定为

$$\text{URE} = \sqrt{0.205(\text{RMS}_R)^2 + 0.397[(\text{RMS}_A)^2 + (\text{RMS}_C)^2]} \qquad (5.1)$$

式中：RMS_R 为径向 RMS；RMS_A 为切向 RMS；RMS_C 为法向 RMS。

图 5.5 所示为三种策略在三个方向上的 1 h 预报轨道的平均 RMS 值。每个小图的左上方显示了不同策略下各方向对应的日均 RMS。

从图 5.5 中不难发现，策略 1 表现出最好的结果，特别是切向为 4.8 cm，而策略 2 和策略 3 则为 15.6 cm 和 31.5 cm。对于径向，策略 1、策略 2 和策略 3 的 RMS 值分别为 1.3 cm、3.7 cm 和 8.6 cm。尽管策略 1 法向 RMS 值为 4.3 cm，比其他两个策略的 1.6 cm 和 1.7 cm 要差，但对于实时应用来说，它仍然是足够的。如图 5.6 所示，三种策略下轨道预报的平均 URE 值分别为 4.4 cm、10.1 cm 和 20.3 cm。

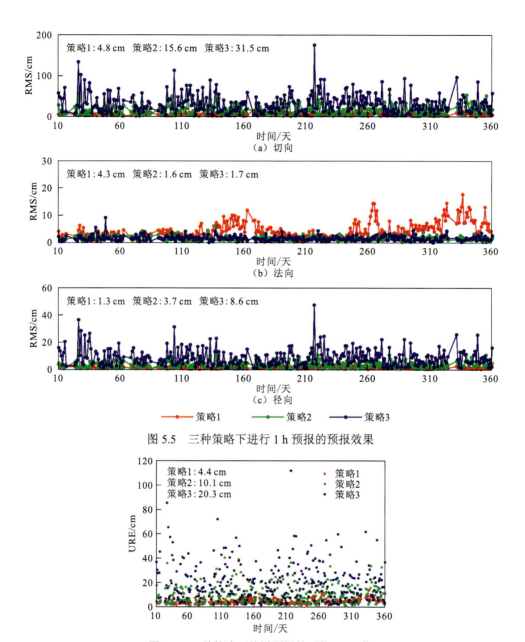

图 5.5　三种策略下进行 1 h 预报的预报效果

图 5.6　三种策略下轨道预报的平均 URE 值

从图 5.5 和图 5.6 中可以看到，使用加速度数据预报 GRACE A 卫星轨道的精度比使用经验力模型要好，这是因为加速器数据比经验力模型能更好地反映 GRACE A 卫星受到的非引力摄动。可以发现，尽管策略 1 在进行轨道确定时的切向和径向精度要比策略 2 的更差，但在进行轨道预报时却要比采用策略 2 的要好。为了分析其中的差异，计算、比较策略 1 和策略 2 的非引力加速度预报值的差异，结果如图 5.7 所示。

从图 5.7 可以看出，策略 1 在 x 方向（轨道切向）和 z 方向（轨道径向）的非引力加速度差值比策略 2 要小得多，这意味着策略 1 预报部分的切向和径向精度应该比策略 2 更高。对于法向（加速度 y 方向），策略 1 下的预报加速度与计算加速度的差值大于策略 2，即策略 1 下的法向结果较差。

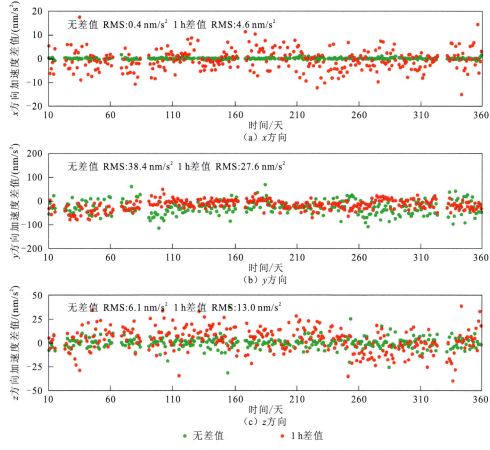

图 5.7　策略 1 和策略 2 的非引力加速度预报值的差异

　　总之，每个方向上的一组尺度和偏差反映了加速度计的长期校准参数，而每小时的一组偏差反映了短期的校准参数。对于 20 min 以上的预报弧长而言，通过使用加速度计数据，估计每个方向的一组尺度和偏差参数是实现实时高精度预报的最佳方式。在进行 1 h 的 LEO 卫星轨道预报时，可以实现高于 5 cm 的精度水平，这满足了实时精确应用的需求。

　　一般来说，大多数用户更关心的是具体到历元的轨道误差，而不关心在一段时间内的平均水平。图 5.8 显示了在 1 h 的预报弧长内，三个方向每 10 min 的 RMS 值。可以很容易地发现，策略 3 下切向的 RMS 值增长最快，从 10 min 的约 5.0 cm 增长到 1 h 的约 49.4 cm。然而，在使用加速度计数据时，轨道预报的精度更加稳定，在切向、法向和径向上分别为 4.9 cm、4.0 cm 和 1.2 cm。

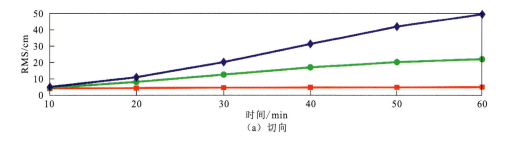

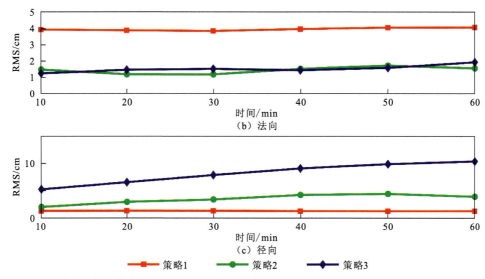

（b）法向

（c）径向

■—— 策略1　　●—— 策略2　　◆—— 策略3

图 5.8　在 1 h 的周期内，每 10 min 的切向、法向和径向的 LEO 卫星轨道预报的 RMS 值

图 5.9 显示了每 10 min 对应的 URE。策略 1 的预报结果最稳定，在整个 1 h 预报弧长上都维持在约 4.6 cm 最优；然而策略 2 和策略 3 则显示出增加的趋势，从 0～10 min 的约 4.6 cm 增长到 50～60 min 的 14.0 cm 和 31.4 cm。

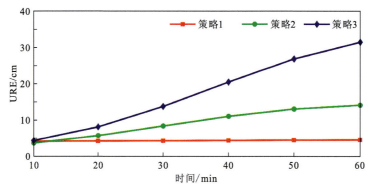

图 5.9　在 1 h 的周期内，每 10 min 的 URE 值

5.1.2　深度学习增强的低轨卫星轨道预报

2010 年以来，AlphaGo 和 Transformer 等深度学习网络的巨大成功引起了人们对深度学习领域的广泛关注（Vaswani et al.，2017；Silver et al.，2016）。深度学习利用深度神经网络（deep neural network，DNN），一种由更深和更大的处理层组成的人工神经网络（artificial neural network，ANN），实现对数据的多层级抽象和建模，进而学习数据中的规律，在自然语言处理、计算机视觉和回归任务中都取得了出色的效果（LeCun et al.，2015）。出于 DNN 对复杂函数建模的出色能力，本小节提出一种深度神经网络增强的约化动力学轨道预报（DNN enhanced reduced dynamic orbit prediction，DNN-RDOP）方法，通过使用 DNN 对历史数据的学习建模，对约化动力学轨道预报（reduced dynamic orbit prediction，RDOP）的误差进行补偿，进而提升低轨卫星轨道预报效果。

以 GRACE-FO C 卫星为例，本小节首先分析约化动力学轨道预报中预报策略对预报效果的影响，为 DNN-RDOP 提供了较高精度的"补偿"基准，在此基础上给出了 DNN-RDOP 的原理及预报效果分析。

1. 约化动力学轨道预报策略及效果

约化动力学轨道预报的力模型和待估参数配置见表 5.3。与 5.1.1 小节中的精密轨道确定-预报不同，本小节采用精密轨道拟合-预报的方式，因此只需要考虑力模型和轨道相关的待估参数。

表 5.3　约化动力学轨道预报的力模型和待估参数配置

	项目	说明
力模型	地球重力场模型	EGM2008，150 阶
	N 体摄动	JPL planetary ephemeris DE405
	地球固体潮	IERS 2010
	海潮	eot11a
	太阳光压	Macro-model
	大气拖曳	DTM94
待估参数	开普勒根数	卫星初始位置、速度
	经验加速度	法向（S）、切向（W）和径向（R）的 1 阶、2 阶经验加速度
	动力学参数	大气拖曳尺度参数

约化动力学轨道预报的性能受到经验加速度、动力学参数配置及拟合弧长的影响。为了获得最佳的约化动力学预报结果，本小节对 8 种参数配置策略进行了详细的数值评估，具体配置如表 5.4 所示。其中，策略 I、策略 II 和策略 III 采用相同的 6 h 拟合弧长，且在所有三个方向上使用 1 阶（1PR）经验加速度，但它们在考虑 2 阶（2PR）经验加速度和大气拖曳尺度参数时存在一些差异。另外，策略 IV-4/6/8/12/24 采用法向和法向的 1PR 经验加速度及大气拖曳尺度参数，拟合弧长分别为 4 h、6 h、8 h、12 h 和 24 h。

表 5.4　约化动力学轨道预报不同策略的参数及拟合弧长

拟合策略	1PR 经验加速度	2PR 经验加速度	大气拖曳尺度	拟合弧长/h
I	S, W, R	—	—	6
II	S, W, R	S, W, R	—	6
III	S, W, R	—	是	6
IV-4/6/8/12/24	S, W	—	是	4/6/8/12/24

以 GRACE-FO C 卫星为例，图 5.10 展示了不同策略下约化动力学轨道预报的预报精度。这些结果深入剖析了不同参数配置对预报性能的影响，为进一步优化约化动力学轨道预报的预报精度提供了重要参考。

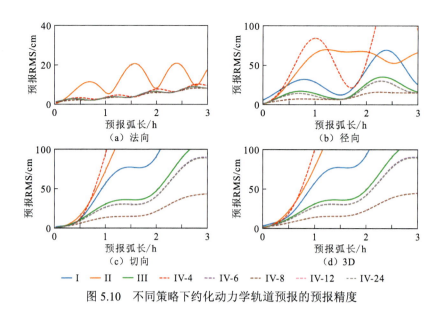

图 5.10　不同策略下约化动力学轨道预报的预报精度

很明显，法向的预报精度总体上是最差的，并且随着预报弧长的增加下降得最快。关注有相同 6 h 拟合弧长的策略的性能。虽然使用到了所有的经验加速度参数，但策略 II 在所有三个方向及几乎所有预报弧长上都表现最差，这可能是由 2 阶经验加速度参数引起的过拟合。相比之下，带有拖曳尺度参数的策略 III 和策略 IV-6 表现出相对较高的精度，其中后者稍微更好，仅使用了法向和切向的 1 阶经验加速度。除参数配置外，预报弧长在轨道预报中也起着重要作用。策略 IV-4 的性能最差，其在 1 h 预报弧长下的 3D 预报 RMS 超过 1 m；而策略 IV-8 在所有方向上的表现明显优于其他所有策略，尤其是在法向方向上。通过使用策略 IV-8 的 RDOP 参数配置，统计不同预报弧长下的预报 RMS 精度，结果见表 5.5。对于 0.5 h、1 h、2 h 和 3 h 的预报弧长，3D 的 RMS 精度分别为 6.9 cm、14.0 cm、22.8 cm 和 44.6 cm。

表 5.5　策略 IV-8 下的轨道预报精度统计　　　　　　　　　　　（单位：cm）

预报弧长/min	预报 RMS			
	法向	切向	径向	3D
10	1.6	1.7	1.4	2.7
30	6.0	2.2	2.7	6.9
60	13.3	3.2	2.9	14.0
120	21.2	6.0	5.8	22.8
180	43.4	8.3	6.0	44.6

由于策略 IV-8 的出色性能，在后续的 RDOP 和 DNN-RDOP 分析中都应用该策略。值得注意的是，随着预报弧长的增加，所有 RDOP 策略的预报轨道 RMS 呈现出一些变化规律，这意味着预报轨道的误差具有某种系统性的变化趋势。这将使利用 DNN 对 RDOP 预报误差的建模及补偿进而提升轨道预报精度成为可能。

2. 深度学习增强轨道预报原理及效果分析

由于低轨卫星空间环境相比于 GNSS 卫星更加复杂，只依赖于 RDOP 的摄动力模型及动力学参数难以对低轨卫星的受力情况进行高精度建模，而这些未建模的摄动力将会以一定的变化规律体现在轨道的拟合残差及预报误差中。本小节提出一种将模型驱动的 RDOP 和数据驱动的深度学习相结合的轨道预报方法，称为 DNN-RDOP 方法。DNN-RDOP 方法的架构如图 5.11 所示，其中 DNN 通过对历史数据的学习建立真实轨道与 RDOP 拟合和预报轨道的拟合残差和预报误差之间的关系。

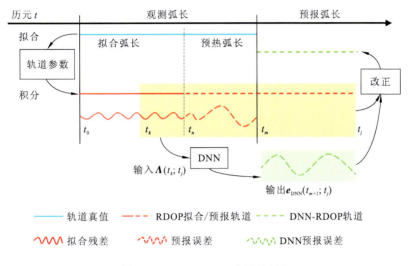

图 5.11　DNN-RDOP 方法的架构

如图 5.11 所示，对于观测弧长（$t_i \leqslant t_m$）的轨道观测值，DNN-RDOP 方法首先利用其中拟合部分（$t_i \leqslant t_n$）的数据进行轨道参数的拟合，并利用拟合得到的参数进行轨道积分，获得拟合轨道和预报轨道，这是 RDOP 的部分。值得注意的是，并非所有的观测数据都用于轨道拟合，其中预热部分（$t_n < t_i \leqslant t_m$）的轨道没有参与 RDOP 的拟合，而是用于与 RDOP 轨道进行比较获取轨道的预报误差，这是由于轨道的拟合残差和预报误差的变化规律具有一定差异，而后者有利于模型对后续预报误差的建模。完成了 RDOP 的拟合和预报后，与轨道观测值做差可以获得 RDOP 轨道的拟合残差和预报误差；而后将 $t_k < t_i \leqslant t_n$ 拟合轨道的坐标和速度、$t_n < t_i \leqslant t_j$ 预报轨道的坐标和速度，以及 $t_k < t_i \leqslant t_m$ RDOP 的拟合残差和预报误差输入到训练好的 DNN 模型中，由模型输出"预报"的 RDOP 轨道预报误差，这是 DNN部分。最后将 DNN"预报"的 RDOP 轨道预报误差改正到 RDOP 的轨道预报上，实现对RDOP 的增强。

DNN-RDOP 方法的核心是构建一个网络结构来实现对输入与输出关系的建模。本小节采用一种序列到序列（sequence-to-sequences，Seq2Seq）结构，该结构基于编码器–解码器网络，并已经被证实在自然语言处理中，如机器翻译和对话生成等方面表现出色（Shang et al.，2015；Sutskever et al.，2014）。与简单的循环神经网络（recurrent neural network，RNN）相比，Seq2Seq 更强大，可以直接实现从输入到输出的序列到序列映射。门控循环单元（gated recurrent unit，GRU）能够解决长期依赖问题，并且计算负担相对较轻，较长短时记忆（long short-term memory，LSTM）更为高效（Cho et al.，2014），因此本小节采用两个 GRU 作为编码器和解码器。图 5.12 所示为基于 GRU 的 Seq2Seq 的架构。

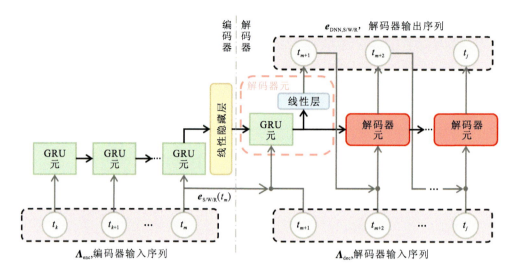

图 5.12　基于 GRU 的 Seq2Seq 结构

Λ_{enc} 和 Λ_{dec} 对应网络在编码器和解码器的输入，前者对应图 5.12 中 $t_k < t_i \leqslant t_m$ RDOP 拟合、预报轨道的位置和速度，以及对应的拟合残差、预报误差；后者对应 $t_m < t_i \leqslant t_j$ RDOP 的预报轨道。$e_{DNN,S/W/R}$ 为解码器输出的法向、切向或径向的 RDOP 轨道预报误差，要实现对 3 个方向的补偿，则需要训练 3 个网络。值得注意的是，解码器的输出是一个自回归过程，每个时间步的输入除 RDOP 的预报轨道外还需要上一步输出的预报误差。

使用训练好的模型对 DNN-RDOP 方法的预报效果进行分析。图 5.13 所示为 Seq2Seq 对法向上 3 组 RDOP 预报误差的预报效果。从结果可能看出，模型输出的预报误差与真实的预报误差非常接近，即使对 1 h 的预报弧长两者的符合程度也非常高，这证明了训练后的 Seq2Seq 模型具有良好的预报能力。为了不出现表达上的歧义，后续将使用真实轨道误差代表 RDOP 的轨道预报的真值，预报轨道误差代表 RDOP 的轨道预报的预报值。

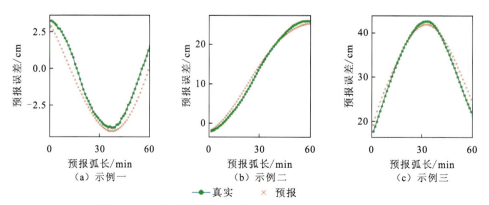

图 5.13　训练好的模型对于法向预报误差的预报结果示例

图 5.14 展示了每个方向的预报轨道误差与相应真实轨道误差的散点图。对于整个误差范围而言，模型的预报轨道误差与真实轨道误差一致性非常强，切向、法向和径向的皮尔逊（Pearson）相关系数 P 分别为 0.96、0.96 和 0.93，1 h 的整体预报精度分别为 3.09 cm、0.95 cm 和 1.11 cm。这样的结果与 RDOP 的预报精度相比具有显著的提升。

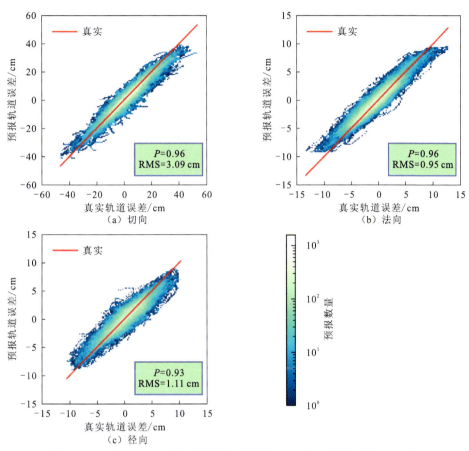

图 5.14 三个方向上，模型预报轨道误差与对应真实轨道误差的散点图

图 5.15 所示为使用 RDOP 和 DNN-RDOP 方法进行 1 h 轨道预报的预报精度随着预报弧长变化的情况，其中 DNN-RDOP 方法相对于 RDOP 的改进百分比通过红线表示，具体的统计数值由表 5.6 给出。总体而言，在 RDOP 的基础上，DNN-RDOP 方法可以显著提高轨道预报的准确性。对于切向和径向，尽管 RDOP 精度已经优于 4 cm，但 DNN-RDOP 方法仍然可以实现超过 50%的改进。在整个预报弧长上，法向的改进约为 60%。对于 0.5 h 和 1 h 的预报弧长，RMSE 分别从 6.21 cm 和 13.93 cm 降低到 2.44 cm 和 5.64 cm。为了全面评估 DNN-RDOP 的预报准确性，3D 的 RMSE 和对应 URE 也一并给出。对于这两个指标，0.5 h 和 1 h 预报弧长的相对改进约为 60%。因此，可以得出如下结论：DNN-RDOP 方法可以实现高精度的低轨卫星轨道预报，其中 1 h 预报精度可以达到厘米级。如果需要优于 5 cm 的预报精度，DNN-RDOP 方法的预报弧长最多可以达到 50 min。

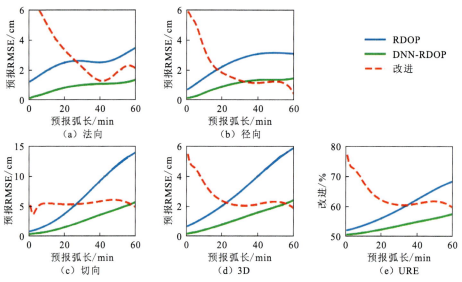

图 5.15　RDOP 和 DNN-RDOP 方法预报精度随预报弧长变化图

表 5.6　RDOP 和 DNN-RDOP 方法预报轨道的 3D 精度及 URE

预报弧长/min	3D/URE		
	RMSE/cm		改进/%
	RDOP	DNN-RDOP	
10	3.01/1.78	0.96/0.57	68.0/68.0
20	4.94/2.96	1.89/1.12	61.8/62.0
30	7.28/4.42	2.90/1.75	60.1/60.4
60	14.69/9.14	6.00/3.72	59.2/59.3

5.2　钟差预报方法

5.2.1　GNSS 卫星钟差预报

GNSS 卫星钟差预报在卫星自主导法与实时 PPP 等方面具有重要作用。常见的卫星钟差预报模型有周期多项式模型、求和 ARMA 模型和灰色模型等，本小节主要对这三种预报模型的原理进行介绍，并对不同拟合弧长和预报弧长下的预报精度进行研究，分析三种模型在卫星钟差短期（<1 h）预报方面的适用性并比较它们的预报性能。

1. 周期多项式模型

多项式模型是常用的钟差预报模型之一，考虑 GNSS 卫星钟具有一定的周期特性，IGS 在多项式模型的基础上增加了一个谐波周期项，称为附有周期的多项式模型。多项式模型的阶数主要取决于星载原子钟的频率漂移特性，当频率漂移明显时一般采用二次多项式模型,否则主要采用线性模型。然而,有部分研究表明,二次项往往会降低预报精度(Nie et al.,2018;Senior et al.,2008),因此,采用附有周期的线性模型进行卫星钟差预报,相应模型表达式为

$$x(t) = a_0 + a_1 t + A_0 \sin\left(\frac{2\pi}{T} t + \varphi_0\right) + \varepsilon(t) \tag{5.2}$$

式中:$x(t)$ 为钟差数据;a_0 和 a_1 分别为星载原子钟的相位偏差和频率偏差;t 为预报时刻与起始时刻的时间间隔;A_0 为周期项的振幅;T 为谐波运动的周期;φ_0 为谐波函数的初相;$\varepsilon(t)$ 为随机噪声。将式(5.2)的周期项进行展开,得

$$\sin\left(\frac{2\pi}{T} t + \varphi_0\right) = \sin\left(\frac{2\pi}{T} t\right)\cos\varphi_0 + \cos\left(\frac{2\pi}{T} t\right)\sin\varphi_0 \tag{5.3}$$

将式(5.3)代入式(5.2)得

$$x(t) = a_0 + a_1 t + a_2 \sin\left(\frac{2\pi}{T} t\right) + a_3 \cos\left(\frac{2\pi}{T} t\right) + \varepsilon(t) \tag{5.4}$$

式中:$a_2 = A_0 \cos\varphi_0$;$a_3 = A_0 \sin\varphi_0$。钟差预报结果一般在预报的第一个历元就偏离了实际观测钟差数据,该偏差被称为起点偏差,主要是由 a_0 项的估计值不准确导致的(Huang et al.,2014)。为了削弱起点偏差,采用历元间差分的方法消除 a_0 项,得到的相应模型为

$$\begin{aligned} x(t_{i+1}) - x(t_i) = {} & a_1(t_{i+1} - t_i) + a_2\left[\sin\left(\frac{2\pi}{T} t_{i+1}\right) - \sin\left(\frac{2\pi}{T} t_i\right)\right] \\ & + a_3\left[\cos\left(\frac{2\pi}{T} t_{i+1}\right) - \cos\left(\frac{2\pi}{T} t_i\right)\right] + \varepsilon(t_{i+1}) - \varepsilon(t_i) \end{aligned} \tag{5.5}$$

因此,最后的钟差预报模型为

$$x(t) = x(t_{\text{last}}) + a_1(t - t_{\text{last}}) + a_2\left[\sin\left(\frac{2\pi}{T} t\right) - \sin\left(\frac{2\pi}{T} t_{\text{last}}\right)\right] + a_3\left[\cos\left(\frac{2\pi}{T} t\right) - \cos\left(\frac{2\pi}{T} t_{\text{last}}\right)\right] \tag{5.6}$$

2. 求和 ARMA 模型

ARMA 模型是常用的卫星钟差预报模型之一。由于卫星钟差时间序列表现出非平稳性,无法采用 ARMA 模型进行建模。采用差分的方法可以将非平稳时间序列转化为平稳时间序列,进而建立 ARMA 模型,若达到平稳所需差分阶数为 d,自回归(auto-regressive,AR)模型阶数和滑动平均(moving average,MA)模型阶数分别为 p 和 q,则相应模型称为差分整合自回归滑动平均(auto-regressive integrated moving average,ARIMA)(p,d,q) 模型(Valenzuela et al.,2008;Stein et al.,1990)。设 $\{x_i\}$ $(i=1,2,\cdots,N)$ 为 d 阶差分后得到的平稳时间序列,则其 ARIMA(p,d,q) 模型可表示为

$$x_t = \varphi_1 x_{t-1} + \varphi_2 x_{t-2} + \cdots + \varphi_p x_{t-p} + v_t + \theta_1 v_{t-1} + \theta_2 v_{t-2} + \cdots + \theta_q v_{t-q} \tag{5.7}$$

式中:x_t 为差分后第 t 个历元的钟差数据;v_t 为随机噪声;$\varphi_1,\cdots,\varphi_p$ 为待估的 AR 模型系数;$\theta_1,\cdots,\theta_q$ 为待估的 MA 模型系数。

为了求解 ARMA 模型的系数,需要先构造如下 AR(p)模型:

$$x_t = \varphi_1' x_{t-1} + \varphi_2' x_{t-2} + \cdots + \varphi_p' x_{t-p} + v_t' \tag{5.8}$$

式中：$t = p+1, p+2, \cdots, N$，N 为差分后平稳序列的数据个数；$\varphi_1', \cdots, \varphi_p'$ 为待估的 AR 模型系数；v_t' 为随机噪声。从第 $p+1$ 到第 N 个历元均可建立如式（5.8）所示的 AR 模型，通过最小二乘平差可以求得 AR 模型的系数 $\hat{\varphi}_1', \cdots, \hat{\varphi}_p'$，则 v_t' 的值可表示为

$$\hat{v}_t' = x_t - \sum_{i=1}^{p} \hat{\varphi}_i' x_{t-i} \tag{5.9}$$

用式（5.9）计算得到的 $\hat{v}_t'$ 近似替代式（5.7）中的 v_t，得

$$x_t = \varphi_1 x_{t-1} + \varphi_2 x_{t-2} + \cdots + \varphi_p x_{t-p} + \varepsilon_t + \theta_1 \hat{v}_{t-1}' + \theta_2 \hat{v}_{t-2}' + \cdots + \theta_q \hat{v}_{t-q}' \tag{5.10}$$

式中：$\varepsilon_t = v_t + \sum_{i=1}^{q} \theta_i (v_{t-i} - \hat{v}_{t-i}'), t = L+1, L+2, \cdots, N$；$L = \max(p, q)$，联合 $N-L$ 个观测值，得

$$\boldsymbol{Y} = [\boldsymbol{X} \quad \boldsymbol{V}_a]\boldsymbol{\beta} + \boldsymbol{\epsilon} \tag{5.11}$$

式中

$$\boldsymbol{Y} = [x_{L+1}, x_{L+2}, \cdots, x_N]^{\mathrm{T}} \tag{5.12}$$

$$\boldsymbol{X} = \begin{bmatrix} x_L & x_{L-1} & \cdots & x_{L-p+1} \\ x_{L+1} & x_L & \cdots & x_{L-p+2} \\ \vdots & \vdots & & \vdots \\ x_{N-1} & x_{N-2} & \cdots & x_{N-p} \end{bmatrix} \tag{5.13}$$

$$\boldsymbol{V}_a = \begin{bmatrix} \hat{v}_L' & \hat{v}_{L-1}' & \cdots & \hat{v}_{L-q+1}' \\ \hat{v}_{L+1}' & \hat{v}_L' & \cdots & \hat{v}_{L-q+2}' \\ \vdots & \vdots & & \vdots \\ \hat{v}_{N-1}' & \hat{v}_{N-2}' & \cdots & \hat{v}_{N-q}' \end{bmatrix} \tag{5.14}$$

$$\boldsymbol{\beta} = [\varphi_1, \varphi_2, \cdots, \varphi_p, \theta_1, \theta_2, \cdots, \theta_q]^{\mathrm{T}} \tag{5.15}$$

$$\boldsymbol{\epsilon} = [\varepsilon_{L+1}, \varepsilon_{L+2}, \cdots, \varepsilon_N]^{\mathrm{T}} \tag{5.16}$$

最小二乘平差后，得

$$\hat{\boldsymbol{\beta}} = \begin{bmatrix} \boldsymbol{X}^{\mathrm{T}}\boldsymbol{X} & \boldsymbol{X}^{\mathrm{T}}\boldsymbol{V}_a \\ \boldsymbol{V}_a^{\mathrm{T}}\boldsymbol{X} & \boldsymbol{V}_a^{\mathrm{T}}\boldsymbol{V}_a \end{bmatrix}^{-1} \begin{bmatrix} \boldsymbol{X}^{\mathrm{T}}\boldsymbol{Y} \\ \boldsymbol{V}_a^{\mathrm{T}}\boldsymbol{Y} \end{bmatrix} \tag{5.17}$$

该求解过程是迭代过程。实际上，模型阶数 p 和 q 可以有多种选择，一般采用贝叶斯信息准则（Bayesian information criterion，BIC）来选取最佳模型阶数，BIC 的定义为

$$\mathrm{BIC}(p, q) = N \ln(\hat{\sigma}^2(p, q)) + 2(p+q)\ln N \tag{5.18}$$

式中：$\hat{\sigma}^2(p, q)$ 为模型拟合残差的方差。当 BIC 达到最小值时，对应的 p 和 q 为最佳模型阶数。

3. 灰色模型

在灰色系统理论中，灰色模型通常用 GM(n, m) 表示，其中 n 为差分方程的阶数，m 为变量的个数。为了减少灰色系统的随机性，需要对原始数据进行累加生成处理（accumulated generating operation，AGO），AGO 可以将原始数据序列转换为单调递增或单调递减的序列，从而降低序列噪声（Kayacan et al.，2010；Tien，2009）。目前已有多种灰色模型，其中大多数是基于等间隔的时间序列，然而，由于设备故障、断电等原因，卫星钟差往往为非等

间隔时间序列。因此，采用非等间隔灰色模型 GM(1,1) 来预报卫星钟差。

假设原始数据序列 $X^{(0)} = \{x^{(0)}(t_1), x^{(0)}(t_2), \cdots, x^{(0)}(t_n)\}$ 连续，对 $X^{(0)}$ 进行一阶累加生成处理（first-order accumulated generating operation, 1-AGO），得到相应的 1-AGO 序列为

$$X^{(1)} = \{x^{(1)}(t_1), x^{(1)}(t_2), \cdots, x^{(1)}(t_n)\}$$

式中

$$x^{(1)}(t_k) = \sum_{i=1}^{k} x^{(0)}(t_i)\Delta t_i \quad k = 1, 2, \cdots, n \qquad (5.19)$$

$$\Delta t_i = t_i - t_{i-1} \quad i = 2, 3, \cdots, n \qquad (5.20)$$

当 $X^{(0)}$ 序列的所有数据同为正或同为负时，$X^{(1)}$ 序列为单调递增或单调递减序列，其曲线与一阶线性微分方程的解曲线相似，因此，可以通过构造一阶线性微分方程来建立相应的 GM(1,1) 模型：

$$\frac{\mathrm{d}x^{(1)}}{\mathrm{d}t} + ax^{(1)} = b \qquad (5.21)$$

式（5.21）的通解为

$$x^{(1)}(t_k) = c\mathrm{e}^{-at_k} + \frac{b}{a} \qquad (5.22)$$

式中：c 为任意常数；a 与 b 为待估未知参数。对于式（5.21）所示微分方程，还可采用差分方程近似替代，为了减小差分方程的近似逼近误差，引入系数 λ，得

$$\lambda \frac{x^{(1)}(t_k) - x^{(1)}(t_{k-1})}{t_k - t_{k-1}} + ax^{(1)}(t_k) = b \qquad (5.23)$$

将式（5.22）代入式（5.23）得

$$\lambda(c\mathrm{e}^{-at_k} - c\mathrm{e}^{-at_{k-1}}) + a\left(c\mathrm{e}^{-at_k} + \frac{b}{a}\right)\Delta t_k = b\Delta t_k \qquad (5.24)$$

由式（5.24）可知，使 $x^{(1)}(t_k)$ 同时满足式（5.22）和式（5.23）的 λ 为

$$\lambda = \frac{a\Delta t_k}{\mathrm{e}^{a\Delta t_{k-1}}} \qquad (5.25)$$

将 λ 代入式（5.23），得

$$\mathrm{e}^{a\Delta t_k} x^{(1)}(t_k) = x^{(1)}(t_{k-1}) + \frac{b}{a}(\mathrm{e}^{a\Delta t_k} - 1) \qquad (5.26)$$

由级数展开公式可得

$$\mathrm{e}^{a\Delta t} \approx 1 + a\Delta t \qquad (5.27)$$

将式（5.27）代入式（5.26）可得

$$(1 + a\Delta t_k)x^{(1)}(t_k) = x^{(1)}(t_{k-1}) + b\Delta t_k \qquad (5.28)$$

式中

$$x^{(1)}(t_{k-1}) = x^{(1)}(t_k) - x^{(0)}(t_k)\Delta t_k \qquad (5.29)$$

联立式（5.28）和式（5.29）消去 $x^{(1)}(t_{k-1})$，得

$$x^{(0)}(t_k) = -x^{(1)}(t_k)a + b \qquad (5.30)$$

式中：$k = 2, 3, \cdots, n$；a 与 b 为待估未知参数。联立 $n-1$ 个观测值并进行最小二乘求解，得

$$[\hat{a}, \hat{b}]^{\mathrm{T}} = (\boldsymbol{B}^{\mathrm{T}}\boldsymbol{B})^{-1}\boldsymbol{B}^{\mathrm{T}}\boldsymbol{l} \qquad (5.31)$$

式中

$$\boldsymbol{B} = \begin{bmatrix} -x^{(1)}(t_2) & 1 \\ -x^{(1)}(t_3) & 1 \\ \vdots & \vdots \\ -x^{(1)}(t_n) & 1 \end{bmatrix} \tag{5.32}$$

$$\boldsymbol{l} = \begin{bmatrix} x^{(0)}(t_2) \\ x^{(0)}(t_3) \\ \vdots \\ x^{(0)}(t_n) \end{bmatrix} \tag{5.33}$$

将估值 $\hat{a}$ 和 $\hat{b}$ 代入式（5.22），得

$$\hat{x}^{(1)}(t_k) = c\mathrm{e}^{-\hat{a}t_k} + \frac{\hat{b}}{\hat{a}} \tag{5.34}$$

$$\hat{x}^{(1)}(t_n) = c\mathrm{e}^{-\hat{a}t_n} + \frac{\hat{b}}{\hat{a}} \tag{5.35}$$

联立式（5.34）与式（5.35）消去 c，得

$$x^{(1)}(t_k) = \left(x^{(1)}(t_n) - \frac{\hat{b}}{\hat{a}} \right) \mathrm{e}^{-\hat{a}(t_k - t_n)} + \frac{\hat{b}}{\hat{a}} \tag{5.36}$$

根据原始数据序列 $X^{(0)}$ 与 1-AGO 序列 $X^{(1)}$ 之间的关系，得

$$x^{(0)}(t_k) = \frac{x^{(1)}(t_k) - x^{(1)}(t_{k-1})}{\Delta t_k} \tag{5.37}$$

将式（5.36）代入式（5.37）得到 t_k 时刻的预报值为

$$x^{(0)}(t_k) = \frac{1}{\Delta t_k}(1 - \mathrm{e}^{\hat{a}\Delta t_k})\left(x^{(1)}(t_n) - \frac{\hat{b}}{\hat{a}} \right)\mathrm{e}^{-\hat{a}(t_k - t_n)} \tag{5.38}$$

由式（5.38）可知，灰色发展系数 a 的估值不能为 0。

4. 预报精度分析

鉴于模型预报能力受到拟合弧长和预报弧长的影响，为了研究三种模型在不同拟合弧长和预报弧长下的预报精度，使用了 GFZ 提供的两周 GNSS 卫星时钟误差。数据时间跨度为 2018 年 8 月 12～25 日，采样间隔为 30 s。预报策略如图 5.16 所示，其中蓝色部分为拟合弧长，表示实际观测数据，绿色部分为预报弧长，表示钟差预报结果，图中拟合弧长从 1～24 h 每 30 min 进行递增，预报弧长为 1 h，滑动窗口长度设置为 5 min，即拟合窗口与预报窗口以 5 min 为单位向后滑动，并在新的窗口中进行钟差预报。预报精度定义为预报值与真实值的 RMS：

$$\sigma(t) = \sqrt{\frac{1}{N}\sum_{i=1}^{N}[\Delta\varepsilon_i(t)]^2} \tag{5.39}$$

式中：$\Delta\varepsilon_i(t)$ 为第 i 组预报结果中 t 时刻的钟差预报值与实际钟差观测值之间的差值。考虑 GPS 卫星存在 Block 的差异，将实验期间的 GPS Block 和钟的类型在表 5.7 中给出。

图 5.16 预报策略示意图

表 5.7 实验期间 GPS 类型

Block	钟类型	伪随机噪声码				
Block IIA	Rb	18				
Block IIR	Rb	2	11	13	14	16
	Rb	19	20	21	22	23
	Rb	28				
Block IIRM	Rb	5	7	12	15	17
	Rb	29	31			
Block IIF	Rb	1	3	6	9	10
	Rb	25	26	27	30	32
	Cs	8	24			

首先分析周期多项式模型的预报效果。预报弧长为 5 min、15 min、30 min 和 1 h 时,周期多项式模型对 GPS、Galileo、BDS 和 GLONASS 四系统卫星钟差的预报精度统计结果如图 5.17 所示,图中拟合弧长从 1~24 h 每 30 min 递增。从图 5.17 中可以看出,对大部分 GNSS 卫星而言,周期多项式模型的预报精度随着拟合弧长的增加而提高,当拟合弧长达到 12 h 后,预报精度基本趋于平稳。因此,采用周期多项式模型进行短期钟差预报时,拟合弧长建议采用 12~24 h。

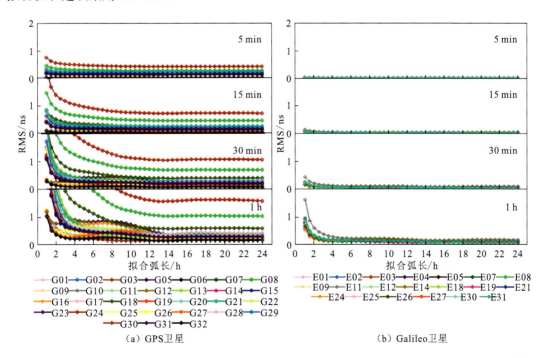

（a）GPS卫星　　　　　　　　　（b）Galileo卫星

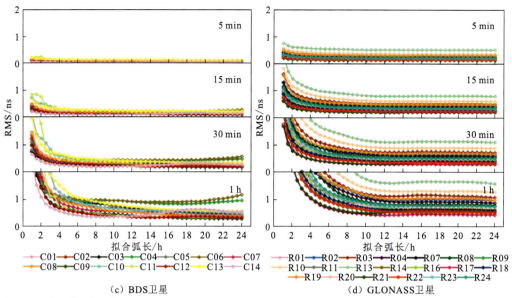

图 5.17　预报弧长分别为 5 min、15 min、30 min 和 1 h 时，周期多项式模型对四系统卫星钟差的预报精度

注：缺少 G04 的钟差数据，下同

为了对四系统卫星钟差的预报精度进行进一步分析与比较，选取拟合弧长为 24 h，对 GNSS 各卫星钟分别预报 5 min、15 min、30 min 和 1 h，预报精度统计结果如图 5.18 所示，可得到如下结论：①周期多项式模型对 GPS 卫星钟差的预报精度与卫星钟种类和卫星 Block 型号有关，其中 G08 与 G24 卫星的星载原子钟为 Cs 钟，其钟差预报精度明显低于搭载 Rb 钟的其他 GPS 卫星，对于 G01、G03 和 G06 等 10 颗搭载 Rb 钟的 Block IIF 卫星，其钟差预报精度明显优于其他 Block 卫星，除 G08 与 G24 卫星外，所有 GPS 卫星钟差预报 1 h 的精度均优于 0.6 ns；②BDS 卫星钟的钟差预报精度与轨道类型无关，其中 C04 与 C06 卫星的预报精度相对较差，除这两颗卫星外，其余 BDS 卫星的钟差预报精度均在 0.55 ns 以内；③周期多项式模型对 Galileo 卫星的钟差预报精度表现出一致性，钟差预报 1 h 精度均在 0.2 ns 以内；④在所有 GLONASS 卫星中，R13、R10 与 R03 等卫星的钟差预报精度略差于其他 GLONASS 卫星，所有 GLONASS 卫星钟预报 1 h 的精度均在 1.6 ns 以内；⑤在四系统中，Galileo 与 GPS IIF Rb 钟的预报精度最高，BDS 与 GLONASS 卫星钟的预报精度则相对较低。

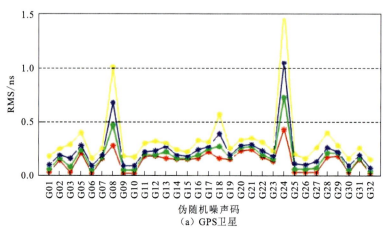

（a）GPS卫星

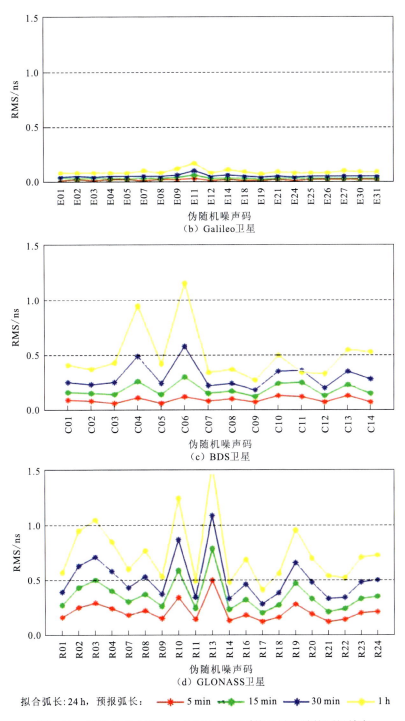

（b）Galileo卫星

（c）BDS卫星

（d）GLONASS卫星

拟合弧长：24 h，预报弧长：　——★—— 5 min　——●—— 15 min　——✳—— 30 min　——●—— 1 h

图 5.18　周期多项式模型拟合 24 h 对四系统卫星钟差的预报精度

　　当预报弧长为 5 min、15 min、30 min 和 1 h 时，ARIMA 模型对四系统卫星钟差的预报精度统计结果如图 5.19 所示，图中拟合弧长从 1～24 h 每 30 min 进行递增。该图表明，对大多数 GPS、BDS 和 GLONASS 卫星而言，ARIMA 模型的预报精度几乎不随拟合弧长变化，而对 Galileo 卫星而言，预报精度在拟合弧长为 1 h 处达到最大。考虑 ARIMA 模型定阶时间相对较长，在钟差实时短期预报应用中为了提高预报效率，建议对四系统卫星钟差进行预报时，将拟合弧长均设置为 1 h。

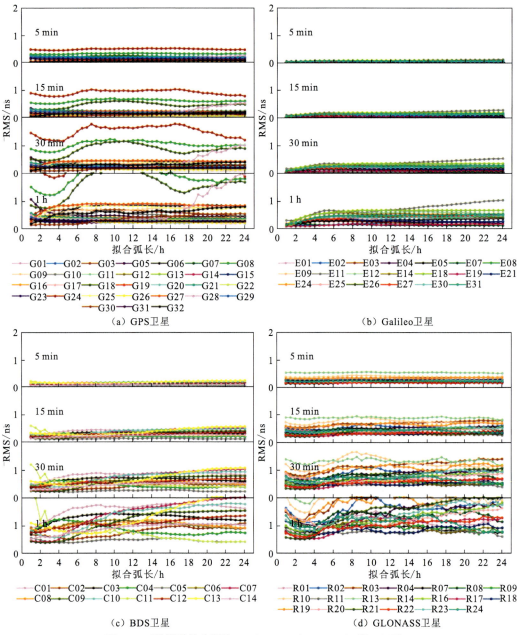

图 5.19　预报弧长分别为 5 min、15 min、30 min 和 1 h 时，
ARIMA 模型对四系统卫星钟差的预报精度

为了比较拟合弧长为 1 h 时四系统卫星钟差的预报精度，图 5.20 给出了预报弧长 5 min、15 min、30 min 和 1 h 的精度统计结果，对该图进行分析可以得到结论如下：①ARIMA 模型对 GPS 卫星钟差的预报精度与卫星钟种类及卫星 Block 型号有关，其中 Rb 钟预报精度高于 Cs 钟，Block IIF Rb 钟预报精度高于其他 Block 卫星钟，大部分 GPS 卫星钟预报 1 h

精度优于 1 ns；②ARIMA 模型对 BDS 卫星钟差的预报精度与卫星轨道类型无关，C11 卫星的钟差预报精度明显低于其他 BDS 卫星；③ARIMA 模型对 Galileo 卫星的钟差预报精度呈现一致性，预报 1 h 精度均在 0.3 ns 以内；④在 GLONASS 卫星中，R13 与 R10 卫星钟的稳定性最差，其钟差预报精度也最低；⑤在四系统中，Galileo 与 GPS IIF Rb 钟的钟差预报精度最高，GLONASS 精度最低。

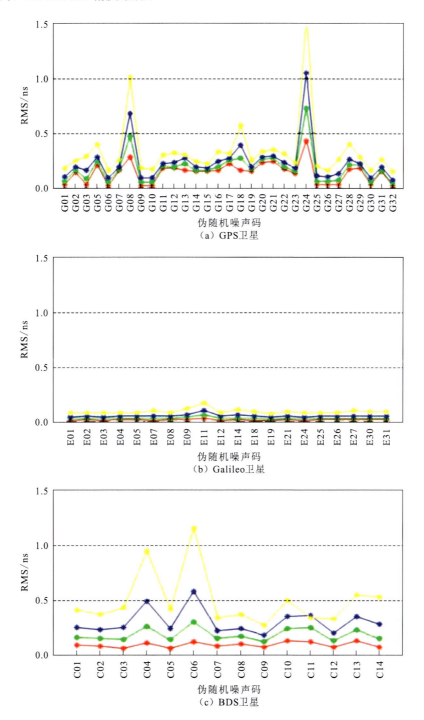

（a）GPS卫星

（b）Galileo卫星

（c）BDS卫星

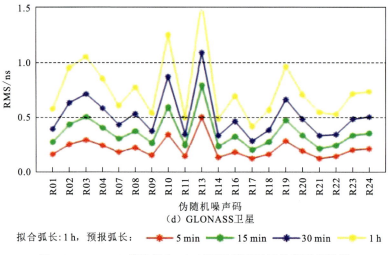

（d）GLONASS卫星

拟合弧长：1 h，预报弧长：　★ 5 min　　● 15 min　　◆ 30 min　　● 1 h

图 5.20　ARIMA 模型拟合 1 h 对四系统卫星钟差的预报精度

采用非等间隔灰色模型对 GNSS 卫星钟差进行预报，当预报弧长为 5 min、15 min、30 min 和 1 h 时，四系统卫星钟在不同拟合弧长下的预报精度统计结果如图 5.21 所示。如前文所提，灰色模型的发展系数不能为零，由于 E11 卫星钟的发展系数趋近于零，不满足建模要求，图 5.21 中未给出其预报精度统计值。对图 5.21 进行分析可以发现，对大部分GNSS 卫星钟而言，非等间隔灰色模型的预报精度随着拟合弧长的增加而明显降低，当拟合弧长为 1 h 时能够达到较高预报精度。值得注意的是，C10 卫星的预报精度明显低于其他 BDS 卫星，为了探究其原因，图 5.22 给出了 C10 卫星的原始钟差数据，从图中可以看出，C10 卫星的钟差序列中出现了正负两种数据，对该序列进行一阶累加或累减后得到的1-AGO 序列非单调，故无法采用一阶线性微分方程的解曲线近似替代 1-AGO 序列，导致非等间隔灰色模型建模误差较大。

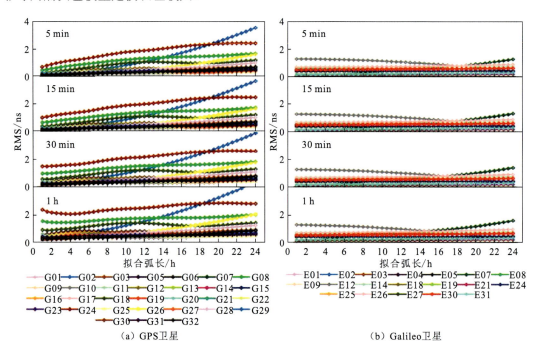

（a）GPS卫星　　　　　　　　　　　　　　　（b）Galileo卫星

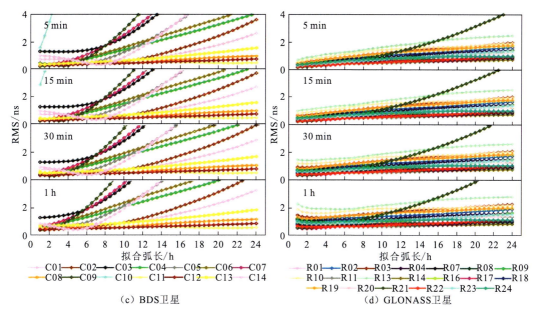

（c）BDS卫星

C01 C02 C03 C04 C05 C06 C07
C08 C09 C10 C11 C12 C13 C14

（d）GLONASS卫星

R01 R02 R03 R04 R07 R08 R09
R10 R11 R13 R14 R16 R17 R18
R19 R20 R21 R22 R23 R24

图 5.21 预报弧长分别为 5 min、15 min、30 min 和 1 h 时，
非等间隔灰色模型对四系统卫星钟差的预报精度

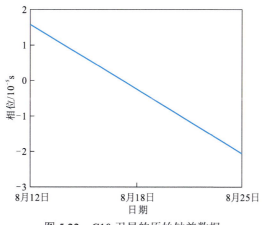

图 5.22 C10 卫星的原始钟差数据

根据上述分析结果，采用非等间隔灰色模型进行钟差短期预报时，为了得到较高的预报精度，最优拟合弧长为 1 h，此时对 GNSS 各卫星钟分别预报 5 min、15 min、30 min 和 1 h，预报精度统计结果如图 5.23 所示。由于 E11 与 C10 的卫星钟差数据无法建立有效的灰色模型，故图中未给出这两颗卫星的精度统计结果。对图 5.23 进行分析可得到如下结论：①采用非等间隔灰色模型对 GPS 卫星进行钟差预报时，预报精度受卫星钟类型的影响较大，其中 G08 与 G24 搭载的 Cs 钟预报精度明显低于其他 Rb 钟，卫星 Block 型号对预报精度的影响不显著，除 G08 与 G24 外，其余 GPS 卫星的 1 h 钟差预报精度均在 0.85 ns 以内；②非等间隔灰色模型对 BDS 卫星钟差的预报精度不稳定，且预报精度与卫星轨道类型及稳定性之间没有表现出明显关联性，C03 与 C14 卫星的预报精度明显低于其他 BDS 卫星，具体原因尚不明确；③Galileo 卫星钟差的预报精度不稳定，进行短期预报时，增加预

报弧长，预报精度基本不变；④在四系统中，GLONASS 卫星钟差的预报精度最低，当预报弧长为 1 h 时，最低精度为 2.3 ns。

为了比较三种模型的预报性能，将周期多项式模型、非等间隔灰色模型和 ARIMA 模型的拟合弧长分别设为 24 h、1 h 和 1 h。各 GNSS 系统在不同预报弧长下预报钟差的平均 RMS 如图 5.24 所示，汇总见表 5.8。注意，E11 和 C10 的统计结果没有绘制出来，因为这

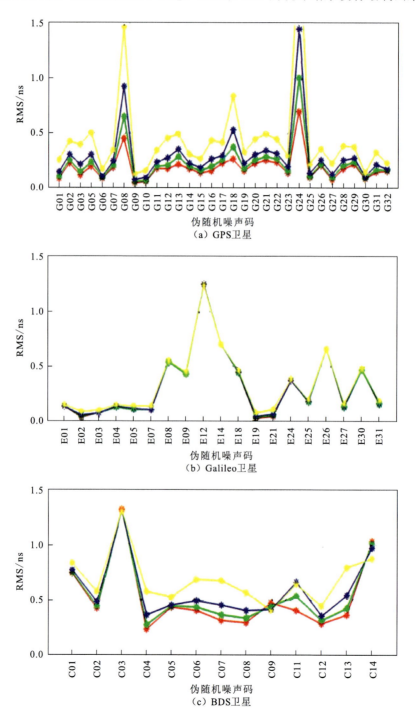

（a）GPS卫星

（b）Galileo卫星

（c）BDS卫星

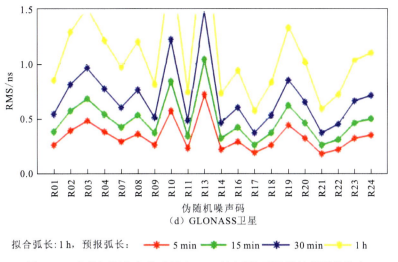

伪随机噪声码
（d）GLONASS卫星

拟合弧长:1 h，预报弧长： —★— 5 min　—●— 15 min　—★— 30 min　—●— 1 h

图5.23　非等间隔灰色模型拟合1 h对四系统卫星钟差的预报精度

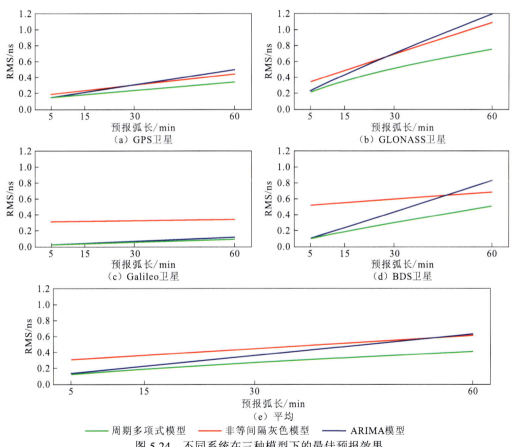

（a）GPS卫星　　（b）GLONASS卫星

（c）Galileo卫星　　（d）BDS卫星

（e）平均

—— 周期多项式模型　—— 非等间隔灰色模型　—— ARIMA模型

图5.24　不同系统在三种模型下的最佳预报效果

两颗卫星的时钟误差数据无法用 GM(1,1)建模。结果表明，在大多数情况下，周期多项式模型的预报精度最高。由于 Galileo 时钟的稳定性，采用周期多项式模型时的预报效果最好，即使在进行 1 h 的长时间预报时也能达到 0.1 ns 的精度水平。ARIMA 模型用于 Galileo 时钟预报与周期多项式模型具有可比性。对于 GPS、BDS 和 GLONASS，当预报弧长为 5 min 和 15 min 时，ARIMA 模型与周期多项式模型性能相似，但随着预报弧长的增加，在进行 1 h 预报时 ARIMA 模型在三种模型中的预报效果最差。非等间隔灰色模型的预报性能因卫星系统的不同差异明显，GPS 和 GLONASS 卫星与 ARIMA 模型的趋势比较相似，而 Galileo 和 BDS 卫星即使在预报 5 min 时也显示出较大的预报误差。

表 5.8　不同系统在三种模型下的最佳预报效果　　　（单位：ns）

系统	平均 RMS											
	GPS 卫星			Galileo 卫星			BDS 卫星			GLONASS 卫星		
预报弧长	周期多项式模型	非等间隔灰色模型	ARIMA 模型	周期多项式模型	非等间隔灰色模型	ARIMA 模型	周期多项式模型	非等间隔灰色模型	ARIMA 模型	周期多项式模型	非等间隔灰色模型	ARIMA 模型
5 min	0.14	0.18	0.14	0.016	0.31	0.017	0.089	0.51	0.10	0.21	0.33	0.23
15 min	0.18	0.22	0.21	0.03	0.31	0.033	0.18	0.54	0.24	0.36	0.48	0.43
30 min	0.23	0.29	0.30	0.049	0.32	0.058	0.30	0.59	0.43	0.51	0.69	0.69
1 h	0.33	0.44	0.49	0.087	0.33	0.110	0.50	0.68	0.82	0.75	1.10	1.20

5.2.2　低轨卫星钟差预报

受限于建造成本，LEO 卫星无法与 GNSS 卫星一样搭载高精度原子钟，而是根据具体的任务要求恒温晶振、超稳晶振等来提供一个相对稳定的时钟驱动。虽然目前的超稳晶振等时钟已经可以在短时稳定度上达到 10^{-13} 这一量级，但与 GNSS 的原子依然存在一定差距，这导致两者在钟差特性和模型的预报效果方面存在一定差异，因此本书对于 LEO 卫星钟差预报也进行单独的讨论。由 5.2.1 小节可知周期多项式模型在 GNSS 卫星钟差预报中能够取得较好的效果，所以也是本小节中进行 LEO 卫星钟差预报的模型。利用周期多项式模型实现高精度预报的前提是确定正确的模型阶数并对周期项进行准确定位，考虑传统的快速傅里叶变换（fast Fourier transform，FFT）无法直接作用于非等间隔数据，并且无法对模型的多项式部分进行分析，本小节使用最小二乘谐波估计作为钟差模型确定的工具，以 GRACE-FO 的钟差为例进行钟差模型分析和预报研究，并总结出低轨卫星进行高精度钟差预报的一般流程。如图 5.25 所示，GRACE-FO 钟差符合周期多项式的一般趋势。

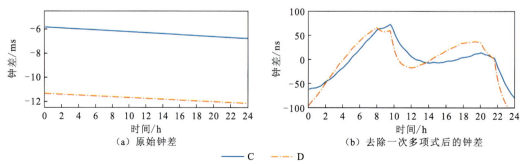

（a）原始钟差　　　　　　　　　　　　（b）去除一次多项式后的钟差

—— C　　　-·-·- D

图 5.25　2019 年 340 天 GRACE C/D 原始钟差及去除一次多项式后的钟差

1. 最小二乘谐波估计原理

周期多项式模型由多项式部分和周期项部分组成，对一个由周期多项式模型描述的时间序列，其函数表达式为

$$E(\boldsymbol{y}) = \boldsymbol{A}\boldsymbol{x} + \sum_{k=1}^{q}\boldsymbol{A}_k\boldsymbol{x}_k, \quad D(\boldsymbol{y}) = \boldsymbol{Q}_y \tag{5.40}$$

式中：$E(*)$ 为数学期望；$\boldsymbol{y}$ 为钟差序列；$D(*)$ 为数据的方法；$\boldsymbol{Q}_y$ 为钟差观测值的方差协方差阵；$\boldsymbol{A}$ 为模型的多项式设计矩阵；$\boldsymbol{A}_k$ 为周期项的设计矩阵，周期项由三角函数表示，则有

$$\boldsymbol{A}_k = \begin{bmatrix} \cos\omega_k t_1 & \sin\omega_k t_1 \\ \cos\omega_k t_2 & \sin\omega_k t_2 \\ \vdots & \vdots \\ \cos\omega_k t_n & \sin\omega_k t_n \end{bmatrix}, \quad \boldsymbol{x}_k = \begin{bmatrix} a_k \\ b_k \end{bmatrix} \tag{5.41}$$

式中：ω_k 为频率相关系数；t_n 为时间；a_k 为振幅相关系数；b_k 为初始相位相关系数。

为了找到最显著的多项式阶数或是最显著的周期项，基于式（5.40）提出原始建设和备选假设：

$$H_0 : E(\boldsymbol{y}) = \boldsymbol{A}_0\boldsymbol{x}_0, \quad D(\boldsymbol{y}) = \boldsymbol{Q}_y \tag{5.42}$$

$$H_a : E(\boldsymbol{y}) = \boldsymbol{A}_0\boldsymbol{x}_0 + \boldsymbol{A}_q\boldsymbol{x}_q, \quad D(\boldsymbol{y}) = \boldsymbol{Q}_y \tag{5.43}$$

式中：$\boldsymbol{A}_0 = [\boldsymbol{A}\boldsymbol{A}_1\cdots\boldsymbol{A}_{q-1}]$ 为模型目前的设计矩阵，$\boldsymbol{A}_q$ 为在 $\boldsymbol{A}_0$ 模型的基础上附加的部分，在周期多项式中为某阶多项式或是某个频率的设计矩阵。$\hat{\boldsymbol{e}}_0$ 和 $\hat{\boldsymbol{e}}$ 分别为原始假设和备选假设的残差向量，对备选假设 H_a 而言，最显著的附加模型满足 $\hat{\boldsymbol{e}}$ 在 $\boldsymbol{Q}_y$ 下的模最小，以频率 ω_q 为例，则满足：

$$\omega_q = \arg\min_{\omega_j} \|\hat{\boldsymbol{e}}\|_{\boldsymbol{Q}_y^{-1}}^2 = \arg\min_{\omega_j}(\|\hat{\boldsymbol{e}}_0\|_{\boldsymbol{Q}_y^{-1}}^2 - \|\boldsymbol{P}_{\bar{\boldsymbol{A}}_q}\boldsymbol{y}\|_{\boldsymbol{Q}_y^{-1}}^2) \tag{5.44}$$

式中：$\bar{\boldsymbol{A}}_q = \boldsymbol{P}_{\boldsymbol{A}_0}^{\perp}\boldsymbol{A}_q$，$\boldsymbol{P}_{(\cdot)}^{\perp} = \boldsymbol{I} - \boldsymbol{P}_{(\cdot)}$，$\boldsymbol{P}_{(\cdot)} = (\cdot)((\cdot)^T\boldsymbol{Q}_y^{-1}(\cdot))^{-1}(\cdot)^T\boldsymbol{Q}_y^{-1}$。式（5.44）给出了一个重要的结论，当模型附加额外参数时，模型对原始数据拟合的残差会减小，减小的数值为 $\|\boldsymbol{P}_{\bar{\boldsymbol{A}}_q}\|_{\boldsymbol{Q}_y^{-1}}^2$，与原有设计矩阵和附加模型的设计矩阵有关。考虑到钟差数据间的协方差为 0（即 $\boldsymbol{Q}_y = \boldsymbol{I}$），式（5.44）的简化表达为

$$\omega_q = \arg\max_{\omega_j} \hat{\boldsymbol{e}}_0^T\boldsymbol{A}_j(\boldsymbol{A}_j^T\boldsymbol{P}_{\boldsymbol{A}_0}^{\perp}\boldsymbol{A}_j)^{-1}\boldsymbol{A}_j^T\hat{\boldsymbol{e}}_0 \tag{5.45}$$

式（5.45）为周期项的探测公式，对于多项式部分，则需要将周期项的设计矩阵 $\boldsymbol{A}_j$ 替换为 k 阶多项式的设计矩阵 $\boldsymbol{B}_k$，则对应的探测公式为

$$k = \arg\max_l \|\boldsymbol{P}_{\bar{\boldsymbol{B}}_l}\boldsymbol{y}\|_{\boldsymbol{Q}_y^{-1}}^2 \tag{5.46}$$

式中：$\bar{\boldsymbol{B}}_l = \boldsymbol{P}_{\boldsymbol{A}_0}^{\perp}\boldsymbol{B}_l$，$\boldsymbol{B}_l = [t_1^l, t_2^l, \cdots, t_m^l]^T$，$l$ 一般小于 4。

由式（5.44）可知，附加额外的参数都可以使模型的拟合效果更好，但随着模型参数的增加，模型会过拟合，导致模型冗余甚至预报效果变差。因此，需要设置截止条件防止模型过拟合。根据广义似然比检验（generalized likelihood ratio test，GLR-test）的原理，原始假设和备选假设的统计量可以构造为

$$T_2 = \frac{m-n-2q}{2\hat{e}_0^T Q_y^{-1} \hat{e}_0} \hat{x}_q^T A_q^T R_y^{-1} R_{\hat{e}_0} R_y^{-1} A_q \hat{x}_q$$

$$= \frac{1}{2\hat{\sigma}^2} \hat{e}_0^T A_j (A_j^T P_{A_0}^\perp A_j)^{-1} A_j^T \hat{e}_0 \qquad (5.47)$$

式中：m 为观测值个数；n 为多项式阶数；R_y 为观测值协因数阵；$R_{\hat{e}_0}$ 为原始假设残差的协因数阵；$\hat{x}_q$ 为未知假设下的参数估值；$\hat{\sigma}^2$ 为备选假设下的方差估值。由于

$$\hat{e}_0^T Q_y^{-1} \hat{e}_0 \sim \chi^2(m-n-2q)，\quad 且 \quad H_0 : \hat{x}_q^T A_q^T R_y^{-1} R_{\hat{e}_0} R_y^{-1} A_q \hat{x}_q \sim \chi^2$$

统计量 T_2 在原始假设下满足中心费希尔（Fisher）分布，即

$$T_2 \sim F(2, m-n-2q) \qquad (5.48)$$

对于每次探测到的附加模型，需要构建统计量进行假设检验，如果通过检验则认为备选假设下附加了额外的参数后模型已经过拟合。

由于模型的多项式部分和周期部分是相互耦合的，为了尽可能准确地确定钟差的函数模型，需要先后两次分别确定模型的多项式部分和周期部分。基于一次多项式模型，同时探测模型的多项式阶数和周期项。每轮探测中分别探测满足式（5.45）和式（5.46）的周期项和多项式阶数，其中数值更大的认为是原始假设下最为显著的附加模型；进一步进行假设检验，不通过则将附加的参数整合到模型中进行下一轮探测，直到检验通过为止。完成全部探测后，保留模型的多项式部分。对确定的多项式模型进一步进行"探测-检验"流程，以确定最终的函数模型。

2. GRACE-FO 钟差函数模型分析

采用最小二乘谐波估计对 GRACE-FO 的钟差进行多项式阶数和周期项的确定，所得到的频谱分析结果如图 5.26 和图 5.27 所示。

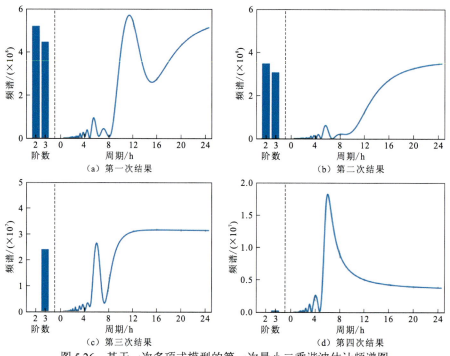

图 5.26　基于一次多项式模型的第一次最小二乘谐波估计频谱图

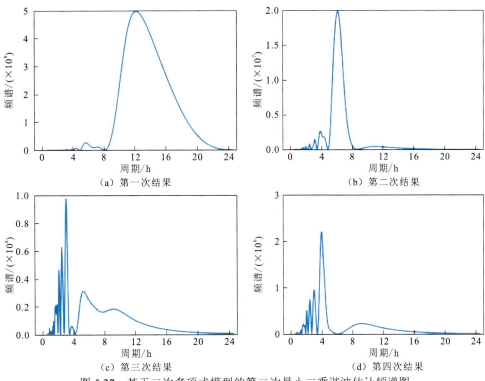

图 5.27 基于二次多项式模型的第二次最小二乘谐波估计频谱图

从图 5.26 和图 5.27 中可以看到,不同的周期和多项式阶数在频谱分析中有着不同的响应。周期项的响应在第二次基于二次多项式的谐波估计中与第一次有着较大的差异,这意味着模型的多项式部分和周期项部分是相互耦合的。最小二乘谐波估计的结果显示 GRACE C/D 两颗卫星钟差的函数模型都是附有 9 个周期项的二次多项式模型,对应的具体周期如表 5.9 所示。为进一步分析不同周期之间的差异,利用提取出的周期项重建钟差的周期信号,并计算不同周期的累计能量占比,结果如图 5.28 所示。对 GRACE C 而言,12 h 和 6 h 的周期具有最大的振幅,并且在所有的周期项中区分度最高,此外,这两个周期项的能量占据了总能量的 80% 以上,因此可以认为是 GRACE C 的主周期;与 GRACE C 不同,GRACE D 的主周期还包括了 4 h 的周期项。

表 5.9   GRACE C/D 周期结果   (单位: s)

序号	C 周期项	D 周期项
1	43 770	42 774
2	21 986	21 752
3	14 204	14 426
4	10 750	10 870
5	8702	8654
6	7254	7212
7	17 642	6184
8	5946	5414
9	5404	4798

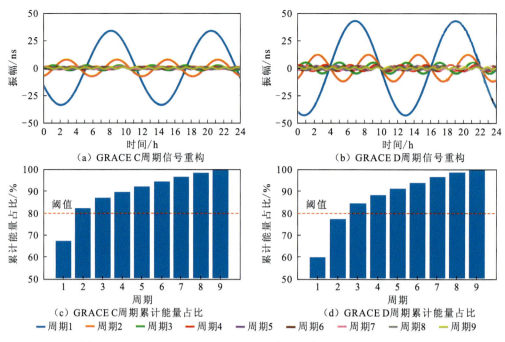

（a）GRACE C周期信号重构　　　　　　（b）GRACE D周期信号重构

（c）GRACE C周期累计能量占比　　　　　（d）GRACE D周期累计能量占比

— 周期1　— 周期2　— 周期3　— 周期4　— 周期5　— 周期6　— 周期7　— 周期8　— 周期9

图 5.28　GRACE C 和 GRACE D 周期信号重构及周期累计能量占比

　　图 5.29 为 2019 年第 340 天 GRACE C 和 GRACE D 的钟差剔除二次多项式后的相位、频率原始数据和使用提取到的周期项进行重建的数据。可以看出，GRACE C 和 GRACE D 的前两个和三个主要周期可以很好地代表钟差中的主要趋势；当使用所有检测到的周期时，则可以很好地刻画数据的细节。

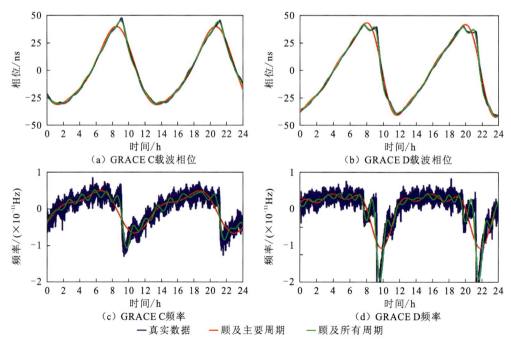

（a）GRACE C载波相位　　　　　　　　（b）GRACE D载波相位

（c）GRACE C频率　　　　　　　　　　（d）GRACE D频率

— 真实数据　— 顾及主要周期　— 顾及所有周期

图 5.29　2019 年第 340 天 GRACE C 和 GRACE D 的钟差剔除二次多项式后的相位、
频率原始数据和使用提取到的周期项进行重建的数据

3. GRACE-FO 钟差预报分析

本小节基于最小二乘谐波估计所确定的钟差函数模型，进一步分析模型的预报效果。考虑周期项参数和多项式参数对拟合弧长的需求不同，采用两种参数的拟合策略：拟合策略一是采用同样的拟合弧长对多项式参数和周期项参数进行同时估计；拟合策略二是先采用 24 h 拟合弧长对多项式参数和周期项参数进行同时估计，然后在固定周期项参数后，重新拟合多项式参数。模型的预报效果主要与 3 个因素有关，分别是附加的周期项个数、拟合弧长和参数解算的策略，这也是预报分析所关注的重点。采用 3 天的数据、共 88 个滑动窗口进行模型预报效果分析，并从预报精度（RMS）和周期项对多项式模型预报的改善两个指标来进行预报效果的评估。

分析附加不同周期项时模型的预报效果。从表 5.10 中可以看到，附加不同数量周期后模型的预报精度和最优拟合弧长存在明显差异。在使用两个周期项后，30 min 的预报精度达到最高，在这之后随着使用周期的增加，模型的预报精度不增反减。模型在整个预报弧长上的预报效果如图 5.30 和图 5.31 所示。对拟合策略一而言，当预报弧长小于 30 min 时，周期项会使模型的预报效果变差，但拟合策略二的预报效果要明显好于拟合策略一。在 30 min 后，周期项会提升模型的预报精度，并随着预报弧长的增加而继续提升，这意味着周期项能够改善钟差的长期预报精度。此外，当分别附加 12 h、6 h 和 12 h、6 h 和 4 h 的主周期项后，模型对两颗卫星的预报效果最好。

表 5.10 GRACE C 在拟合策略一下附加不同数量周期项时 30 min 的预报精度及最优拟合弧长

周期项个数/个	RMS/ns	最优拟合弧长/min
1	1.355	915
2	1.121	827
3	1.181	798
4	1.274	787
5	1.401	890
6	1.440	782
7	1.514	1078
8	1.518	982
9	1.529	920

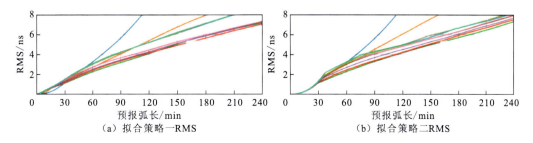

（a）拟合策略一RMS （b）拟合策略二RMS

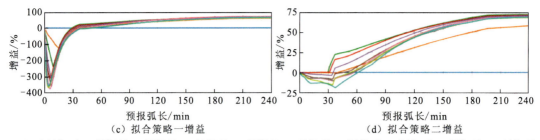

（c）拟合策略一增益   （d）拟合策略二增益

——没有周期项 ——1周期项 ——2周期项 ——3周期项 ——4周期项 ——5周期项 ——6周期项 ——7周期项 ——8周期项 ——9周期项

图 5.30 GRACE C 在拟合策略一和拟合策略二附加不同周期项后模型预报效果

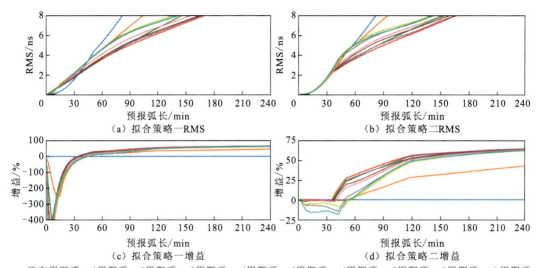

（a）拟合策略一RMS   （b）拟合策略二RMS

（c）拟合策略一增益   （d）拟合策略二增益

——没有周期项 ——1周期项 ——2周期项 ——3周期项 ——4周期项 ——5周期项 ——6周期项 ——7周期项 ——8周期项 ——9周期项

图 5.31 GRACE D 在拟合策略一和拟合策略二附加不同周期项后模型预报效果

在确定最佳的预报模型后，进一步分析参数拟合策略对预报效果的影响，结果如图 5.32、图 5.33 及表 5.11 所示。在进行小于 30 min 的短期预报时，拟合策略二能够取得最好的预报效果，其预报精度略微高于二次多项式模型。对于大于 30 min 的预报，拟合策略一的预报精度最高，但相对于拟合策略二的提升不明显。因此，认为拟合策略二能在整个拟合弧长上取得最好的预报效果。此外，由于拟合策略二不进行周期项参数的估计，所需要的拟合弧长更短。

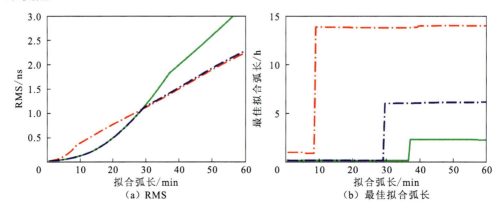

（a）RMS   （b）最佳拟合弧长

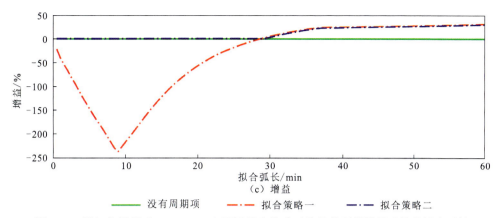

（c）增益

—— 没有周期项　　—·—· 拟合策略一　　—··— 拟合策略二

图 5.32　附加主周期后 GRACE C 在不同拟合策略下的最佳预报效果及最佳拟合弧长

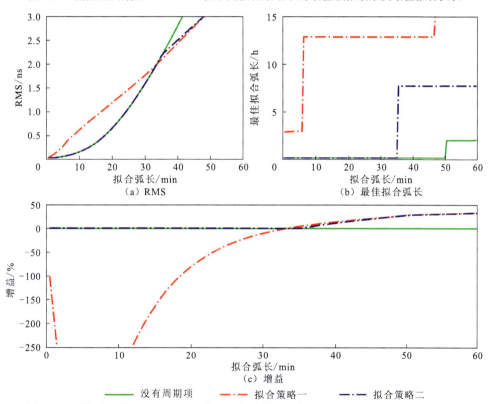

（a）RMS　　　　　　　　　　（b）最佳拟合弧长

（c）增益

—— 没有周期项　　—·—· 拟合策略一　　—··— 拟合策略二

图 5.33　附加主周期后 GRACE D 在不同拟合策略下的最佳预报效果及最佳拟合弧长

表 5.11　附加主周期后 GRACE C/D 在不同拟合策略下的预报效果及最佳拟合弧长

预报弧长 /min	拟合策略一/二					
	GRACE C			GRACE D		
	RMS/ns	最佳拟合弧长/min	增益/%	RMS/ns	最佳拟合弧长/min	增益/%
1	0.02/0.01	58/8	−40.1/0.1	0.04/0.01	171/6	−176.5/0.2
5	0.11/0.05	58/9	−146.3/0.1	0.26/0.05	175/6	−423.0/0.2
15	0.58/0.26	830/9	−121.6/0.4	0.90/0.34	769/6	−164.9/0.5

预报弧长 /min	拟合策略一/二					
	GRACE C			GRACE D		
	RMS/ns	最佳拟合弧长/min	增益/%	RMS/ns	最佳拟合弧长/min	增益/%
30	1.12/1.14	827/360	4.8/3.0	1.76/1.59	769/6	−10.1/0.0
45	1.70/1.73	840/366	25.7/24.5	2.79/2.82	770/460	20.3/19.4
60	2.25/2.29	839/369	30.9/29.6	3.63/3.63	951/461	32.1/32.1

为了评估模型在实际情况中的预报效果,用 88 个窗口中的 48 个窗口来确定不同预报弧长所对应的最佳拟合弧长,用剩下的 40 个窗口进行预报效果的评估,所得到的结果如图 5.34 所示。与最佳的预报结果一致,拟合策略二能够取得最佳的预报效果。此外,C星的钟差预报精度要高于 D 星,这可能与两者钟差稳定性的差异有关。为了满足 PPP 对钟差的需求,要实现 0.1 ns 的预报精度,C 星最长能够预报 8 min,而 D 星最长只能预报 6 min;要实现 0.2 ns 的预报精度,C 星最长预报 12 min,而 D 星最长预报 11 min。

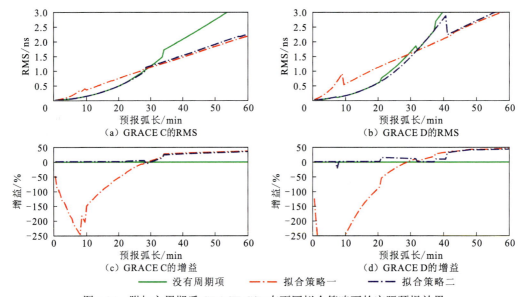

图 5.34　附加主周期后 GRACE C/D 在不同拟合策略下的实际预报效果

基于上述分析,提出进行 LEO 高精度钟差预报的一般流程。

（1）利用最小二乘谐波估计和能量分析来确定钟差函数模型。

（2）基于确定的函数模型,采用拟合策略二来确定不同预报弧长的最佳拟合弧长。

（3）利用确定的拟合弧长和预报模型对钟差进行预报。

参 考 文 献

Amiri-Simkooei A R, Tiberius C C J M, Teunissen P J G, 2007. Assessment of noise in GPS coordinate time series: Methodology and results. Journal of Geophysical Research-Solid Earth, 112(B7): B07413.

Cho K, van Merrienboer B, Gulcehre C, et al., 2014. Learning phrase representations using RNN encoder-decoder for statistical machine translation. Proceedings of the 2014 Conference on Empirical Methods in Natural Language Processing (EMNLP). Doha, Qatar: Association for Computational Linguistics: 1724-1734.

Huang G W, Zhang Q, Xu G C, 2014. Real-time clock offset prediction with an improved model. GPS Solutions, 18(1): 95-104.

Jäggi A, Hugentobler U, Beutler G, 2006. Pseudo-stochastic orbit modeling techniques for low-earth orbiters. Journal of Geodesy, 80: 47-60.

Kang Z, Tapley B, Bettadpur S, et al., 2006. Precise orbit determination for the GRACE mission using only GPS data. Journal of Geodesy, 80: 322-331.

Kayacan E, Ulutas B, Kaynak O, 2010. Grey system theory-based models in time series prediction. Expert Systems with Applications, 37(2): 1784-1789.

LeCun Y, Bengio Y, Hinton G, 2015. Deep learning. Nature, 521(7553): 436-444.

Nie Z, Gao Y, Wang Z, et al., 2018. An approach to GPS clock prediction for real-time PPP during outages of RTS stream. GPS Solutions, 22(1): 14.

Schutz B E, Tapley B D, Abusali P A M, et al., 1994. Dynamic orbit deter mination using GPS measurements from TOPEX_POSEIDON. Geophysical Research Letters, 21: 2179-2182.

Senior K L, Ray J R, Beard R L, 2008. Characterization of periodic variations in the GPS satellite clocks. GPS Solutions, 12(3): 211-225.

Shang L, Lu Z, Li H, 2015. Neural responding machine for short-text conversation. Proceedings of the 53rd Annual Meeting of the Association for Computational Linguistics and the 7th International Joint Conference on Natural Language Processing (Volume 1: Long Papers). Beijing: Association for Computational Linguistics: 1577-1586.

Silver D, Huang A, Maddison C J, et al., 2016. Mastering the game of go with deep neural networks and tree search. Nature, 529(7587): 484-489.

Stein S R, Evans J, 1990. The application of Kalman filters and ARIMA models to the study of time prediction errors of clocks for use in the defense communication system (DCS). 44th Annual Symposium on Frequency Control. IEEE.

Sutskever I, Vinyals O, Le Q V, 2014. sequence to sequence learning with neural networks. Proceedings of the 27th International Conference on Neural Information Processing Systems-Volume 2. Cambridge: MIT Press.

Tien T L, 2009. A new grey prediction model FGM(1, 1). Mathematical and Computer Modelling, 49(7/8): 1416-1426.

Valenzuela O, Rojas I, Rojas F, et al, 2008. Hybridization of intelligent techniques and ARIMA models for time series prediction. Fuzzy Sets and Systems, 159(7): 821-845.

van den Ijssel J, Encarnaçao J, Doornbos E, et al., 2015. Precise science orbits for the Swarm satellite constellation. Advances in Space Research, 56(6): 1042-1055.

Vaswani A, Shazeer N, Parmar N, et al., 2017. Attention is all you need. Proceedings of the 31st International Conference on Neural Information Processing Systems (NIPS'17). Red Hook, NY: Curran Associates Inc.: 6000-6010.

LeGNSS 精密单点定位

本章首先介绍非组合模型、卡尔加里大学（University of Calgary，UofC）模型及无电离层组合模型三种 PPP 模型，从模糊度固定角度详细论述三种模型的相互关系。然后，采用全球 30 个测站的观测数据，利用计算的轨道钟差产品进行 PPP 解算，对 PPP 的定位性能进行详细分析。

6.1 GNSS 精密单点定位模型

6.1.1 函数模型与随机模型

1. 非组合模型

采用 GPS 双频接收机跟踪 m 颗卫星的单历元非组合观测方程可以表示为

$$\boldsymbol{\varPhi} = (\boldsymbol{e}_2 \otimes \boldsymbol{B})\mathrm{d}\boldsymbol{x} + (\boldsymbol{e}_2 \otimes \boldsymbol{e}_m)\mathrm{d}t_r - (\boldsymbol{u} \otimes \boldsymbol{I}_m)\boldsymbol{\iota} + (\boldsymbol{\varLambda} \otimes \boldsymbol{I}_m)\boldsymbol{a} + \boldsymbol{\varepsilon}_\varPhi \begin{bmatrix} \boldsymbol{Q}_\varPhi & 0 \\ 0 & \boldsymbol{Q}_P \end{bmatrix} \otimes \boldsymbol{Q}_0 \quad (6.1)$$

$$\boldsymbol{P} = (\boldsymbol{e}_2 \otimes \boldsymbol{B})\mathrm{d}\boldsymbol{x} + (\boldsymbol{e}_2 \otimes \boldsymbol{e}_m)\mathrm{d}t_r + (\boldsymbol{u} \otimes \boldsymbol{I}_m)\boldsymbol{\iota} + \boldsymbol{\varepsilon}_P$$

式中：$\boldsymbol{\varPhi} = [\boldsymbol{\varPhi}_1, \boldsymbol{\varPhi}_2]^\mathrm{T}$ 和 $\boldsymbol{P} = [\boldsymbol{P}_1, \boldsymbol{P}_2]^\mathrm{T}$ 为扣除近似卫地距、海潮、固体潮、相对论效应、相位缠绕、卫星钟差等误差后的相位和伪距观测向量，下标 1 和 2 表示频率；$\mathrm{d}\boldsymbol{x}$ 为包含坐标改正量和对流层天顶湿延迟的几何项参数；$\boldsymbol{B}$ 为其系数矩阵；$\mathrm{d}t_r$ 为接收机钟差；$\boldsymbol{\iota}$ 为电离层延迟参数；$\boldsymbol{a} = [\boldsymbol{a}_1^\mathrm{T} \quad \boldsymbol{a}_2^\mathrm{T}]$ 为模糊度参数，$\boldsymbol{a}_1$ 和 $\boldsymbol{a}_2$ 分别为 L1 和 L2 频率的模糊度参数，对应波长矩阵 $\boldsymbol{\varLambda} = \mathrm{diag}(\lambda_1 \quad \lambda_2)$；$\boldsymbol{\varepsilon}_\varPhi$ 和 $\boldsymbol{\varepsilon}_P$ 分别为相位和伪距观测噪声，对应方差因子矩阵为 $\boldsymbol{Q}_\varPhi = \mathrm{diag}(\sigma_{\varPhi_1}^2 \quad \sigma_{\varPhi_2}^2)$ 和 $\boldsymbol{Q}_P = \mathrm{diag}(\sigma_{P_1}^2 \quad \sigma_{P_2}^2)$；协因数阵 $\boldsymbol{Q}_0 = \mathrm{diag}(\sin^{-2}\theta_1 \quad \cdots \quad \sin^{-2}\theta_m)$，其中 θ_i 为卫星高度角；$\boldsymbol{e}_2 = [1, \quad 1]^\mathrm{T}$，$\boldsymbol{u} = [u_1, u_2]^\mathrm{T}$，$u_1 = 1$，$u_2 = f_1^2 / f_2^2$，$f_1$ 和 f_2 表示双频的频率；$\boldsymbol{I}_m$ 为 m 维单位阵；$\otimes$ 为克罗内克积。

2. UofC 模型

UofC 模型由加拿大卡尔加里大学的 Gao 等（2001）提出，该模型也是一种无电离层模型，但与传统的无电离层组合不同，该模型除利用无电离层组合之外，还分别采用 L1 和 L2 频率的码和相位平均形式的组合，即给非组合模型式（6.1）两端左乘一个行满秩变

换矩阵 $\begin{bmatrix} \boldsymbol{f}^{\mathrm{T}} & \boldsymbol{0} \\ \dfrac{1}{2}\boldsymbol{I}_2 & -\dfrac{1}{2}\boldsymbol{I}_2 \end{bmatrix} \otimes \boldsymbol{I}_m$，其中 $\boldsymbol{f}^{\mathrm{T}} = [f_1^2, -f_2^2]/(f_1^2 - f_2^2)$，则 UofC 模型表示为

$$
\begin{aligned}
&\boldsymbol{f}^{\mathrm{T}}\boldsymbol{\Phi} = \boldsymbol{B}\mathrm{d}\boldsymbol{x} + \boldsymbol{e}_m \mathrm{d}t_r + (\boldsymbol{f}^{\mathrm{T}}\boldsymbol{\Lambda} \otimes \boldsymbol{I}_m)\boldsymbol{a} + \varepsilon_{\Phi_{\mathrm{UofC}}} \\
&\frac{1}{2}(\boldsymbol{\Phi} - \boldsymbol{P}) = (\boldsymbol{e}_2 \otimes \boldsymbol{B})\mathrm{d}\boldsymbol{x} + (\boldsymbol{e}_2 \otimes \boldsymbol{e}_m)\mathrm{d}t_r + \frac{1}{2}(\boldsymbol{\Lambda} \otimes \boldsymbol{I}_m)\boldsymbol{a} + \varepsilon_{P_{\mathrm{UofC}}}
\end{aligned}, \quad
\begin{bmatrix} \boldsymbol{f}^{\mathrm{T}}\boldsymbol{Q}_\Phi \boldsymbol{f} & \dfrac{1}{2}\boldsymbol{f}^{\mathrm{T}}\boldsymbol{Q}_\Phi \\ \dfrac{1}{2}\boldsymbol{Q}_\Phi \boldsymbol{f} & \dfrac{1}{4}(\boldsymbol{Q}_\Phi + \boldsymbol{Q}_P) \end{bmatrix} \otimes \boldsymbol{Q}_0 \quad (6.2)
$$

3. 无电离层组合模型

无电离层组合模型是最常用的 PPP 模型，它采用两个频率间的相位和伪距观测值分别构成无电离层组合，即在式（6.1）两侧左乘矩阵 $\begin{bmatrix} \boldsymbol{f}^{\mathrm{T}} & \\ & \boldsymbol{f}^{\mathrm{T}} \end{bmatrix} \otimes \boldsymbol{I}_m$，对应形式为

$$
\begin{aligned}
&\boldsymbol{f}^{\mathrm{T}}\boldsymbol{\Phi} = \boldsymbol{B}\mathrm{d}\boldsymbol{x} + \boldsymbol{e}_m \mathrm{d}t_r + (\boldsymbol{f}^{\mathrm{T}}\boldsymbol{\Lambda} \otimes \boldsymbol{I}_m)\boldsymbol{a} + \varepsilon_{\Phi_{\mathrm{IF}}} \\
&\boldsymbol{f}^{\mathrm{T}}\boldsymbol{P} = \boldsymbol{B}\mathrm{d}\boldsymbol{x} + \boldsymbol{e}_m \mathrm{d}t_r + \varepsilon_{P_{\mathrm{IF}}}
\end{aligned}, \quad
\begin{bmatrix} \boldsymbol{f}^{\mathrm{T}}\boldsymbol{Q}_\Phi \boldsymbol{f} & \\ & \boldsymbol{f}^{\mathrm{T}}\boldsymbol{Q}_P \boldsymbol{f} \end{bmatrix} \otimes \boldsymbol{Q}_0 \quad (6.3)
$$

6.1.2　三种 PPP 模型比较

1. 非组合模型与 UofC 模型的等价性证明

为了证明非组合模型与 UofC 模型的等价性，首先引出等价性原理。设有观测模型：

$$
\boldsymbol{y} = \begin{bmatrix} \boldsymbol{A}_1 & \boldsymbol{A}_2 \end{bmatrix}\begin{bmatrix} \boldsymbol{x}_1 \\ \boldsymbol{x}_2 \end{bmatrix} + \boldsymbol{\varepsilon}, \quad \boldsymbol{Q} \quad (6.4)
$$

式中：未知向量 $\boldsymbol{x}_1$ 和 $\boldsymbol{x}_2$ 分别包含 $n-t$ 和 t 个参数。采用最小二乘准则推导得到 $\boldsymbol{x}_1$ 的估值为

$$
\hat{\boldsymbol{x}}_1 = (\boldsymbol{A}_1^{\mathrm{T}}(\boldsymbol{I} - \boldsymbol{Q}^{-1}\boldsymbol{A}_2\boldsymbol{N}_{22}^{-1}\boldsymbol{A}_2^{\mathrm{T}})\boldsymbol{Q}^{-1}\boldsymbol{A}_1)^{-1}\boldsymbol{A}_1^{\mathrm{T}}(\boldsymbol{I} - \boldsymbol{Q}^{-1}\boldsymbol{A}_2\boldsymbol{N}_{22}^{-1}\boldsymbol{A}_2^{\mathrm{T}})\boldsymbol{Q}^{-1}\boldsymbol{y} \quad (6.5)
$$

$$
\boldsymbol{Q}_{\hat{\boldsymbol{x}}_1 \hat{\boldsymbol{x}}_1} = (\boldsymbol{A}_1^{\mathrm{T}}(\boldsymbol{I} - \boldsymbol{Q}^{-1}\boldsymbol{A}_2\boldsymbol{N}_{22}^{-1}\boldsymbol{A}_2^{\mathrm{T}})\boldsymbol{Q}^{-1}\boldsymbol{A}_1)^{-1} \quad (6.6)
$$

若存在转换矩阵 $\boldsymbol{T}^{\mathrm{T}}$ 满足 $\boldsymbol{T}^{\mathrm{T}}\boldsymbol{A}_2 = \boldsymbol{0}$，且 $\mathrm{rank}(\boldsymbol{T}) = n-t$，则有

$$
\boldsymbol{y}' = \boldsymbol{T}^{\mathrm{T}}\boldsymbol{y} = \boldsymbol{T}^{\mathrm{T}}\boldsymbol{A}_1\boldsymbol{x}_1' + \boldsymbol{T}^{\mathrm{T}}\boldsymbol{\varepsilon}, \quad \boldsymbol{T}^{\mathrm{T}}\boldsymbol{Q}\boldsymbol{T} \quad (6.7)
$$

由此得

$$
\hat{\boldsymbol{x}}_1' = (\boldsymbol{A}_1^{\mathrm{T}}\boldsymbol{T}(\boldsymbol{T}^{\mathrm{T}}\boldsymbol{Q}\boldsymbol{T})^{-1}\boldsymbol{T}^{\mathrm{T}}\boldsymbol{A}_1)^{-1}\boldsymbol{A}_1^{\mathrm{T}}\boldsymbol{T}(\boldsymbol{T}^{\mathrm{T}}\boldsymbol{Q}\boldsymbol{T})^{-1}\boldsymbol{T}^{\mathrm{T}}\boldsymbol{y} \quad (6.8)
$$

$$
\boldsymbol{Q}_{\hat{\boldsymbol{x}}_1' \hat{\boldsymbol{x}}_1'} = (\boldsymbol{A}_1^{\mathrm{T}}\boldsymbol{T}(\boldsymbol{T}^{\mathrm{T}}\boldsymbol{Q}\boldsymbol{T})^{-1}\boldsymbol{T}^{\mathrm{T}}\boldsymbol{A}_1)^{-1} \quad (6.9)
$$

根据等价性原理，证明式（6.4）和式（6.7）求解参数 $\boldsymbol{x}_1$ 的等价即要证明参数解等价及其对应的方差-协方差矩阵等价。根据 $\boldsymbol{T}^{\mathrm{T}}\boldsymbol{A}_2 = \boldsymbol{0}$ 且 $\mathrm{rank}(\boldsymbol{T}) = n-t$，则有投影变换等式 $\boldsymbol{T}(\boldsymbol{T}^{\mathrm{T}}\boldsymbol{Q}\boldsymbol{T})^{-1}\boldsymbol{T}^{\mathrm{T}} = (\boldsymbol{I} - \boldsymbol{Q}^{-1}\boldsymbol{A}_2\boldsymbol{N}_{22}^{-1}\boldsymbol{A}_2^{\mathrm{T}})\boldsymbol{Q}^{-1}$，由此可以证明 $\hat{\boldsymbol{x}}_1 = \hat{\boldsymbol{x}}_1'$，$\boldsymbol{Q}_{\hat{\boldsymbol{x}}_1 \hat{\boldsymbol{x}}_1} = \boldsymbol{Q}_{\hat{\boldsymbol{x}}_1' \hat{\boldsymbol{x}}_1'}$，故采用式（6.5）、式（6.6）和式（6.8）、式（6.9）求解得到的参数 $\boldsymbol{x}_1$ 及其方差-协方差矩阵等价。

将等价性原理应用于非组合模型，将非组合模型改写为式（6.6）的形式，其中

$$
\boldsymbol{x}_1 = [\mathrm{d}\boldsymbol{x}^{\mathrm{T}}, \mathrm{d}t_r, \boldsymbol{a}]^{\mathrm{T}}, \quad \boldsymbol{x}_2 = \boldsymbol{\iota}, \quad \boldsymbol{A}_1 = \begin{bmatrix} \boldsymbol{e}_2 \otimes \boldsymbol{B} & \boldsymbol{e}_2 \otimes \boldsymbol{e}_m & \boldsymbol{\Lambda} \otimes \boldsymbol{I}_m \\ \boldsymbol{e}_2 \otimes \boldsymbol{e}_m & \boldsymbol{e}_2 \otimes \boldsymbol{e}_m & \boldsymbol{0} \end{bmatrix}, \quad \boldsymbol{A}_2 = \begin{bmatrix} -\boldsymbol{u} \\ +\boldsymbol{u} \end{bmatrix} \otimes \boldsymbol{I}_m
$$

对应转换矩阵 $\boldsymbol{T}^{\mathrm{T}} = \begin{bmatrix} \boldsymbol{f}^{\mathrm{T}} & \boldsymbol{0} \\ \frac{1}{2}\boldsymbol{I}_2 & \frac{1}{2}\boldsymbol{I}_2 \end{bmatrix} \otimes \boldsymbol{I}_m$，满足 $\boldsymbol{T}^{\mathrm{T}}\boldsymbol{A}_2 = \boldsymbol{0}$，$\mathrm{rank}(\boldsymbol{T}) = n - t$，因此可采用转换矩阵 $\boldsymbol{T}^{\mathrm{T}}$ 将非组合模型等价变为 UofC 模型。

2. 非组合模型与无电离层组合模型的不等价性证明

仿照非组合模型与 UofC 模型的等价性证明，由于无电离层组合对应的转换矩阵为 $\boldsymbol{T}^{\mathrm{T}} = \begin{bmatrix} \boldsymbol{f}^{\mathrm{T}} & \\ & \boldsymbol{f}^{\mathrm{T}} \end{bmatrix} \otimes \boldsymbol{I}_m$，$\mathrm{rank}(\boldsymbol{T}) \neq n - t$，显然可知无电离层模型与非组合模型不等价（臧楠 等，2017）。具体而言，无电离层舍弃了一部分冗余信息，造成了模型强度下降。

3. 非组合模型与无电离层组合模型比较

由于非组合模型与 UofC 模型等价，从模糊度固定效率的角度比较非组合模型与无电离层组合模型。在非组合 PPP 模型中，其非差模糊度包含接收机端和卫星端的偏差导致其不具有整数特性。本研究旨在比较三种 PPP 模型的区别，重点通过分析模糊度的固定效果来分析三种模型的强度，因此直接采用 IGS 发布的卫星差分码偏差产品和对应的未校准相位延迟（uncalibrated phase delay，UPD）产品，并采用星间单差消除接收机端的偏差，从而实现 PPP 模糊度的整数固定。单历元非组合星间单差模型的设计矩阵及其对应的协方差矩阵为

$$\boldsymbol{A}_{\mathrm{SD}} = \begin{bmatrix} \boldsymbol{e}_2 \otimes \bar{\boldsymbol{B}} & -\boldsymbol{u} \otimes \boldsymbol{I}_{m-1} & \boldsymbol{\Lambda} \otimes \boldsymbol{I}_{m-1} \\ \boldsymbol{e}_2 \otimes \bar{\boldsymbol{B}} & \boldsymbol{u} \otimes \boldsymbol{I}_{m-1} & \boldsymbol{0} \end{bmatrix}, \quad \begin{bmatrix} \boldsymbol{Q}_\Phi & \boldsymbol{0} \\ \boldsymbol{0} & \boldsymbol{Q}_P \end{bmatrix} \otimes \bar{\boldsymbol{Q}} \tag{6.10}$$

式中：$\bar{\boldsymbol{B}} = \boldsymbol{D}_{m-1}\boldsymbol{B}$，$\bar{\boldsymbol{Q}} = \boldsymbol{D}_{m-1}\boldsymbol{Q}_0\boldsymbol{D}_{m-1}^{\mathrm{T}}$ 为单差观测值协因数阵，$\boldsymbol{D}_{m-1} = \begin{bmatrix} -\boldsymbol{e}_{m-1} & \boldsymbol{I}_{m-1} \end{bmatrix}$ 为单差算子。

需要说明的是，此时求解的电离层参数为星间单差电离层延迟；模糊度为经卫星端 UPD 产品改正后的星间单差模糊度，具有整数特性。推导得到对称的法方程系数矩阵为

$$\begin{bmatrix} \boldsymbol{e}_2^{\mathrm{T}}(\boldsymbol{Q}_\Phi^{-1} + \boldsymbol{Q}_P^{-1})\boldsymbol{e}_2 \otimes \bar{\boldsymbol{B}}^{\mathrm{T}}\bar{\boldsymbol{Q}}^{-1}\bar{\boldsymbol{B}} & \boldsymbol{e}_2^{\mathrm{T}}(\boldsymbol{Q}_P^{-1} - \boldsymbol{Q}_\Phi^{-1})\boldsymbol{e}_2 \otimes \bar{\boldsymbol{B}}^{\mathrm{T}}\bar{\boldsymbol{Q}}^{-1} & \boldsymbol{e}_2^{\mathrm{T}}\boldsymbol{Q}_\Phi^{-1}\boldsymbol{\Lambda} \otimes \bar{\boldsymbol{B}}^{\mathrm{T}}\bar{\boldsymbol{Q}}^{-1} \\ \boldsymbol{e}_2^{\mathrm{T}}(\boldsymbol{Q}_P^{-1} - \boldsymbol{Q}_\Phi^{-1})\boldsymbol{e}_2 \otimes \bar{\boldsymbol{Q}}^{-1}\bar{\boldsymbol{B}} & \boldsymbol{u}^{\mathrm{T}}(\boldsymbol{Q}_\Phi^{-1} + \boldsymbol{Q}_P^{-1}) \otimes \bar{\boldsymbol{Q}}^{-1} & -\boldsymbol{u}^{\mathrm{T}}\boldsymbol{Q}_\Phi^{-1}\boldsymbol{\Lambda} \otimes \bar{\boldsymbol{Q}}^{-1} \\ \boldsymbol{\Lambda}^{\mathrm{T}}\boldsymbol{Q}_\Phi^{-1}\boldsymbol{e}_2 \otimes \bar{\boldsymbol{Q}}^{-1}\bar{\boldsymbol{B}} & -\boldsymbol{\Lambda}^{\mathrm{T}}\boldsymbol{Q}_\Phi^{-1}\boldsymbol{u} \otimes \bar{\boldsymbol{Q}}^{-1} & \boldsymbol{\Lambda}^{\mathrm{T}}\boldsymbol{Q}_\Phi^{-1}\boldsymbol{\Lambda} \otimes \bar{\boldsymbol{Q}}^{-1} \end{bmatrix} \tag{6.11}$$

根据法方程可导出非组合单差模型求解的模糊度方差-协方差矩阵，记为 $\boldsymbol{Q}_{\hat{a}\hat{a}}$。对于无电离层组合单差模型，也可类似导出相关法方程系数阵：

$$\begin{bmatrix} \left(\dfrac{1}{\boldsymbol{f}^{\mathrm{T}}\boldsymbol{Q}_\Phi\boldsymbol{f}} + \dfrac{1}{\boldsymbol{f}^{\mathrm{T}}\boldsymbol{Q}_P\boldsymbol{f}}\right) \otimes \bar{\boldsymbol{B}}^{\mathrm{T}}\bar{\boldsymbol{Q}}^{-1}\bar{\boldsymbol{B}} & \dfrac{\boldsymbol{f}^{\mathrm{T}}\boldsymbol{\Lambda}}{\boldsymbol{f}^{\mathrm{T}}\boldsymbol{Q}_\Phi\boldsymbol{f}} \otimes \bar{\boldsymbol{B}}^{\mathrm{T}}\bar{\boldsymbol{Q}}^{-1} \\ \boldsymbol{0} & \dfrac{\boldsymbol{\Lambda}\boldsymbol{f}\boldsymbol{f}^{\mathrm{T}}\boldsymbol{\Lambda}}{\boldsymbol{f}^{\mathrm{T}}\boldsymbol{Q}_\Phi\boldsymbol{f}} \otimes \bar{\boldsymbol{Q}}^{-1} \end{bmatrix} \tag{6.12}$$

由于行列式 $|\boldsymbol{\Lambda}\boldsymbol{f}\boldsymbol{f}^{\mathrm{T}}\boldsymbol{\Lambda}| = 0$，说明无电离层组合模型无法同时求解两个频率的单差模糊度；而非组合单差模型中消除了接收机部分的误差，可以求解单差模糊度，因此非组合模型要明显优于无电离层组合模型。

以上推导说明无电离层组合模型无法同时求解两个频率的单差模糊度，即使求解无电离层组合模糊度，由于无电离层组合模糊度的波长过短（约 6 mm）也无法恢复其整数特性。为了公平地定量比较两种模型求解模糊度的效果，按照传统的做法，假设宽巷模糊度已经固定，比较两种模型固定窄巷模糊度的效果。令任一模型得到的模糊度方差–协方差矩

阵有分块形式：$Q_{\hat{a}\hat{a}} = \begin{bmatrix} Q_{\hat{a}_1\hat{a}_1} & Q_{\hat{a}_1\hat{a}_2} \\ Q_{\hat{a}_2\hat{a}_1} & Q_{\hat{a}_2\hat{a}_2} \end{bmatrix}$，类似于附约束条件平差，得到宽巷模糊度固定后的窄

巷模糊度方差–协方差矩阵为（Li et al.，2013）

$$Q_{\hat{a}_1|\hat{a}_w} = Q_{\hat{a}_1\hat{a}_1} - Q_{\hat{a}_1\hat{a}_w} Q_{\hat{a}_w\hat{a}_w}^{-1} Q_{\hat{a}_w\hat{a}_1} \tag{6.13}$$

式中：$Q_{\hat{a}_1\hat{a}_w} = Q_{\hat{a}_1\hat{a}_1} - Q_{\hat{a}_1\hat{a}_2}$；$Q_{\hat{a}_w\hat{a}_w} = Z^T Q_{\hat{a}\hat{a}} Z = Q_{\hat{a}_1\hat{a}_1} - Q_{\hat{a}_1\hat{a}_2} - Q_{\hat{a}_2\hat{a}_1} + Q_{\hat{a}_2\hat{a}_2}$，$Z^T = \begin{bmatrix} I_{m-1} & -I_{m-1} \end{bmatrix}$。

6.1.3 结果与分析

1. PPP 定位性能分析

本小节采用精密轨道和钟差产品，对全球分布的 30 个测站进行动态 GPS PPP 测试。测站分布图由图 6.1 给出。为验证本小节计算的轨道和钟差产品，利用 GFZ 提供的精密轨道和钟差产品进行相应时间段相同测站的动态 GPS PPP 测试，将定位结果与 IGS 提供的 SNX 文件中的坐标进行对比（Kouba，2009）。

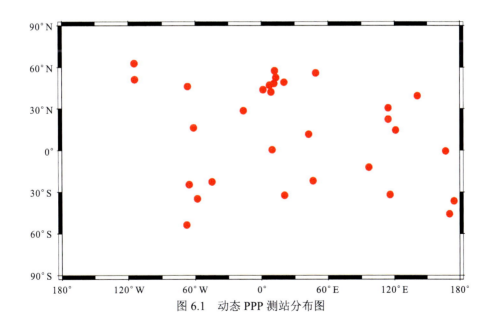

图 6.1　动态 PPP 测站分布图

本小节的精密单点定位实验参数配置见表 6.1，动态 PPP 解算参数配置与 LEO 卫星几何法定轨基本相同。

表 6.1   精密点定位参数配置表

类别	滤波器	最小二乘滤波
	观测值	GPS: L1&L2, GLONASS: L1&L2, BDS: B1&B2, Galileo: E1&E5a
	采样间隔	30 s
	定轨弧长	24 h
	截止高度角	7°
	观测值权	高度角定权
观测模型	相位中心改正	igs14.atx
	相位缠绕	模型改正
	相对论效应	IERS CONVENTION 2010
	电离层改正	无电离层组合
	卫星位置	固定精密轨道
	卫星钟差	固定精密钟差
	测站坐标	动态解算:白噪声
	测站钟差	白噪声
待估参数	对流层天顶湿延迟	随机游走,1 cm/sqrt(h),先验值:0.1 m
	系统间偏差	常数
	模糊度	每一个弧段为常数,浮点解

2. 定位精度分析

取定位 1 h 后的定位误差作为收敛后的结果,统计之后的定位误差 RMS,得到每天每个测站的动态定位精度,其各个方向及平面、三维的 RMS、最大值和最小值的统计如表 6.2 所示。

表 6.2   动态 GPS PPP 各方向定位精度统计 （单位:mm）

方向	RMS	最小值	最大值
E	21.3	7.2	76.8
N	15.6	6.2	47.9
U	37.2	17.6	90.0
平面	26.8	10.5	88.5
三维	46.3	21.2	126.2

从表 6.2 中可以看到,采用精密轨道和钟差产品,GPS 动态 PPP 在 E、N、U 三个方向上的 RMS 分别为 21.3 mm、15.6 mm 和 37.2 mm,与其他研究成果的结果基本一致（Li et al.,2015;Lou et al.,2015;Seepersad et al.,2014）。为进一步分析动态 PPP 的定位误

差分布，将所有测站的定位误差按照每隔 1 cm 统计其分布，图 6.2 为平面和高程误差的分布情况。从图 6.2 中可以看到，约 95% 的平面误差在 60 mm 以内，而约 98% 的高程误差在 80 mm 以内。

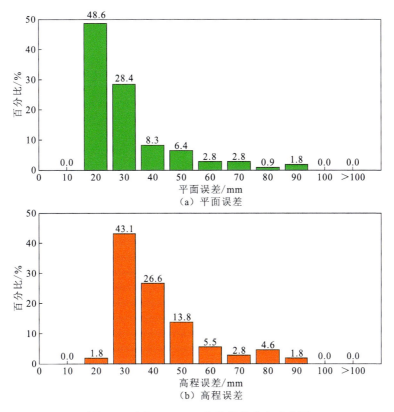

图 6.2　动态 GPS PPP 定位误差分布直方图

为了验证精密轨道和钟差的精度，利用 GFZ 提供的精密轨道和钟差产品进行相同的计算，得到的动态定位精度统计和定位误差分布直方图如表 6.3 和图 6.3 所示。

表 6.3　GFZ 产品动态 GPS PPP 各方向定位精度统计　（单位：mm）

方向	RMS	最小值	最大值
E	21.9	7.3	82.0
N	16.7	7.6	48.6
U	38.2	17.7	90.9
平面	27.9	10.5	92.8
三维	47.8	20.9	129.7

从图 6.3 中可以看到，采用 GFZ 提供的精密轨道和钟差产品，GPS 动态 PPP 在 E、N、U 三个方向上的 RMS 分别为 2.2 cm、1.7 cm 和 3.8 cm，与采用本小节计算的精密轨道和钟差解算的结果 21.9 mm、16.7 mm 和 38.2 mm 几乎相同。由此说明本小节计算的精密轨道钟差产品与其他机构提供的精密产品精度相当。

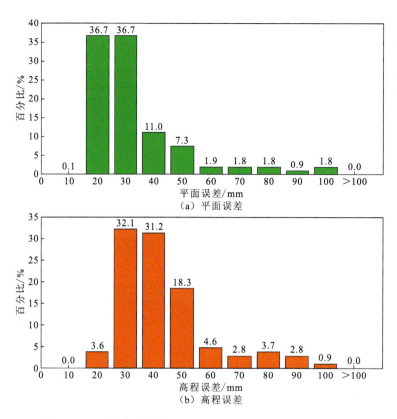

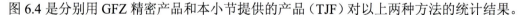

图 6.3 GFZ 轨道钟差产品动态 GPS PPP 定位误差分布直方图

3. 收敛时间分析

PPP 虽然只需要用单台接收机，但其需要较长的时间才能收敛至厘米级精度。本小节将从收敛时间分析 PPP 定位效果。对 30 个测站进行 GPS 单系统动态 PPP 定位解算，并对第一个小时的定位结果进行统计。每隔 5 min 取定位结果。方法一：计算三维误差小于 10 cm 的百分比。方法二：计算所有站的平均三维误差。

图 6.4 是分别用 GFZ 精密产品和本小节提供的产品（TJF）对以上两种方法的统计结果。

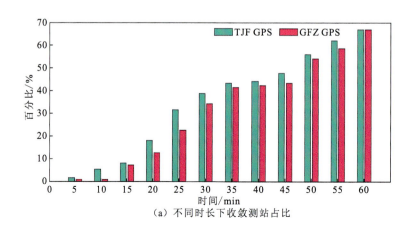

（a）不同时长下收敛测站占比

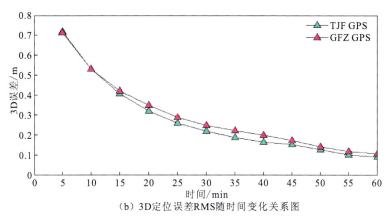

（b）3D定位误差RMS随时间变化关系图

图 6.4　本小节产品与 GFZ 产品 GPS PPP 第一个小时内定位收敛情况

从图 6.4 中可以看到，采用两种产品的动态 PPP 收敛时间统计基本一致，这也从另一方面说明本小节提供产品的可靠性。此外，动态定位在 30 min 内可以达到 20 cm，1 h 可以达到 10 cm。为分析多系统对收敛时间的影响，图 6.5 给出了采用本小节计算的轨道钟差产品，GPS 单系统与四系统动态 PPP 第一个小时定位的收敛情况。

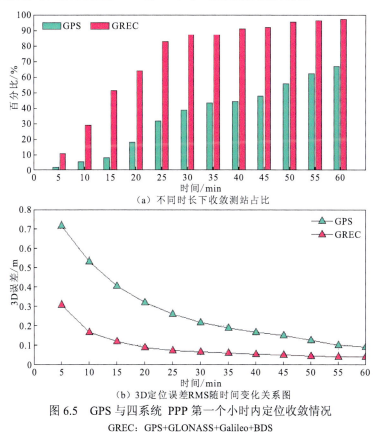

（a）不同时长下收敛测站占比

（b）3D定位误差RMS随时间变化关系图

图 6.5　GPS 与四系统 PPP 第一个小时内定位收敛情况

GREC：GPS+GLONASS+Galileo+BDS

从图 6.5 中可以看出，相比于单系统 1 h 的收敛时间，多系统的动态 PPP 收敛时间约为 20 min，明显快于单系统动态 PPP 收敛时间，且在 30 min 内已有 80% 的测站定位精度优于 10 cm，而相同时间内，单系统定位只有 40% 的测站精度优于 10 cm。

6.2 LeGNSS 精密单点定位模型

6.2.1 函数模型与随机模型

1. 非组合模型

参照式（6.1），设有 GPS 观测方程：

$$\boldsymbol{\Phi}_{\text{GPS}} = (\boldsymbol{e}_2 \otimes \boldsymbol{B}_{\text{GPS}})\text{d}\boldsymbol{x} + (\boldsymbol{e}_2 \otimes \boldsymbol{e}_{m_{\text{GPS}}})\text{d}t_r - (\boldsymbol{u} \otimes \boldsymbol{I}_{m_{\text{GPS}}})\boldsymbol{\iota}_{\text{GPS}} + (\boldsymbol{\Lambda} \otimes \boldsymbol{I}_{m_{\text{GPS}}})\boldsymbol{a}_{\text{GPS}} + \boldsymbol{\varepsilon}_\Phi$$

$$\boldsymbol{P}_{\text{GPS}} = (\boldsymbol{e}_2 \otimes \boldsymbol{B}_{\text{GPS}})\text{d}\boldsymbol{x} + (\boldsymbol{e}_2 \otimes \boldsymbol{e}_{m_{\text{GPS}}})\text{d}t_r + (\boldsymbol{u} \otimes \boldsymbol{I}_{m_{\text{GPS}}})\boldsymbol{\iota}_{\text{GPS}} + \boldsymbol{\varepsilon}_P \quad , \begin{bmatrix} \boldsymbol{Q}_\Phi & \boldsymbol{0} \\ \boldsymbol{0} & \boldsymbol{Q}_P \end{bmatrix} \otimes \boldsymbol{Q}_0 \tag{6.14}$$

和其他 GNSS 或 LEO 系统的观测方程：

$$\boldsymbol{\Phi}_j = (\boldsymbol{e}_2 \otimes \boldsymbol{B}_j)\text{d}\boldsymbol{x} + (\boldsymbol{e}_2 \otimes \boldsymbol{e}_{m_j})(\text{d}t_r + \text{ISB}_j) - (\boldsymbol{u} \otimes \boldsymbol{I}_{m_j})\boldsymbol{\iota}_j + (\boldsymbol{\Lambda} \otimes \boldsymbol{I}_{m_j})\boldsymbol{a}_j + \boldsymbol{\varepsilon}_\Phi$$

$$\boldsymbol{P}_j = (\boldsymbol{e}_2 \otimes \boldsymbol{B}_j)\text{d}\boldsymbol{x} + (\boldsymbol{e}_2 \otimes \boldsymbol{e}_{m_j})(\text{d}t_r + \text{ISB}_j) + (\boldsymbol{u} \otimes \boldsymbol{I}_{m_j})\boldsymbol{\iota}_j + \boldsymbol{\varepsilon}_P \quad , \begin{bmatrix} \boldsymbol{Q}_\Phi & \boldsymbol{0} \\ \boldsymbol{0} & \boldsymbol{Q}_P \end{bmatrix} \otimes \boldsymbol{Q}_0 \tag{6.15}$$

式中：j 为系统编号；ISB_j 为系统 j 相对于 GPS 的系统间偏差。

2. 无电离层组合模型

参照式（6.3），设有 GPS 无电离层组合观测方程：

$$\boldsymbol{f}^{\text{T}}\boldsymbol{\Phi}_{\text{GPS}} = \boldsymbol{B}_{\text{GPS}}\text{d}\boldsymbol{x} + \boldsymbol{e}_{m_{\text{GPS}}}\text{d}t_r + (\boldsymbol{f}^{\text{T}}\boldsymbol{\Lambda} \otimes \boldsymbol{I}_{m_{\text{GPS}}})\boldsymbol{a} + \boldsymbol{\varepsilon}_{\Phi_{\text{IF}}}$$

$$\boldsymbol{f}^{\text{T}}\boldsymbol{P}_{\text{GPS}} = \boldsymbol{B}_{\text{GPS}}\text{d}\boldsymbol{x} + \boldsymbol{e}_{m_{\text{GPS}}}\text{d}t_r + \boldsymbol{\varepsilon}_{P_{\text{IF}}} \quad , \begin{bmatrix} \boldsymbol{f}^{\text{T}}\boldsymbol{Q}_\Phi\boldsymbol{f} & \\ & \boldsymbol{f}^{\text{T}}\boldsymbol{Q}_P\boldsymbol{f} \end{bmatrix} \otimes \boldsymbol{Q}_0 \tag{6.16}$$

和 GNSS/LEO 系统 j 的观测方程：

$$\boldsymbol{f}^{\text{T}}\boldsymbol{\Phi}_j = \boldsymbol{B}_j\text{d}\boldsymbol{x} + \boldsymbol{e}_{m_j}(\text{d}t_r + \text{ISB}_j) + (\boldsymbol{f}^{\text{T}}\boldsymbol{\Lambda} \otimes \boldsymbol{I}_{m_j})\boldsymbol{a} + \boldsymbol{\varepsilon}_{\Phi_{\text{IF}}}$$

$$\boldsymbol{f}^{\text{T}}\boldsymbol{P}_j = \boldsymbol{B}_j\text{d}\boldsymbol{x} + \boldsymbol{e}_{m_j}(\text{d}t_r + \text{ISB}_j) + \boldsymbol{\varepsilon}_{P_{\text{IF}}} \quad , \begin{bmatrix} \boldsymbol{f}^{\text{T}}\boldsymbol{Q}_\Phi\boldsymbol{f} & \\ & \boldsymbol{f}^{\text{T}}\boldsymbol{Q}_P\boldsymbol{f} \end{bmatrix} \otimes \boldsymbol{Q}_0 \tag{6.17}$$

3. 电离层加权（ionospheric-weighted，IW）模型

在非组合模型[式（6.14）和式（6.15）]的基础上，设有外界电离层约束：

$$\tilde{\boldsymbol{\iota}}_j = \boldsymbol{\iota}_j, \quad \boldsymbol{Q}_t \tag{6.18}$$

式中：j 可以对应任意系统。通过等价变换，可得电离层约束的观测方程：

$$\boldsymbol{\Phi}_{\text{GPS}} + (\boldsymbol{u} \otimes \boldsymbol{I}_{m_{\text{GPS}}})\tilde{\boldsymbol{\iota}}_{\text{GPS}} = (\boldsymbol{e}_2 \otimes \boldsymbol{B}_{\text{GPS}})\text{d}\boldsymbol{x} + (\boldsymbol{e}_2 \otimes \boldsymbol{e}_{m_{\text{GPS}}})\text{d}t_r + (\boldsymbol{\Lambda} \otimes \boldsymbol{I}_{m_{\text{GPS}}})\boldsymbol{a}_{\text{GPS}} + \boldsymbol{\varepsilon}_\Phi$$

$$\boldsymbol{P}_{\text{GPS}} - (\boldsymbol{u} \otimes \boldsymbol{I}_{m_{\text{GPS}}})\tilde{\boldsymbol{\iota}}_{\text{GPS}} = (\boldsymbol{e}_2 \otimes \boldsymbol{B}_{\text{GPS}})\text{d}\boldsymbol{x} + (\boldsymbol{e}_2 \otimes \boldsymbol{e}_{m_{\text{GPS}}})\text{d}t_r + \boldsymbol{\varepsilon}_P \quad ,$$

$$\begin{bmatrix} \boldsymbol{Q}_\Phi & \boldsymbol{0} \\ \boldsymbol{0} & \boldsymbol{Q}_P \end{bmatrix} \otimes \boldsymbol{Q}_0 + \begin{bmatrix} 1 & -1 \\ -1 & 1 \end{bmatrix} \otimes (\boldsymbol{u} \otimes \boldsymbol{I}_{m_{\text{GPS}}})\boldsymbol{Q}_t(\boldsymbol{u}^{\text{T}} \otimes \boldsymbol{I}_{m_{\text{GPS}}}) \tag{6.19}$$

$$\boldsymbol{\Phi}_j + (\boldsymbol{u} \otimes \boldsymbol{I}_{m_j})\tilde{\boldsymbol{\iota}}_j = (\boldsymbol{e}_2 \otimes \boldsymbol{B}_j)\text{d}\boldsymbol{x} + (\boldsymbol{e}_2 \otimes \boldsymbol{e}_{m_j})(\text{d}t_r + \text{ISB}_j)(\boldsymbol{\Lambda} \otimes \boldsymbol{I}_{m_j})\boldsymbol{a}_j + \boldsymbol{\varepsilon}_\Phi$$

$$\boldsymbol{P}_j - (\boldsymbol{u} \otimes \boldsymbol{I}_{m_j})\tilde{\boldsymbol{\iota}}_j = (\boldsymbol{e}_2 \otimes \boldsymbol{B}_j)\text{d}\boldsymbol{x} + (\boldsymbol{e}_2 \otimes \boldsymbol{e}_{m_j})(\text{d}t_r + \text{ISB}_j) + \boldsymbol{\varepsilon}_P \quad ,$$

$$\begin{bmatrix} \boldsymbol{Q}_\Phi & \boldsymbol{0} \\ \boldsymbol{0} & \boldsymbol{Q}_P \end{bmatrix} \otimes \boldsymbol{Q}_0 + \begin{bmatrix} 1 & -1 \\ -1 & 1 \end{bmatrix} \otimes (\boldsymbol{u} \otimes \boldsymbol{I}_{m_j})\boldsymbol{Q}_t(\boldsymbol{u}^{\text{T}} \otimes \boldsymbol{I}_{m_j}) \tag{6.20}$$

4. ISB 约束模型

在式（6.15）的基础上，还可以附加外界的 ISB 约束：

$$\widetilde{\text{ISB}}_j = \text{ISB}_j, \quad \boldsymbol{Q}_{\text{ISB}} \tag{6.21}$$

通过等价变换得到附加 ISB 约束的观测方程：

$$\begin{aligned}
&\boldsymbol{\Phi}_j - (\boldsymbol{e}_2 \otimes \boldsymbol{e}_{m_j})\widetilde{\text{ISB}}_j = (\boldsymbol{e}_2 \otimes \boldsymbol{B}_j)\mathrm{d}\boldsymbol{x} + (\boldsymbol{e}_2 \otimes \boldsymbol{e}_{m_j})\mathrm{d}t_r - (\boldsymbol{u} \otimes \boldsymbol{I}_{m_j})\boldsymbol{\iota}_j + (\boldsymbol{\Lambda} \otimes \boldsymbol{I}_{m_j})\boldsymbol{a}_j + \boldsymbol{\varepsilon}_{\Phi} \\
&\boldsymbol{P}_j - (\boldsymbol{e}_2 \otimes \boldsymbol{e}_{m_j})\widetilde{\text{ISB}}_j = (\boldsymbol{e}_2 \otimes \boldsymbol{B}_j)\mathrm{d}\boldsymbol{x} + (\boldsymbol{e}_2 \otimes \boldsymbol{e}_{m_j})\mathrm{d}t_r + (\boldsymbol{u} \otimes \boldsymbol{I}_{m_j})\boldsymbol{\iota}_j + \boldsymbol{\varepsilon}_P
\end{aligned} \tag{6.22}$$

$$\begin{bmatrix} \boldsymbol{Q}_{\Phi} & \boldsymbol{0} \\ \boldsymbol{0} & \boldsymbol{Q}_P \end{bmatrix} \otimes \boldsymbol{Q}_0 + \begin{bmatrix} 1 & 1 \\ 1 & 1 \end{bmatrix} \otimes (\boldsymbol{e}_2 \otimes \boldsymbol{e}_{m_j})\boldsymbol{Q}_{\text{ISB}}(\boldsymbol{e}_2 \otimes \boldsymbol{e}_{m_j})$$

6.2.2 结果与分析

使用模拟数据对不同 PPP 模型进行测试分析。图 6.6 展示了单 GPS、GPS/LEO、GPS/Galileo/BDS、GPS/Galileo/BDS/LEO 无电离层组合、非组合和电离层加权模型 PPP 的定位误差序列。不同组合的定位误差 RMS 统计见表 6.4。可以看出，非组合的定位精度低于无电离层组合，这主要是由于非组合的病态性问题更严重；电离层加权模型的定位精度最高，说明额外的电离层信息不但能够加强模型强度，也能缓解病态性的问题（Li et al.，2019）。对比 GNSS 和 LeGNSS 的定位结果可以看出，LEO 的引入能够明显改善所有模型的定位精度。

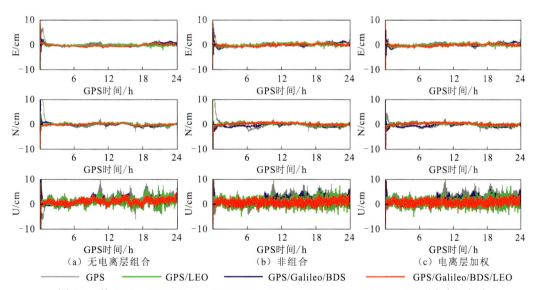

图 6.6　单 GPS、GPS/LEO、GPS/Galileo/BDS、GPS/Galileo/BDS/LEO 无电离层组合、

非组合和电离层加权模型 PPP 的定位误差序列对比

E、N、U 分别为东方向、北方向、高程方向定位误差

表 6.4　不同组合的定位误差 RMS　　　　　　　　　　　（单位：cm）

RMS	GPS			GPS/LEO			GPS/Galileo/BDS			GPS/Galileo/BDS/LEO		
	E	N	U	E	N	U	E	N	U	E	N	U
IF	1.7	1.2	4.1	0.9	0.8	1.2	1.0	0.8	3.5	0.8	0.6	1.2
UDUC	1.7	1.3	4.2	0.9	0.9	1.4	1.2	0.9	3.6	0.8	0.7	1.2
IW	1.6	1.3	4.2	0.8	0.7	1.3	1.1	0.8	3.5	0.8	0.7	1.2
IF+ISCBC	—	—	—	0.8	0.7	1.2	1.0	0.7	3.4	0.8	0.5	1.1
UDUC+ISCBC	—	—	—	0.9	0.9	1.3	1.1	0.9	3.6	0.8	0.7	1.2
IW+ISCBC	—	—	—	0.8	0.7	1.2	1.1	0.8	3.4	0.8	0.7	1.0
平均	1.7	1.3	4.2	0.9	0.8	1.3	1.1	0.8	3.5	0.8	0.7	1.2

注：IF 为无电离层组合模型；UDUC 为非差非组合模型；IW 为电离层加权模型；ISCBC 为系统间伪距偏差约束

进一步地，在电离层加权模型的基础上附加 ISB 约束，并进行定位对比，如表 6.4 所示。从定位结果来看，附加 ISB 约束对于定位结果增益不甚明显。

6.3　LeGNSS 精密定位综合评估

使用全球分布的 100 个测站进行数据模拟，并对 LeGNSS 的 PPP 收敛时间和定位精度等性能进行评估，测站分布如图 6.7 所示。模拟 GPS、GLONASS、BDS 和 Galileo 四大 GNSS 系统及由 240 颗卫星组成的 LEO 系统的卫星，数据频点包括 GPS 的 L1 和 L2，GLONASS 的 G1 和 G2，BDS 的 B1 和 B3，Galileo 的 E1 和 E5a。

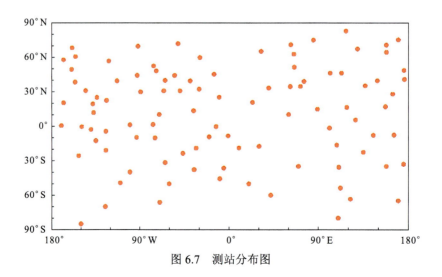

图 6.7　测站分布图

6.3.1　全球 PPP 评估

对 100 个测站的数据进行 GNSS PPP 和 LeGNSS PPP 定位测试，具体配置见表 6.5。

表 6.5　PPP 测试配置

项目	配置
估计方法	卡尔曼滤波
观测值	GPS L1/L2；GLONASS G1/G2；BDS B1/B3；Galileo E1/E5a；LEO L1/L2
采样率	10 s
截止高度角	10°
观测值加权	高度角加权；伪距观测噪声 0.5 m，载波观测噪声 3 mm
对流层延迟	未模拟，无须处理
相对论效应	未模拟，无须处理
卫星与接收机天线相位中心偏差	未模拟，无须处理
相位缠绕	未模拟，无须处理
电离层延迟	无电离层组合消去
接收机钟差	建模为白噪声过程并参数估计
测站坐标	建模为白噪声过程并参数估计
模糊度	建模为随机常值并参数估计

根据表 6.5 的配置进行 PPP 测试，并统计分析。图 6.8 所示为 GNSS 与 LeGNSS 的 PPP 收敛时间差异，收敛判断标准为东、北、天三个方向定位精度分别高于 10 cm、10 cm、20 cm 的阈值并保持超过 30 min。从图 6.8 中可以看出，LeGNSS 能够实现 1 min 左右的快速收敛，大大加快 PPP 收敛速度。在定位精度方面，图 6.9 所示为 GNSS 与 LeGNSS 的定位精度差异。可以看出，LeGNSS 对 PPP 的贡献主要体现在收敛时间方面，而定位精度方面的提升不够明显。

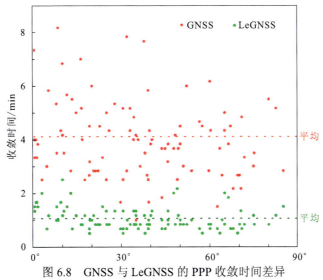

图 6.8　GNSS 与 LeGNSS 的 PPP 收敛时间差异

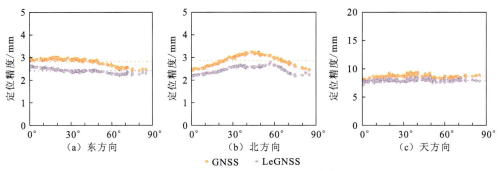

图 6.9　GNSS 与 LeGNSS 的 PPP 定位精度差异

　　进一步地，分析精密产品精度对 LeGNSS PPP 的影响。在模拟观测值时附加 1～5 cm 的轨道 3D 误差和钟差误差，统计各自的平均收敛时间，结果如图 6.10 所示。可以看出，由于轨道 3D 误差对定位的影响取决于误差向量与观测方向的夹角，所以同样量级的钟差误差影响大于轨道误差。同时，在 10 cm/10 cm/20 cm 的阈值下，即使轨道误差和钟差误差分别达到 4 cm 和 3 cm，LeGNSS 依旧可以保证在 5 min 以内的快速收敛。而同样的误差水平下，LeGNSS 也只需要 2 min 就可以收敛至 0.5 m/0.5 m/1 m 的阈值。在定位精度方面，图 6.11 展示了不同轨道和钟差噪声情况下的定位精度。在轨道误差和钟差误差分别为 4 cm 和 3 cm 的情况下，LeGNSS 在两个水平方向上的定位精度分别高于 2 cm，而在高程方向上则高于 5 cm。

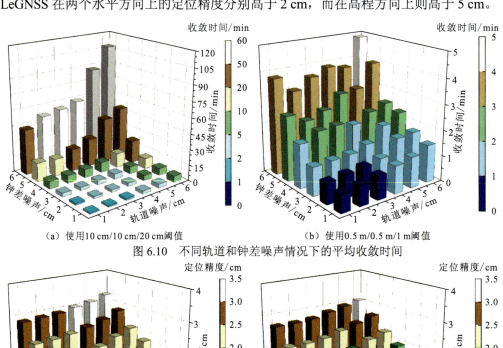

（a）使用10 cm/10 cm/20 cm阈值　　　　　　（b）使用0.5 m/0.5 m/1 m阈值

图 6.10　不同轨道和钟差噪声情况下的平均收敛时间

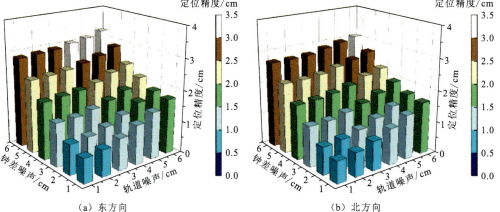

（a）东方向　　　　　　　　　　　　　（b）北方向

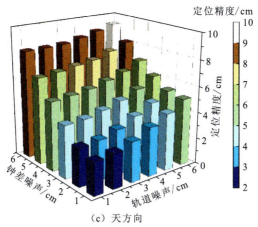

（c）天方向

图 6.11   不同轨道和钟差噪声情况下的定位精度

6.3.2   复杂环境 PPP 评估

为分析城市峡谷等复杂观测条件下 LEO 系统对现有 GNSS 系统的增强能力，设置不同的截止高度角并进行 PPP 对比测试。图 6.12～图 6.14 分别为截止高度角设置为 10°、30° 和 50° 时的收敛时间统计，红点为 GNSS 的结果，绿点为 LeGNSS 的结果。其中最明显的特征在于，随着截止高度角的增加，LeGNSS 相比 GNSS 的差异逐渐减小。这意味着，在截止高度角提高之后，LEO 所能提供的增益变弱了。

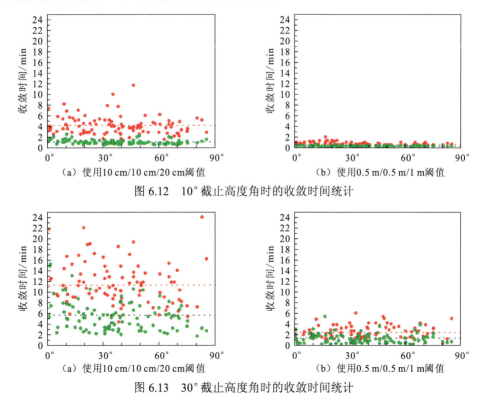

（a）使用10 cm/10 cm/20 cm阈值   （b）使用0.5 m/0.5 m/1 m阈值

图 6.12   10° 截止高度角时的收敛时间统计

（a）使用10 cm/10 cm/20 cm阈值   （b）使用0.5 m/0.5 m/1 m阈值

图 6.13   30° 截止高度角时的收敛时间统计

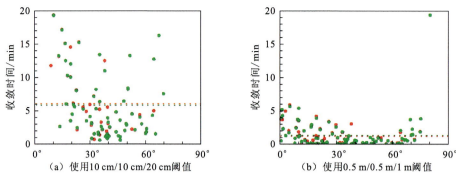

（a）使用10 cm/10 cm/20 cm阈值   （b）使用0.5 m/0.5 m/1 m阈值

图 6.14 50°截止高度角时的收敛时间统计

对可见卫星数进行分析。图 6.15 所示为 LEO 可见卫星与 GNSS 可见卫星比值随高度角的变化。可以看出，随着高度角的变大，LEO 可见卫星减少的速度快于 GNSS 卫星。这也就直接导致了前述 LEO 增益效果随高度角升高而下降的情况。

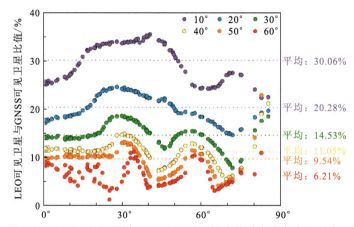

图 6.15 LEO 可见卫星与 GNSS 可见卫星比值随高度角变化示意图

以上分析仅仅证明了 LEO 可见卫星数受高度角影响大于 GNSS 卫星，但尚未对这一现象做出解释。接下来，考虑分析 GNSS 和 LEO 卫星的观测分布情况。按照图 6.16 所示方式，在测站周围一定距离假定一个半球面。将半球面分割成大量弧面，并统计一天之内经过该弧面的卫星-测站观测向量。将观测向量数除以弧面面积，作为这一区域的卫星观测密度指标。针对低、中、高纬度的三个测站，分别绘制其 GNSS 卫星和 LEO 卫星各自的卫星观测密度图，如图 6.17～图 6.19 所示。总体来看，GNSS 卫星的分布在高度角方面更加平均，不同纬度下均存在一定比例的高高度角卫星；LEO 卫星的观测分布非常明显地集中于低高度角，而在高高度角上的卫星观测密度显著低于低高度角。

进一步从 GNSS 的 MEO 卫星与 LEO 卫星的轨道高度差异入手分析原因。如图 6.20 所示，GNSS 卫星的轨道高度足够高，红色和绿色两段圆弧的长度接近，因此卫星分布更加均匀，而 LEO 卫星的轨道高度太低，造成绿色的低高度角弧长远长于红色的高高度角弧长，也就造成卫星观测大多集中于低高度角。

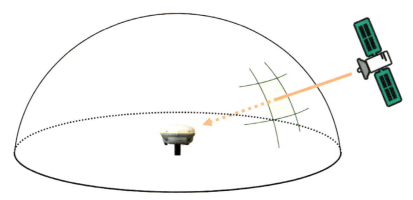

图 6.16　卫星观测密度计算示意图

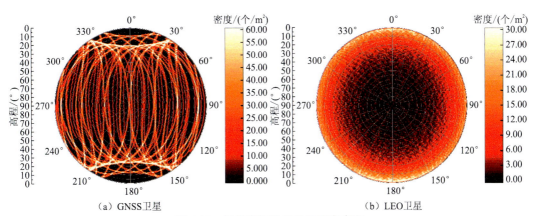

（a）GNSS卫星　　　　　　　　（b）LEO卫星

图 6.17　低纬度测站卫星观测密度图

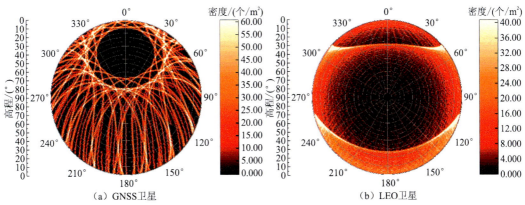

（a）GNSS卫星　　　　　　　　（b）LEO卫星

图 6.18　中纬度测站卫星观测密度图

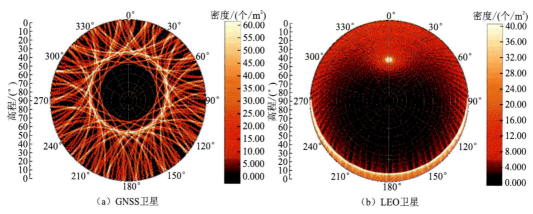

(a) GNSS卫星　　　　　　　　　　　　(b) LEO卫星

图 6.19　高纬度测站卫星观测密度图

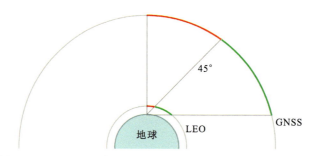

图 6.20　GNSS 卫星与 LEO 卫星轨道高度对可见性影响示意图

6.3.3　城市环境 PPP 评估

在真实的城市复杂环境尤其是城市峡谷中，卫星的观测条件复杂程度远远高于 6.3.2 小节讨论的情况。本小节基于城市三维模型开展模拟测试，分析城市峡谷条件下 LeGNSS PPP 的定位性能。城市峡谷中 GNSS/LEO 卫星的可见性如图 6.21 所示。车辆在道路上行驶时，天空中的卫星按其可见性和连续性，大致可分为三类：①车辆顶部、前、后方向的卫星通视良好并且可连续跟踪；②部分卫星位于道路两侧建筑物后面，车辆无法看到；③部分卫星的视线穿过建筑物间隙，卫星可见时间短。这里的第三种短暂通视可称为碎片化观测。由于建筑物的遮挡，碎片化观测的连续性比正常观测差很多。

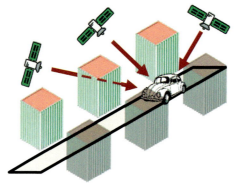

图 6.21　城市峡谷中 GNSS/LEO 卫星的可见性

使用的城市三维模型由建筑模型和穿过城市模型的路网模型组成，如图 6.22 所示。建筑模型描述建筑物在地面上的投影和高度，路网模型描述道路的中心线。

（a）建筑模型　　　　　　　　　（b）路网模型

图 6.22　城市三维模型

测试设计的路线由三部分组成，如图 6.23 所示。它模拟汽车在城市中三种不同场景的行驶。第一段从主路北端出发，沿主路向南行驶，行驶速度 72 km/h；第二段离开主干道，进入较狭窄的普通街道，以 36 km/h 的行驶速度向北行驶；第三段沿着住宅区的狭窄小巷行驶，行驶速度为 18 km/h。主干道、普通街道和小巷场景示例如图 6.24 所示。可以看出，主干道最宽，其次是普通街道和小巷。

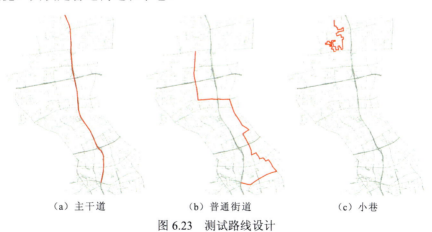

（a）主干道　　　　　　　（b）普通街道　　　　　　　（c）小巷

图 6.23　测试路线设计

为了确保车辆进入场景时模糊度已经收敛，前 2 h 的数据直接输入滤波器，而不进行可见性和连续性检查，车辆在 2 h 后进入城市模型。对 GPS/BDS（GC）、GPS/BDS/LEO（GCL）、GPS/GLONASS/Galileo/BDS（GREC）、GPS/GLONASS/Galileo/BDS/LEO（GRECL）组合进行 PPP 测试，定位误差分别如图 6.25～图 6.28 所示。前 2 h 的结果未显示，对于主干道，所有组合的结果都是分米级的；对于普通街道，GCL 和 GRECL 的结果与主干道的

|（a）主干道|（b）普通街道|（c）小巷|

图 6.24　路线示例（比例相同）

结果基本一致，这可能归功于 LEO 的贡献；GC 的结果比其他的差很多，并且有一次跳变，这是由卫星数量太少造成的。对小巷来说，由于观测到的卫星有时不足以定位，各个组合在整个测试期间都出现很多跳变；GC 的定位结果跳变太严重，甚至无法保证米级定位结果；GCL 的定位结果跳变少于 GC，并且重收敛非常快，这显示了 LEO 的贡献；GREC 的跳变远少于 GC 和 GCL，因为 GLONASS/Galileo 的卫星数量比 LEO 多，可以保证定位结果的可用性；GRECL 的定位结果跳变少于 GREC，并且重收敛速度更快，这使得该结果看起来更可接受。

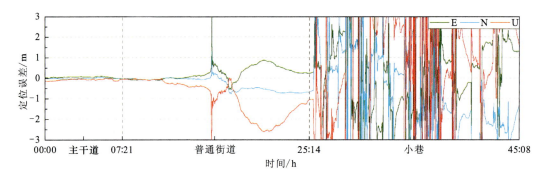

图 6.25　GC 组合真实城市场景 PPP 测试

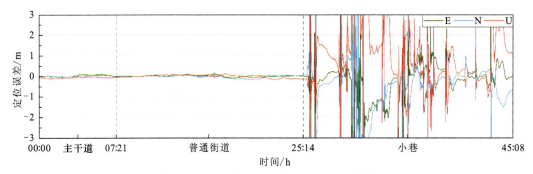

图 6.26　GCL 组合真实城市场景 PPP 测试

结果表明，LEO 的引入可以有效加快重收敛，同时，GREC 组合比 GC 组合提供更多的卫星和更高的定位结果可用性。然而，LEO 卫星与 GNSS 卫星一样受城市峡谷的影响，因此 LeGNSS 在城市峡谷中的性能仍然无法与正常观测条件相比。

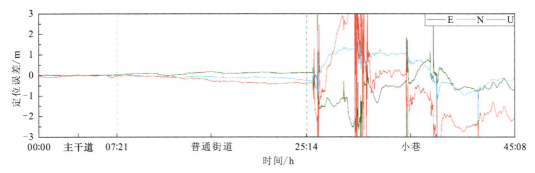

图 6.27　GREC 组合真实城市场景 PPP 测试

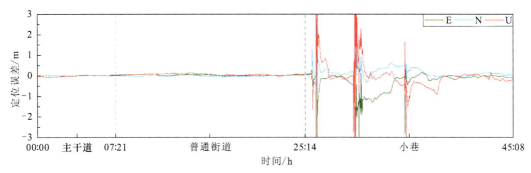

图 6.28　GRECL 组合真实城市场景 PPP 测试

参 考 文 献

臧楠, 李博峰, 沈云中, 2017. 3 种 GPS+BDS 组合 PPP 模型比较与分析. 测绘学报, 12(46)：1929-1938.

Gao Y, Shen X, 2001. Improving ambiguity convergence in carrier phase-based precise point positioning. 14th International Technical Meeting of the Satellite Division of the Institute of Navigation (ION GPS 2001), Salt Lake City, USA.

Kouba J, 2009. A guide to using International GNSS Service (IGS) products. http://acc. igs. org/Using IGSproducts Ver21. pdf.

Li B, Verhagen S, Teunissen P J G, 2013. Robustness of GNSS integer ambiguity resolution in the presence of atmospheric biases. GPS Solutions, 18(2): 283-296.

Li X, Zhang X, Ren X, et al., 2015. Precise positioning with current multi-constellation global navigation satellite systems: GPS, GLONASS, Galileo and BeiDou. Scientific Reports, 5(1): 8328.

Li B, Zang N, Ge H, et al., 2019. Single-frequency PPP models: Analytical and numerical comparison. Journal of Geodesy, 93: 2499-2514.

Lou Y, Zheng F, Gu S, et al., 2015. Multi-GNSS precise point positioning with raw single-frequency and dual-frequency measurement models. GPS Solutions, 20(4): 849-862.

Seepersad G, Bisnath S, 2014. Challenges in assessing PPP performance. Journal of Applied Geodesy, 8(3): 205-222.

第7章

LeGNSS 综合应用与展望

LeGNSS 的运行机制与目前的 GNSS 基本相同。然而，由于 LEO 卫星的轨道高度低、运动速度快，其特殊的轨道类型将成为目前对地观测系统的强有力补充，并将对未来卫星大地测量产生深远影响。本章详细分析 LeGNSS 在 LEO 星座设计、精密轨道和钟差确定、精密单点定位、全球电离层建模、对流层建模、地球自转参数反演等方面的研究现状及潜在研究方向，最后对 LeGNSS 进行展望。

7.1 LeGNSS 星座设计

与目前 MEO 卫星相比，LEO 卫星由于其轨道高度较低，只能覆盖地球表面面积的 1/10（Enge et al.，2012）。研究表明，大约 10 颗 MEO 卫星覆盖的地球表面需要部署近 100 颗 LEO 卫星（Chobotov，2002）。因此，如何部署低轨卫星星座并使其定位效率最大化是 LeGNSS 建设的首要任务。目前，已有一些学者研究 LEO 卫星的星座设计，并给出相应的评定指标，如可见卫星数量、DOP 值等（Han et al.，2021；Ma et al.，2020；He et al.，2018；Zhang et al.，2018）。Ge 等（2020）提出了 LEO 星座优化设计，除采用可见数、可用性、DOP 值等指标外，还对 PPP 收敛时间等指标进行评估。

在低纬度地区，由于 LEO 卫星数量不充足，可用性仍无法达到 100%。为使 LEO 卫星在全球均匀分布，Ge 等（2020）提出优化后的 180 颗和 240 颗 LEO 卫星的 GDOP 在中纬度上更加稳定，尤其是在中低纬度地区。该优化方案以 60 颗部署在极轨道的卫星为基本星座，其他卫星部署在倾角为 60° 和 35° 的轨道，以更好地覆盖中低纬度地区。

然而，LEO 卫星星座优化与实际工程应用之间仍存在一些矛盾。首先，LEO 卫星数量与国家战略需求密切相关。其次，在确定 LEO 卫星星座轨道高度、轨道面数和轨道倾角时，应综合考虑发射成本、实际空间环境和目的性等客观因素。最后，未来的 LEO 星座可能是多功能的，如通信和导航组合，但二者的星座设计可能并不相同。如何设计这种混合 LEO 星座也是一个重要的问题。因此，未来对 LEO 卫星星座进行优化设计时，需要结合优化理论和工程应用，实现 LEO 卫星星座的合理设计。

7.2 精密轨道和钟差确定

自 1995 年以来，人们一直研究低轨卫星观测在 GNSS 精密定轨方面的优势（Zhao et al.，2017；Kuang et al.，2009；Geng et al.，2007；Rim et al.，1995）。作为空间中移动的跟踪站点，GNSS POD 的几何形状可以得到极大的改善，并可在地面站点较少的情况下，提高 GNSS 的轨道精度（Geng et al.，2008）。然而，上述研究都是基于一颗或几颗低轨卫星。目前，LeGNSS 在轨道和钟差确定方面并未充分得到系统性的研究，特别是 LEO 卫星的轨道和钟差确定。Li 等（2019a）和 Ge 等（2017）初步研究了 LeGNSS 在 GNSS 和 LEO 卫星精密轨道和钟差确定方面的优势。同时，对未来 LeGNSS 提出了构想，并评估了 LeGNSS 轨道和钟差确定的四种方案。基于一定数量的 LEO 卫星可以显著提高 GNSS 轨道精度，特别是 BDS 的 GEO 和 IGSO 卫星。这四种方案设计的目的是减少大量 LEO 卫星与 GNSS 完全集成的计算负担。

为实现实时高精度应用，LeGNSS 在实时精密轨道和钟差确定方面存在许多挑战。为获得高精度实时轨道和钟差，需要高效的参数估计算法或在一定时间内的有效预报。随着当前 GNSS 卫星动力学模型的不断优化（Guo et al.，2017；Arnold et al.，2015；Montenbruck et al.，2015），GNSS 轨道预报精度在数小时内仍然可以达到厘米级，这意味着预报轨道的精度足以用于实时导航定位。然而，GNSS 钟差预报依然无法满足较长时间的高精度预报，若要满足实时高精度应用的需求，如实时精密单点定位，则必须对 GNSS 钟差进行实时估计。虽然目前存在大量关于实时钟差估计的研究（Fu et al.，2019；Laurichesse et al.，2013；Ge et al.，2012），然而，在实时 GNSS 钟差估计中，依然存在不少挑战，如数据/网络中断、计算效率低、基准钟的选取与钟跳处理等。

此外，如何获得实时精密 LEO 轨道和钟差产品是运行 LeGNSS 的关键问题。众所周知，LEO 卫星的受力情况比 GNSS 卫星更复杂。在 LEO 精密定轨时，需要采用经验力参数来吸收力模型中未模型化的误差。然而，这些参数无法准确预报，给 LEO 高精度和长弧段预报带来了挑战（Wang et al.，2016）。Li 等（2019b）利用存储的实时 GNSS 轨道和钟差产品模拟 LEO 实时定轨。结果表明，实时 LEO 定轨精度可达到厘米级。然而，LEO 实际上可获得的实时轨道和钟差产品的质量，以及星上运动学精密定轨的可行性还有待确认。本书中提到的采用加速度计数据来实时确定 LEO 轨道，定轨精度也可以达到厘米级，但需要高精度的加速度计且还未真正在星上实践。对于实时 LEO 钟差确定，考虑卫星发射成本和 LEO 卫星数量，每颗 LEO 卫星都使用原子钟显然不符合实际情况。虽然当前对于 LEO 星载接收机钟差的研究已经开始逐渐增多，但 LEO 钟差依然无法得到长时间高精度预报（Ge et al.，2022；Wang et al.，2021；Wu et al.，2020），这意味着只能利用高效的计算方法来实时估计 LEO 钟差。一方面，LEO 实时钟差估计可以模拟目前 GNSS 实时钟差估计方法。该方法需要全球地面站接收的 LEO 实时观测数据，并采用序贯最小二乘或平方根滤波算法计算 LEO 卫星实时钟差。另一方面，如果星载接收机和发射机具有相同的参考频率，则可以利用当前 LEO 的星载观测数据自行估计每颗 LEO 卫星的钟差。该方法的难点在于星载接收机和发射机之间的硬件延迟需要较高的稳定性。除 LEO 实时轨道和钟差精度外，如何将 LEO 的实时轨道和钟差播发给用户也是一个需要考虑的问题。

7.3 精密单点定位

LeGNSS 可实现全球范围快速收敛的 PPP，突破现阶段定位收敛时间长、服务范围有限的瓶颈。Ke 等（2015）模拟 GPS 和 LEO 观测数据，并初步分析 PPP 的定位效果。结果表明，采用 LEO 导航信号后，PPP 收敛速度明显加快。Ge 等（2018）模拟了 66 颗 LEO 卫星和相应的 GPS/BDS 观测数据，并研究融合 LEO 的 GPS/BDS PPP。结果表明，在 GPS/BDS 系统中加入 LEO 卫星后，全球大部分地区 PPP 初始化时间可缩短至 5 min 左右。此外，由于 LEO 卫星运动速度较快，短时间内卫星几何构型变化大，观测数据的采样间隔也会对收敛时间产生较大的影响。其中，1 s 采样间隔比 30 s 采样间隔更能有效缩短收敛时长，如图 7.1 所示。

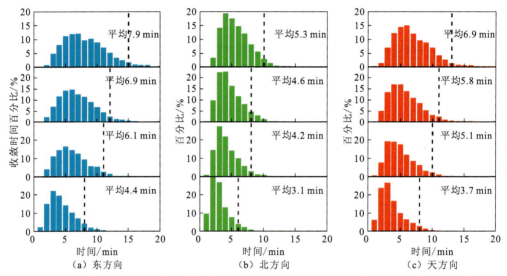

图 7.1　66 颗 LEO 卫星不同采样间隔下 GPS/BDS/LEO PPP 东、北、天方向收敛时间比较
从上到下分别为 30 s、10 s、5 s、1 s 的采样间隔；黑色虚线表示 95%全球站收敛时间

由于极轨的 LEO 覆盖范围小，难以在低纬度和中纬度地区提供实时精确定位和导航服务。根据这一问题，Ge 等（2020）对 LEO 卫星星座进行了优化设计，并对比分析星座优化前后 PPP 全球站的收敛时间和定位精度。图 7.2（Ge et al.，2020）统计了优化前后高纬度、中纬度、低纬度地区在垂直和水平方向上的平均收敛时间。

由图 7.2 可知，对于单个 LEO 星座，垂直和水平方向在高纬度地区的收敛时间均小于 1 min。对于不同倾角的 LEO 星座组合，高纬度地区在垂直和水平分量的收敛时间仍在 1 min 左右。在低纬度和中纬度地区，随着单星座 LEO 和多星座 LEO 卫星数量的增加，垂向分量和水平分量的收敛时间显著缩短。多星座组合的收敛时间比单个星座的收敛时间短。在中纬度地区，180 颗和 240 颗卫星的单星座在水平分量的收敛时间均大于 1 min，多星座组合的收敛时间均小于 1 min，这种趋势在低纬度地区更为明显。在水平分量上，240 颗 LEO 卫星单星座的收敛时间超过 1.5 min，3 个轨道倾角多星座组合的收敛时间约为 40 s。利用 240 颗 LEO 卫星，结合不同的 LEO 星座，可在 1 min 内达到收敛。此外，其他研究者也获得了基本相同的结果（Li et al.，2019c；苏醒，2017）。

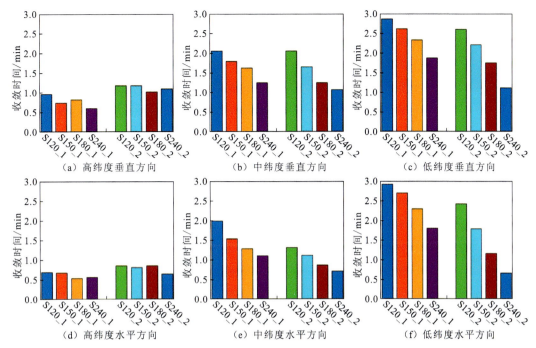

图7.2　不同LEO卫星星座优化前后高纬度、中纬度、低纬度站点垂直、水平收敛时间对比

　　LeGNSS中LEO卫星在单位时间内划过的弧长比更长，这意味着LEO的高度角和方位角的变化较大。这种情况会导致定位过程中历元间的相关性下降，需要增强参数估计模型的强度，从根本上解决其收敛缓慢的问题。

　　同样，LeGNSS的PPP也存在一些挑战。首先，LeGNSS PPP需要精密轨道和钟差产品，尤其是精密的LEO轨道和钟差产品。LeGNSS PPP的相关研究主要基于模拟观测数据，大多假设LEO轨道和钟差产品没有误差，这导致PPP收敛时间相对可观。因此，深入研究LEO轨道和钟差精度对LeGNSS PPP的影响至关重要。此外，由于LEO轨道高度低、速度快，地面站的观测弧长在10～15 min。这种频繁的卫星变化可能会产生更多的周跳。此外，快速的卫星几何构型变化也使电离层误差在不同历元之间发生较大的变化。因此，传统的周跳探测方法，如电离层残差法，可能不适用于LEO观测数据处理，需要研究更有效的数据预处理方法。此外，一些研究人员利用仿真数据研究了LeGNSS PPP中LEO相位观测值模糊度固定及其对GNSS模糊度固定的影响。结果表明，引入60颗、192颗和288颗LEO卫星可将四系统GNSS的首次定位时间从7.1 min分别缩短至4.8 min、1.1 min和0.7 min，相应的定位精度也提高了约60%、80%和90%（Li et al.，2019d）。模糊度估计方法对PPP收敛性的影响及LEO对GNSS模糊度的影响值得进一步研究。

　　综上所述，LeGNSS PPP明显依赖于LEO轨道和钟差产品的质量。LeGNSS PPP算法在周跳探测、定位模型研究和模糊度固定等方面仍存在潜在挑战。

7.4　全球电离层建模

近 20 年来,随着全球 GNSS 的快速发展,全球电离层图(global ionospheric map,GIM)的精度和可靠性得到很大提高(Roma-Dollase et al.,2018;Hernández-Pajares et al.,2009)。然而,GIM 的精度仍有提升空间,特别是在缺失 GNSS 测站的地区(如海洋、极地等)。LeGNSS 可在很大程度上解决上述问题。LeGNSS 具有数百颗轨道倾角不同的 LEO 卫星,它们既可接收 MEO 卫星的信号,又能将导航信号播发至地球。因此,LEO 导航星座可以填补海洋和极地区域的空白,进一步提高 GIM 的精度和可靠性。

此外,大量的 LEO 卫星也为全球顶部电离层图(global topside ionospheric map,GTIM)创造机会。顶部电离层对电离层等离子体区域时空特性的研究和 LEO 轨道确定具有重要意义。目前,顶部电离层建模的常用方法主要分为两种。一种是经验模型,该模型由简单的数学函数和基于测量数据的适当拟合而成,包括国际参考电离层(international reference ionosphere,IRI)模型(Bilitza et al.,2017)和 NeQuick 模型(Nava et al.,2008)。这些经验模型的缺点是无法体现电离层实际的瞬时变化。另一种是理论模型,主要通过物理和化学过程建模(Singh et al.,1992)。该模型的缺点为计算量大,此外,它的精度依赖于大量磁层数据,如电场测量,而这些数据通常难以获得。随着 LEO 卫星的快速发展,大量的星载 GNSS 观测有助于全球顶部电离层高精度建模(Ren et al.,2020a;Chen et al.,2017;Zhang et al.,2014)。Ren 等(2020a)利用 13 颗不同轨道高度的 LEO 星载双频 GPS 接收机的观测数据生成 GTIM。该方法首先利用经验模型将 LEO 卫星观测数据归一化到同一观测范围,然后利用不同轨道高度的 LEO 卫星观测数据进行 GTIM 建模。LEO 增强 GNSS 电离层建模方法如图 7.3(赵智博,2020)所示。由于 LEO 卫星在电离层中运动,其可提供 GNSS 卫星至 LEO 卫星(GNSS2LEO)和 LEO 卫星至地面测站(LEO2Station)两种观测数据。因此,在进行 LEO 增强 GNSS 电离层建模时,共需要处理 GNSS2LEO、LEO2Station 和 GNSS2Station 三类观测数据,并消除其包含的误差。首先,分别利用以上三类观测数据,

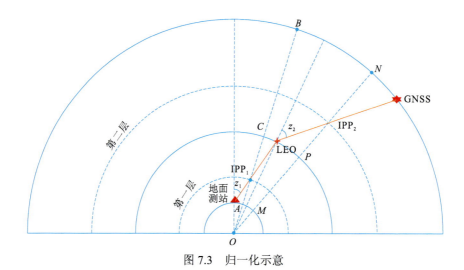

图 7.3　归一化示意

O 点代表地球质心,GNSS 代表 GNSS 卫星,LEO 代表低轨卫星

建立 LEO 顶部电离层模型、LEO 底部电离层模型和全路径电离层模型。其次，对以上含有误差的三类数据，消除其两端的 DCB，然后再将 GNSS2LEO 和 LEO2Station 的观测值归一化至全路径观测值。最后，利用所得全路径观测数据进行融合建模。

图 7.4 所示为 GNSS 和 LeGNSS 的电离层穿刺点（ionospheric pierce point，IPP）密度，卫星截止高度角分别为 10°、20° 和 40°。与 GNSS 建立的电离层模型相比，基于 LeGNSS 的 IPP 密度显著提高（Ren et al.，2020b）。即使截止高度角为 40°，LeGNSS 的 IPP 密度仍然优于 GNSS 的密度。特别是在海洋区域，LeGNSS 在一个格网（2.5°×5°）中的观测值个数比 GNSS 多 200 个左右。

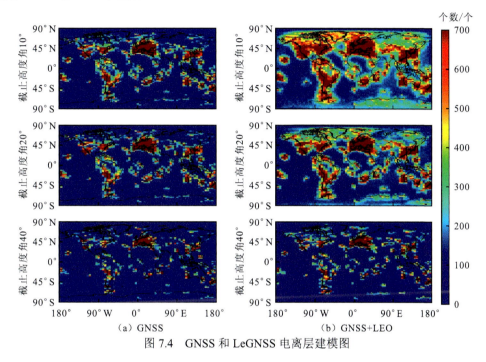

图 7.4　GNSS 和 LeGNSS 电离层建模图

虽然 LEO 在全球顶部电离层建模方面具有优势，但也同样存在潜在挑战。LEO 可向上接收 MEO 导航卫星的信号，也可同时向下广播导航卫星信号。如何有效整合上下行观测数据，统一求解全球电离层模型是一个值得研究的问题。经验模型归一化方法在全球顶部电离层建模中取得了较好的结果（Ren et al.，2020b）。然而，它在全球电离层建模中可能并不有效。主要原因为，在全球顶部电离层建模中，归一化值由 LEO 不同轨道的观测数据计算得到，这些观测数据均为向上观测。如果使用 GNSS 星载观测数据进行全球电离层建模，则需要将向上的电离层观测数据归一化到地面。然而，归一化带来的误差难以评估。因此，有必要深入研究和分析如何利用 LEO 星座提高全球电离层模型的精度，特别是在海洋和极地地区。

7.5　对流层建模

对流层是高度低于 40 km 的大气区域，该层集中了全部大气质量的 3/4，几乎拥有大气层的全部水汽。GNSS 信号穿过对流层时，会因大气密度不同及气体对流运动而产生弯折效应，从而造成时间和空间上的延迟。对流层延迟作为 GNSS 主要误差源之一，得到许多学者的关注和研究。在通常的模型中，将对流层分为干延迟和湿延迟两部分。由于对流层中的水汽变化快，且变化过程复杂，一般需要实测气象数据进行对流层建模。具有代表性的对流层模型为 Hopfield 模型（Hopfield，1969）和 Saastamoinen 模型（Saastamoinen，1972）。上述模型均需要实测的气象参数，但在实际应用中，GNSS 接收机没有观测气象数据的功能。为满足广大用户的需求，不少学者研究无须实测气象数据的对流层模型，如 UNB3 模型、GPT2 模型和 GPT2w 模型等。目前，很难找到一个可以提供高精度湿延迟的对流层模型，而对流层干延迟的变化速度慢，不受水汽的影响，能够通过模型较好地估计对流层干延迟量。对于湿延迟部分，则可在定位解算时通过参数估计获取，从而得到大气总延迟量。

低轨卫星轨道位于对流层之上，在数据处理时不考虑对流层延迟的影响。因此，可以先通过星载 GNSS 观测值确定 LEO 卫星的轨道，再以 LEO 轨道为约束，利用低轨卫星至地面测站的观测值进行对流层建模，从而提高对流层模型的精度和分辨率。此外，由于 LEO 卫星在单位时间内划过的弧长长，地面测站可接收到更多不同方位角和高度角的 GNSS 观测值，有利于提取和监测对流层梯度（张小红 等，2019）。

7.6 地球自转参数反演

地球是一个动态、封闭的动力学系统，其整体运动状态可通过自转来表现。此外，地球自转运动是地核、地幔、地壳和大气等地球各圈层相互作用的过程。因此，地球自转是地球动力学的研究主线，其变化为复现地球动力学时空演变过程提供了基础。地球自转变化的主要特征可通过地球定向参数（earth orientation parameters，EOP）来描述，包括以下三种运动参数：地轴方向相对空间变化，其周期变化部分为章动，长期变化部分为岁差；地轴方向相对地球本体变化，称为极移；地球绕地轴自转速度变化，称为地球自转速率或日长变化。其中，极移（$XPOLE$，$YPOLE$）和地球自转速率或日长变化（UT1-UTC/LOD）又称为地球自转参数（earth rotation parameters，ERP）。地球自转参数是联系地球参考框架（terrestrial reference frame，TRF）和天球参考框架（celestial reference frame，CRF）的纽带，在大地测量领域具有重要的作用，同时也是航天器深空探测和人造卫星精密定轨必不可少的参数。

ERP 最早由 ILS 确定和提供，该组织后更名为国际极移服务（International Polar Motion Service，IPMS）。早期，大地测量学者通过光学仪器测定 ERP，但受到技术限制，ERP 的观测精度并不高。随着大地测量技术的发展，多种观测技术手段出现并提高了 ERP 的观测精度，如卫星激光测距、GNSS、甚长基线干涉测量（very long baseline interferometry，VLBI）、星基多普勒轨道确定和无线电定位组合（Doppler orbitography and radio-positioning integrated by satellite，DORIS）系统。DORIS 系统是由法国开发的基于多普勒效应和无线电测距原理实现卫星定轨的综合系统。1972 年，国际时间局利用多普勒观测值获取 ERP，并将其精度提高至 50 cm。VLBI 测量的是射电源辐射出的电磁波到地面基线两端接收机的延迟，不受地球重力场动力学模型的影响，是目前唯一能同时提供所有 EOP 的大地测量技术。SLR 技术通过测量激光脉冲在地面测站与卫星端间的传播时间，来确定二者距离。随着 GNSS 观测网的建立，GNSS 成为获取 ERP 的主要技术之一，其优势在于提供全天候、全天时、高分辨率的 ERP 监测。

与 VLBI 和 SLR 相比，GNSS 的地面跟踪站更多，数据更新更快，在 ERP 解算中更具优势（Rothacher et al.，2001）。随着 GNSS 技术的发展，多系统联合解算 ERP 得到关注和研究。Wei 等（2015）结合 GPS 和 GLONASS 来削弱轨道偏差，从而提高 ERP 的精度。在实时应用方面，Steigenberger 等（2022）利用 GNSS 观测值预报 ERP，极移的预报 RMS 为 0.3～1.0 mas（mas 为 milliarcsecond 缩写，表示毫角秒），ΔUT1 的精度优于 0.13 mas，足以满足目前航天器导航的精度需求。以上研究均基于常用的 GNSS，而对地球运动变化更敏感的低轨卫星却鲜有研究。如今，低轨星座开始不断建设，这为挖掘低轨卫星估计 ERP 的潜力提供了基础，为获取更高精度、更高分辨率的 ERP 创造了条件。

ERP 作为 TRF 和 CRF 相互转换的纽带，在卫星精密定轨中起到关键作用。在定轨过程中，通过动力学积分获取惯性系下的卫星轨道，然而测站坐标位于地固系。为了实现坐标系的统一，构建观测方程，需要利用 ERP 实现惯性坐标系（conventional inertial system，CIS）与协议地球坐标系（conventional terrestrial system，CTS）之间的转换。卫星与测站的几何距离可表示为

$$\rho = \mid \boldsymbol{R}_{s} - \boldsymbol{R}_{r} \mid \tag{7.1}$$

式中：$\boldsymbol{R}_{s}$ 和 $\boldsymbol{R}_{r}$ 分别为卫星和测站在惯性系下的三维坐标，$\boldsymbol{R}_{s}$ 由卫星初始轨道动力学积分得到，$\boldsymbol{R}_{r}$ 通过地固系下的测站坐标 $\boldsymbol{R}_{r}^{f}$ 转换得到：

$$\boldsymbol{R}_{r} = \begin{bmatrix} X \\ Y \\ Z \end{bmatrix}_{CIS} = \boldsymbol{R}_{P}(t)\boldsymbol{R}_{N}(t)\boldsymbol{R}_{R}(t)\boldsymbol{R}_{M}(t) \begin{bmatrix} X \\ Y \\ Z \end{bmatrix}_{CTS} \tag{7.2}$$

式中：$\boldsymbol{R}_{P}(t)$ 为岁差矩阵；$\boldsymbol{R}_{N}(t)$ 为章动矩阵；$\boldsymbol{R}_{R}(t)$ 为地球旋转矩阵；$\boldsymbol{R}_{M}(t)$ 为极移矩阵。按照矩阵的相乘顺序，地固系逐步转换至惯性系：$\boldsymbol{R}_{M}$ 将协议地球坐标系转换至瞬时地球坐标系（instantaneous earth coordinate system，IES），$\boldsymbol{R}_{R}$ 将瞬时地球坐标系转换为瞬时真天球坐标系（instantaneous true celestial coordinate system，ITS），$\boldsymbol{R}_{N}$ 将瞬时真天球坐标系转换为瞬时平天球坐标系（instantaneous mean celestial coordinate system，IMS），$\boldsymbol{R}_{P}$ 将瞬时平天球坐标系转换为惯性坐标系。其中，岁差矩阵 $\boldsymbol{R}_{P}$ 和章动矩阵 $\boldsymbol{R}_{N}$ 可采用模型值计算，计算地球旋转矩阵 $\boldsymbol{R}_{R}$ 时需要用到 LOD 参数，计算极移矩阵 $\boldsymbol{R}_{M}$ 时需要用到 XPOLE 和 YPOLE 参数。将 ERP 引入观测方程，可表示为

$$\rho = \mid \boldsymbol{R}_{s} - \boldsymbol{R}_{P}\boldsymbol{R}_{N}\boldsymbol{R}_{R}\boldsymbol{R}_{M} \cdot \boldsymbol{R}_{r}^{f} \mid \tag{7.3}$$

将式（7.3）线性化，得到偏导数：

$$\begin{cases} \dfrac{\mathrm{d}\rho}{\mathrm{d}LOD} = \dfrac{\mathrm{d}\rho}{\mathrm{d}\boldsymbol{R}_{r}} \cdot \dfrac{\mathrm{d}\boldsymbol{R}_{r}}{\mathrm{d}\boldsymbol{R}_{R}(t)} \cdot \dfrac{\mathrm{d}\boldsymbol{R}_{R}(t)}{\mathrm{d}LOD} \\[3mm] \dfrac{\mathrm{d}\rho}{\mathrm{d}X POLE} = \dfrac{\mathrm{d}\rho}{\mathrm{d}\boldsymbol{R}_{r}} \cdot \dfrac{\mathrm{d}\boldsymbol{R}_{r}}{\mathrm{d}\boldsymbol{R}_{M}(t)} \cdot \dfrac{\mathrm{d}\boldsymbol{R}_{M}(t)}{\mathrm{d}X POLE} \\[3mm] \dfrac{\mathrm{d}\rho}{\mathrm{d}Y POLE} = \dfrac{\mathrm{d}\rho}{\mathrm{d}\boldsymbol{R}_{r}} \cdot \dfrac{\mathrm{d}\boldsymbol{R}_{r}}{\mathrm{d}\boldsymbol{R}_{M}(t)} \cdot \dfrac{\mathrm{d}\boldsymbol{R}_{M}(t)}{\mathrm{d}Y POLE} \end{cases} \tag{7.4}$$

式中

$$
\begin{cases}
\dfrac{\mathrm{d}\boldsymbol{R}_\mathrm{r}}{\mathrm{d}\boldsymbol{R}_R(t)} = \boldsymbol{R}_\mathrm{P}(t)\boldsymbol{R}_\mathrm{N}(t)\boldsymbol{R}_\mathrm{M}(t)^0 \\[3mm]
\dfrac{\mathrm{d}\boldsymbol{R}_\mathrm{r}}{\mathrm{d}\boldsymbol{R}_\mathrm{M}(t)} = \boldsymbol{R}_\mathrm{P}(t)\boldsymbol{R}_\mathrm{N}(t)\boldsymbol{R}_R(t)^0
\end{cases}
\tag{7.5}
$$

式中，$\boldsymbol{R}_\mathrm{M}(t)^0$ 和 $\boldsymbol{R}_R(t)^0$ 分别为 t 时刻近似的极移和地球旋转矩阵。将各历元线性化后得到的法方程进行叠加，并通过整体最小二乘得到 ERP。以上 ERP 求解的观测方程，联合低轨卫星估计 ERP，需利用低轨卫星观测值构建方程，并将其加入整体的观测方程中。ERP 估计可采用联合定轨的形式，将 LEO 轨道和 ERP 一同解算。LEO 通过优化观测条件和几何构型，从而增强估计模型的强度，提高 ERP 的精度。图 7.5（Ge et al.，2022）所示为使用两颗 GRACE 卫星和地面测站观测值同时估计 ERP 的结果。可以看出，在大多数情况下，LEO 卫星和地面测站结合的方法可提高 ERP 的精度。整体上，ERP 的精度平均提高 10%。

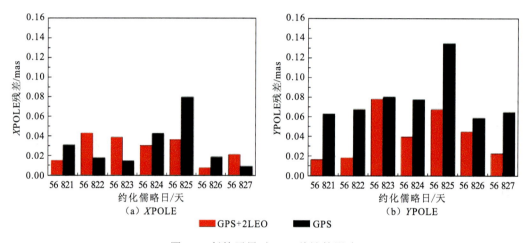

图 7.5　低轨卫星对 ERP 估计的影响

此外，Zhu 等（2004）共同处理了高轨、中轨、低轨的各类数据（星载 GNSS 观测数据、地面 GNSS 观测数据、单反观测数据、k 波段观测数据等）。结果表明，采用"一步法"联合处理多源数据可有效提高各参数（GPS 轨道、LEO 卫星轨道、地面坐标）的精度。此外，Huang 等（2020）利用 LEO 卫星确定了 GPS 卫星的 PCO 和地球尺度参数。该方法的结果与利用固定的 Galileo 卫星 PCO 来确定 GPS 卫星 PCO 和地球尺度参数的结果相当。这进一步说明，LEO 卫星在实现地球基准系统中具有重要作用。

7.7　LeGNSS 展望

结合 7.1～7.6 节对 LeGNSS 的详细阐述和综合应用的介绍，本节对 LeGNSS 进行展望。LeGNSS 具有的优势如下。

（1）LEO 卫星可作为天基监测站。现有 GNSS 卫星轨道和钟差产品在加入 LEO 后均有较大的改善，特别是 GEO 和 IGSO 卫星。

（2）由于 LEO 卫星带来的快速几何构型变化，有望在不做任何增强的处理下，从根本上解决 PPP 收敛时间长的问题。

（3）大量的 LEO 卫星可提高大气监测的时空分辨率，特别是电离层监测。利用不同高度 LEO 星座的观测数据对大气模型做进一步研究具有一定价值。

（4）融合星载 GNSS 数据、地面 GNSS 数据、地面 LEO 数据等多种观测数据，有助于提高 ERP 精度。

此外，LeGNSS 在高精度实时应用方面也存在挑战。LEO 卫星星座的合理设计是目前需要解决的重要问题之一。而 LEO 卫星的实时精密轨道和钟差产品是最根本的问题，也是未来需要解决的关键问题。同时，优化各类数据的融合处理也将是 LeGNSS 的重要研究课题。

参 考 文 献

刘瑞源，权坤海，戴开良，等，1994. 国际参考电离层用于中国地区时的修正计算方法. 地球物理学报，4(37): 422-432.

苏醒，2017. 基于高中低轨卫星的全球实时厘米级导航系统理论与方法研究. 武汉: 武汉大学.

吴小成，胡雄，张训械，等，2006. 电离层 GPS 掩星观测改正 TEC 反演方法. 地球物理学报，2(49): 328-334.

袁运斌，2002. 基于 GPS 的电离层监测及延迟改正理论与方法的研究. 武汉: 中国科学院测量与地球物理研究所.

张小红，马福建，2019. 低轨导航增强 GNSS 发展综述. 测绘学报，48(9): 1073-1087.

赵智博，2020. 低轨星座增强 GNSS 的区域电离层建模. 武汉: 武汉大学.

Arnold D, Meindl M, Beutler G, et al., 2015. CODE's new solar radiation pressure model for GNSS orbit determination. Journal of Geodesy, 89(8): 775-791.

Bilitza D, Altadill D, Truhlik V, et al., 2017. International reference ionosphere 2016: From ionospheric climate to real-time weather predictions. Space Weather, 15(2): 418-429.

Chen P, Yao Y, Li Q, et al., 2017. Modeling the plasmasphere based on LEO satellites onboard GPS measurements. Journal of Geophysical Research: Space Physics, 122(1): 1221-1233.

Chobotov V A, 2002. Orbital Mechanics. Reston: American Institute of Aeronautics and Astronautics.

Enge P, Ferrell B, Bennett J, et al., 2012. Orbital diversity for satellite navigation. Nashville: ION GNSS 2012.

Fu W, Huang G, Zhang Q, et al., 2019. Multi-GNSS real-time clock estimation using sequential least square adjustment with online quality control. Journal of Geodesy, 93(7): 963-976.

Ge H, Li B, Ge M, et al., 2017. Combined precise orbit determination for high-, medium-, and low-orbit navigation satellites. Shanghai: China Satellite Navigation Conference.

Ge H, Li B, Ge M, et al., 2018. Initial assessment of precise point positioning with LEO enhanced global navigation satellite systems (LeGNSS). Remote Sensing, 10(7): 984.

Ge H, Li B, Jia S, et al., 2022. LEO enhanced global navigation satellite system (LeGNSS): Progress, opportunities, and challenges. Geo-Spatial Information Science, 25: 1-13.

Ge H, Li B, Nie L, et al., 2020. LEO constellation optimization for LEO enhanced global navigation satellite system (LeGNSS). Advances in Space Research, 66(3): 520-532.

Ge H, Wu T, Li B, 2023. Characteristics analysis and prediction of low earth orbit (LEO) satellite clock corrections by using least-squares harmonic estimation. GPS Solutions, 27: 38.

Ge M, Chen J, Douša J, et al., 2012. A computationally efficient approach for estimating high-rate satellite clock corrections in real time. GPS Solutions, 16(1): 9-17.

Geng J, Shi C, Zhao Q, et al., 2007. GPS precision orbit determination from combined ground and space-borne data. Geomatics and Information Science of Wuhan University, 32(10): 906-909.

Geng J, Shi C, Zhao Q, et al., 2008. Integrated adjustment of LEO and GPS in precision orbit determination. VI Hotine-Marussi Symposium on Theoretical and Computational Geodesy.

Guo J, Chen G, Zhao Q, et al., 2017. Comparison of solar radiation pressure models for BDS IGSO and MEO satellites with emphasis on improving orbit quality. GPS Solutions, 21(2): 511-522.

Han Y, Wang L, Fu W, et al., 2021. LEO navigation augmentation constellation design with the multi objective optimization approaches. Chinese Journal of Aeronautics, 34: 265-278.

He X, Hugentobler U, 2018. Design of mega-constellations of LEO satellites for positioning. Beijing: China Satellite Navigation Conference 2018.

Hernández-Pajares M, Juan J, Sanz J, et al., 2009. The IGS VTEC maps: A reliable source of ionospheric information since 1998. Journal of Geodesy, 83(3/4): 263-275.

Hopfield H S, 1969. Two-quartic tropospheric refractivity profile for correcting satellite data. Journal of Geophysical Research, 74: 4487-4499.

Huang W, Männel B, Brack A, et al., 2020. Two methods to determine scale-independent GPS PCOs and GNSS-based terrestrial scale: Comparison and cross-check. GPS Solutions, 25(1): 4.

Ke M, Lv J, Chang J, et al., 2015. Integrating GPS and LEO to accelerate convergence time of Precise point positioning. Nanjing: 2015 International Conference on Wireless Communications & Signal Processing (WCSP).

Klobuchar J A, 1987. Ionospheric time-delay algorithm for single-frequency GPS users. IEEE Transactions on Aerospace and Electronic Systems, 23: 325-331.

Kuang C, Liu J, Zhao Q, 2009. Precise orbit determination of low earth orbit satellite and GPS satellite based on combined orbit determination strategy. Journal of Geodesy and Geodynamics, 29(2): 121-125.

Laurichesse D, Cerri L, Berthias J P, et al., 2013. Real time precise GPS constellation and clocks estimation by means of a Kalman filter. Nashville: ION GNSS 2013.

Li B, Ge H, Ge M, et al., 2019a. LEO enhanced global navigation satellite system (LeGNSS) for real-time precise positioning services. Advances in Space Research, 63(1): 73-93.

Li X, Wu J, Zhang K, et al., 2019b. Real-time kinematic precise orbit determination for LEO satellites using zero-differenced ambiguity resolution. Remote Sensing, 11(23): 2815.

Li X, Ma F, Li X, et al., 2019c. LEO Constellation-augmented multi-GNSS for rapid PPP convergence. Journal of Geodesy, 93(5): 749-764.

Li X, Li X, Ma F, et al., 2019d. Improved PPP ambiguity resolution with the assistance of multiple LEO constellations and signals. Remote Sensing, 11(4): 408.

Ma F, Zhang X, Li X, et al., 2020. Hybrid constellation design using a genetic algorithm for a LEO-based navigation augmentation system. GPS Solutions, 24(2): 1-14.

Montenbruck O, Steigenberger P, Hugentobler U, 2015. Enhanced solar radiation pressure modeling for Galileo satellites. Journal of Geodesy, 89(3): 283-297.

Nava B, Coisson P, Radicella S M, 2008. A new version of the NeQuick ionosphere electron density model. Journal of Atmospheric and Solar-Terrestrial Physics, 70(15): 1856-1862.

Ren X, Chen J, Zhang X, et al., 2020a. Mapping topside ionospheric vertical electron content from multiple LEO satellites at different orbital altitudes. Journal of Geodesy, 94(9): 1-17.

Ren X, Zhang X, Schmidt M, et al., 2020b. Performance of GNSS global ionospheric modeling augmented by LEO constellation. Earth and Space Science, 7(1): e2019EA000898.

Rim H J, Schutz B E, Abusali P A M, et al., 1995. Effect of GPS orbit accuracy on GPS-determined Topex/Poseidon orbit. Alexandria: ION GPS 1995.

Roma-Dollase D, Hernández-Pajares M, Krankowski A, et al., 2018. Consistency of seven different GNSS global ionospheric mapping techniques during one solar cycle. Journal of Geodesy, 92(6): 691-706.

Rothacher M, Beutler G, Weber R, et al., 2001. High-frequency variations in earth rotation from global positioning system data. Journal of Geophysical Research, 106: 13711-13738.

Saastamoinen J, 1972. Contributions to the theory of atmospheric refraction. Bull. Geodesique, 105: 279-298.

Singh N, Horwitz J L, 1992. Plasmasphere refilling: Recent observations and modeling. Journal of Geophysical Research: Space Physics, 97(A2): 1049-1079.

Steigenberger P, Montenbruck O, Bradke M, et al., 2022. Evaluation of earth rotation parameters from modernized GNSS navigation messages. GPS Solutions, 26(2): 50.

Wang K, EI-Mowafy A, 2021. LEO satellite clock analysis and prediction for positioning applications. Geo-Spatial Information Science, 25(1): 14-33.

Wang Y, Zhong S, Wang H, et al., 2016. Precision analysis of LEO satellite orbit prediction. Acta Geodaetica et Cartographica Sinica, 45(9): 1035.

Wei E, Jin S, Wan L, et al., 2015. High frequency variations of earth rotation parameters from GPS and GLONASS observations. Sensors, 15: 2944-2963.

Wu C, Shu Y, Wang G, et al., 2020. Design and performance evaluation of Tianxiang-1 navigation enhancement signal. Radio Engineering, 9: 748-753.

Zhang C, Jin J, Kuang L, et al., 2018. LEO constellation design methodology for observing multi-targets. Astrodynamics, 2(2): 121-131.

Zhang X, Tang L, 2014. Daily global plasmaspheric maps derived from cosmic GPS observations. IEEE Transactions on Geoscience and Remote Sensing, 52(10): 6040-6046.

Zhao Q, Wang C, Guo J, et al., 2017. Enhanced orbit determination for BeiDou satellites with FengYun-3C onboard GNSS data. GPS Solutions, 21(3): 1179-1190.

Zhu S, Reigber C, König R, 2004. Integrated adjustment of CHAMP, GRACE, and GPS data. Journal of Geodesy, 78(1/2): 103-108.